AF403518

L'EMPLOI

DES

MATHÉMATIQUES

EN

ÉCONOMIE POLITIQUE

PAR

JACQUES MORET

INGÉNIEUR DES CONSTRUCTIONS CIVILES (ÉCOLE NATIONALE DES PONTS-ET-CHAUSSÉES)
LICENCIÉ ÈS SCIENCES
DOCTEUR EN DROIT

PARIS (5e)

M. GIARD & É. BRIÈRE

LIBRAIRES-ÉDITEURS

16, RUE SOUFFLOT ET 12, RUE TOULLIER

—

1915

L'EMPLOI DES MATHÉMATIQUES
EN ÉCONOMIE POLITIQUE

L'EMPLOI

DES

MATHÉMATIQUES

EN

ÉCONOMIE POLITIQUE

PAR

JACQUES MORET

INGÉNIEUR DES CONSTRUCTIONS CIVILES (ÉCOLE NATIONALE DES PONTS-ET-CHAUSSÉES)
LICENCIÉ ÈS SCIENCES
DOCTEUR EN DROIT

PARIS (5e)

M. GIARD & É. BRIÈRE

LIBRAIRES-ÉDITEURS

16, RUE SOUFFLOT ET 12, RUE TOULLIER

—

1915

PRÉFACE

—

L'emploi des mathématiques en économie politique n'est pas une nouveauté, il est, en effet, comme l'a fait observer W. St. Jevons, aussi ancien que la science économique elle-même ; et l'économie mathématique ne constitue pas une curiosité académique, car, dès 1900, le Dr L. Winiarsky pouvait annoncer au « Congrès international de l'enseignement des sciences sociales » qu'elle était enseignée dans une vingtaine d'universités. Mais à l'heure où le génie étranger donne un nouvel essor à l'application des mathématiques aux sciences sociales dont les pionniers et les protagonistes, A.-N. Isnard, A. Cournot. E.-J. Dupuit et L. Walras, furent des Français, nous avons cru intéressant d'essayer de constituer le dossier d'une cause qui semble avoir été trop souvent jugée sans instruction préalable.

C'est le but que nous nous sommes proposé dans ce travail qui comprend trois parties ayant respectivement pour objet : l'opportunité, l'historique et la consistance de l'emploi des mathématiques en économie politique.

Dans la première partie, après avoir indiqué les raisons qui justifient cet emploi et le rendent même indispensable, nous avons examiné les diverses objections de principe qu'il a soulevées.

Dans la seconde partie, la plus délicate à traiter pour nous à raison de la grande notoriété de certains auteurs, nous avons rapidement passé en revue les principaux économistes mathématiciens, en nous efforçant de mettre en évidence les nouvelles conceptions qui se sont peu à peu dégagées de leurs différents travaux.

Enfin, dans la troisième partie, nous avons tenté de montrer, d'après leurs auteurs originaux, la consistance générale des résultats acquis. Dans ces deux dernières parties nous avons d'ailleurs accordé une large part à l'examen de diverses questions qui ont fait l'objet de controverses entre les économistes mathématiciens, parce que certains économistes littéraires ont conclu à la condamnation de l'emploi des mathématiques en économie politique du seul fait de l'existence de conflits entre les partisans de cet emploi eux-mêmes, sans se rendre compte que ces controverses ne témoignent nullement de véritables contradictions.

Ajoutons que si nous nous sommes appliqué à ne laisser dans l'obscurité aucun point essentiel, nous n'avons par contre nullement la prétention d'avoir révisé toutes les questions relatives à l'emploi des mathématiques en économie politique, ce qui nous aurait entraîné bien au delà du cadre que nous nous sommes tracé, pour ne donner que l'illusion d'une étude mieux documentée par suite du faible intérêt général des éléments qui seraient venus alourdir notre exposé.

N. B. — Eu égard à la multiplicité des indications bibliographiques qui figurent dans ce travail, nous n'avons, pour plus de simplicité, mentionné tout au long le titre de chaque ouvrage qu'une seule fois, à une page dont le numéro est indiqué **entre crochets** dans les autres citations.

PREMIÈRE PARTIE

Opportunité de l'emploi des mathématiques en économie politique.

On est toujours tenté de dire à ceux que l'on voit s'engager dans des considérations *a priori* sur les qualités de telle ou telle méthode (μετὰ, ὁδός) : « Peu m'importent vos bonnes raisons, montrez-moi les résultats que vous avez obtenus et je verrai bien si vous avez suivi une bonne voie ». Cependant nous ne croyons pas inutile de reprendre une fois de plus la question des méthodes appropriées aux recherches économiques, non certes pour établir la supériorité de l'une d'elles, car loin de s'exclure les divers procédés d'investigation doivent au contraire se prêter un mutuel appui, mais précisément pour montrer que les mathématiques, elles aussi, ont un rôle à jouer dans l'édification des sciences sociales. Se trouvant encore dans la période analytique qui, pour tout ordre d'étude, précède la période synthétique où il devient possible de dégager des résultats pratiques dont chacun peut reconnaître la valeur, l'économie politique ne fournit en effet que des matériaux scientifiques dont l'appréciation exige des connaissances techniques, tout à la fois mathématiques et économiques, lorsqu'il s'agit de théories mathématico-économiques. Or, dès l'instant où la connaissance préalable des mathématiques n'est pas considérée comme nécessaire à ceux qui se préoccupent de questions économiques, ce serait créer un cercle vicieux que de ne faire état que des arguments *a posteriori* qui justifient leur emploi.

Dans la première partie de ce travail nous allons donc examiner indépendamment de l'usage qui en a été fait — sans cependant nous attarder aux discussions byzantines dans lesquelles sont tombés ceux qui se sont confinés dans le domaine de la méthodologie — les raisons qui ont amené certains économistes à recourir à l'appareil mathématique et les motifs qui ont été invoqués par ceux qui ont entendu condamner son emploi. Cet examen a d'ailleurs été déjà entrepris à plusieurs reprises par les auteurs les plus qualifiés (1) (ce qui nous autorise à ne pas le considérer comme oiseux), mais comme depuis plusieurs années, ainsi que nous le verrons, la nature du rôle des mathématiques en économie politique a évolué tout en se précisant, nous croyons pouvoir reprendre l'œuvre de nos prédécesseurs sans paraître caresser le présomptueux espoir d'être mieux inspiré qu'eux.

(1) Notam. par M. E. BOUVIER dans son étude sur la *Méthode mathématique en économie politique* publiée, dans les numéros de août-septembre et de décembre 1901 de la *Revue d'économie politique*.

CHAPITRE PREMIER

Justification de l'emploi des mathématiques en économie politique.

§ 1. — Les mathématiques sont appropriées aux études économiques.

Les mathématiques sont, d'après d'Alembert, « la science qui a pour objet les propriétés de la grandeur ». Or, les études économiques, en tant que distinguées des études sociales, portent constamment sur des questions de plus ou de moins, c'est-à-dire de quantités. Aussi, jusqu'à ces derniers temps, la plupart des auteurs qui ont voulu justifier l'emploi des mathématiques en économie politique ont-ils argué de ce fait que cette science traite de quantités. A la naissance même de l'économie mathématique, Gianmaria Ortes, le plus illustre des économistes vénitiens du temps passé, suivant Cossa (1), a défendu l'usage du calcul, auquel il recourait dans ses recherches économiques, en affirmant que l'insuffisance et l'inexactitude des conclusions de nombreux économistes proviennent de ce qu'ils n'ont pas fait usage de la géométrie (2) « qui seule peut con-

(1) *Histoire des doctrines économiques*, trad. A. Bonnet, Paris, 1899, Part. II, ch. VII, § 6.

(2) On sait que le terme « géométrie » a servi jusqu'à une époque assez récente à désigner l'ensemble des mathématiques pures.

duire à la connaissance des vérités naturelles et principalement de celles qui ont trait aux quantités, comme cela a lieu indubitablement pour les vérités économiques » (1) (2). Et plus d'un siècle plus tard, les deux principaux créateurs des théories mathématico-économiques modernes, W. St. Jevons et L. Walras, ont usé du même argument dans de nombreux passages de leurs œuvres parmi lesquels nous nous bornerons à citer le suivant, qui nous paraît particulièrement typique parce qu'il peut être considéré comme l'expression commune de la manière de voir de ces deux auteurs, car Walras n'a pas hésité à le faire sien (3) après l'avoir lu dans un ouvrage de Jevons. « Il me semble que *notre science doit être nécessairement mathématique, simplement parce qu'elle traite de quantités.* [C'est l'auteur qui a souligné]. Toutes les fois que les choses dont on traite sont susceptibles d'être *plus grandes* ou *plus petites*, les lois et les relations doivent être mathématiques (4). Les lois ordinaires de l'offre et de la demande traitent uniquement de quantités de produits, demandées ou offertes, et expriment la manière dont les quantités varient en raison du prix. La conséquence de ce fait est que ces lois *sont* mathématiques. Les économistes ne peuvent en modifier la nature en leur en refusant le nom ;

(1) Passage cité par MM. F. VIRGILII et C. GARIBALDI dans leur *Introduzione...* [p. 259], Int., sect. I.

(2) Il est intéressant de rapprocher de cette appréciation celle de Le Trosne : « La science économique s'exerçant sur des objets mesurables est susceptible d'être une science exacte et d'être soumise au calcul. » (*De l'ordre social*, Discours VIII, p. 218).

(3) Cf. *Economique et Mécanique* dans *Bulletin de la Société vaudoise des sciences naturelles*, t. XLV, Lausanne, 1909, p. 166.

(4) Cpr. J. DUPUIT (*Annales des Ponts et Chaussées*, 1844, 2ᵉ sem., p. 375 n.) « Dès que l'on reconnaît, comme J.-B. Say, que l'Économie politique s'occupe de quantités susceptibles de plus ou de moins, on est obligé de reconnaître en même temps qu'elle se trouve dans le domaine des mathématiques. »

ils pourraient aussi bien chercher à modifier la lumière rouge en l'appelant lumière bleue » (1).

A la vérité, c'est aller un peu loin que de conclure directement de la possibilité de l'emploi des mathématiques en économie politique à l'opportunité de cet emploi sans rechercher s'il est susceptible d'offrir un réel intérêt. Mais — sous réserve d'objections que nous examinerons ultérieurement, — il ne reste pas moins des raisons invoquées par ceux qui ont développé ce que l'on peut appeler elliptiquement l'argument des quantités, que, du fait de leur nature quantitative, les questions économiques sont susceptibles d'être traitées mathématiquement, et c'est là le seul point qui nous importe quant à présent, car nous nous réservons d'exposer plus loin les avantages que, en l'espèce, la logique mathématique présente par rapport à la logique ordinaire.

On voit donc que la *matière* économique est de nature à pouvoir être introduite dans ce que Taine a appelé le moule mathématique ; et il ne nous reste plus par suite qu'à montrer que les phénomènes économiques revêtent des *formes* qui s'adaptent parfaitement à ce moule, c'est-à-dire que l'analyse mathématique est appropriée à l'étude de ces phénomènes.

Eh bien ! d'une part, dès l'instant où l'on entend faire une œuvre scientifique, il ne faut prendre en considération que des phénomènes généraux, ceux qui présentent des caractères permanents, car, selon la formule que Platon prête à Socrate, il n'y a de science que du général. La vente d'une boîte à musique au milieu du lac Supérieur, à laquelle Mill s'est arrêté, ou les opérations commerciales d'un Robinson Crusoé, à l'analyse desquelles se sont complu certains économistes, ne sont que des cas tératologiques de l'examen

---

(1) W. St. Jevons, *Théorie...* [p. 91], chap. i, p. 56.

desquels on ne peut guère espérer tirer les éléments de la physiologie économique (1), encore que cette science doive être capable d'expliquer les anomalies qu'ils présentent. Les seules données dont un économiste scientifique ait à faire état sont celles qui correspondent non pas à des phénomènes exceptionnels, mais à des phénomènes moyens qui, comme tels, sont régis par la loi des grands nombres et ne subissent que des variations que l'on peut pratiquement, ainsi qu'on a coutume de le faire dans les sciences physiques, considérer comme *continues* (2).

Et, d'autre part, les variations subies simultanément par plusieurs phénomènes ne sont pas indépendantes, elles sont liées les unes aux autres, elles sont *fonction* les unes des autres. C'est là un fait extrêmement important dont nous ne faisons qu'indiquer ici l'existence, parce que nous aurons l'occasion d'entrer ultérieurement dans de plus amples développements à son sujet pour montrer la nécessité de l'emploi des mathématiques en économie politique.

Or, les deux concepts fondamentaux qui sont à la base de toute l'analyse mathématique sont précisément la notion de continuité et surtout la notion de fonction (3), et l'on peut dire que ces deux notions constituent l'essence même de cette science, de telle sorte que non seulement les procédés analytiques sont applicables à toutes les questions dont les éléments sont susceptibles de subir des variations continues, fonctions

(1) Cpr. A. MARSHALL, *Principes...* [p .100], liv. V, chap. II, § 2 note, et préf. de la 5e éd., App. *C*, p. 636.

(2) Cf. IRVING FISHER, *Mathematical Investigations...* [p. 136], part. I, ch. I, § 13, et V. PARETO, *Manuel...* [p. 143], ch. III, §§ 65 et s.

(3) C'est ainsi que M. EMILE PICARD constate, dans son ouvrage sur *La science moderne...* [p. 31] ch. II, div. I, que toute la science mathématique repose sur l'idée de fonction.

les unes des autres, mais encore que ces questions sont *ipso facto* des problèmes analytiques quand bien même leur simplicité permettrait de les traiter sans recourir aux symboles dont, pour plus de clarté, on revêt en général les solutions mathématiques (1). Il est à peu près impossible en effet de se faire une conception claire et complète du principe de continuité *a priori*, c'est-à-dire indépendamment des principales conséquences qu'en dégage l'analyse mathématique, et la notion de fonction est inséparable de l'idée de correspondance mathématique entre les valeurs de plusieurs grandeurs interdépendantes. Et c'est ainsi que pour l'économie politique en particulier on peut dire que l'analyse est si bien appropriée à l'étude scientifique des questions qui font l'objet de cette science, que du jour où l'on s'est aperçu que l'utilité (valeur d'usage) n'est pas une qualité objective et absolue des choses, mais une *fonction* des dispositions individuelles, elle est venue, en quelque sorte spontanément, prendre place dans le domaine des mathématiques appliquées, à côté de la mécanique et de la physique. Comme ces sciences, en effet, l'économie politique est dominée par la loi de la moindre action (2), — qui prend parfois, lorsqu'il s'agit de l'ordre sociologique, le nom de principe de l'intérêt bien entendu — de telle sorte que de même que les positions d'équilibre d'un système matériel sont celles qui correspondent aux valeurs *maxima* et *minima* de certaines *fonctions*, de même les conditions d'équilibre du monde économique sont celles qui assurent à l'individu le *maximum* d'utilité avec le *minimum* de peine, si bien que tous les problèmes de la science so-

(1) Voir à ce propos la curieuse note xi de l'App. A des *Principes...*, [p. 100] de A. Marshall.

(2) Cf. F.-Y. Edgeworth, *Mathematical psychics* [p. 119], p. 9.

ciale peuvent être envisagés comme des problèmes de *maximum*, ainsi que l'a fait remarquer M. Winiarsky (1). Or, l'étude de toutes les questions de maximum relève essentiellement de la discipline mathématique, comme s'en rendait déjà compte Malthus lorsqu'il écrivait que « bien des questions de morale et de politique semblent être de la nature des problèmes de *Maxima* et de *Minima* dans les variations ; dans lesquels il y a toujours un point où un certain effet est plus grand, tandis que de part et d'autre de ce point il diminue progressivement » (2). L'économie politique présente d'ailleurs avec la mécanique de nombreuses analogies à l'existence desquelles — depuis que Jevons a établi son fameux parallèle entre la théorie de l'équilibre d'un levier et celle de l'échange de deux marchandises entre elles (3) — tous les partisans de l'emploi des mathématiques se sont référés en commençant par établir une correspondance entre certaines données mécaniques et certaines données économiques (4) pour en déduire ensuite des principes économiques — analogues aux grands principes mécaniques, tels que celui des vitesses virtuelles (5) — dont l'application venait corroborer leurs théories. Du reste, ce rapprochement de l'économie politique et de la mécanique n'offre pas seulement la possibilité de faire ressortir la légitimité de l'emploi des mêmes procédés d'investigation (ce qui ne serait en

(1) Dans une étude sur *La méthode mathématique dans la sociologie et dans l'économie politique*, publiée dans le numéro de décembre 1894 de la *Revue socialiste*.

(2) Passage cité par W. St. Jevons dans *Théorie...* [p. 91], préf. de la 2e éd., p. 23.

(3) *Théorie...* [p. 91], ch. IV.

(4) Voir les tableaux en deux colonnes dressés par MM. Irving Fisher (*Mathematical investigations...* [p. 136], part. II, ch. III, § 2) et V. Pareto (*Cours...* [p. 143], vol. II, n° 592, p. 12).

(5) Cf. Vito Volterra, *Discours d'ouverture de l'Université de Rome* en 1901.

somme qu'un avantage négatif), il est de plus susceptible d'assurer le développement de la première de ces sciences parallèlement à celui de la seconde ; on peut espérer, par exemple, que l'adaptation à l'économie politique du principe de d'Alembert permettra un jour de passer de la connaissance des phénomènes statiques à celle des phénomènes dynamiques, dont l'étude n'a été qu'effleurée jusqu'à présent (1). Mais ce sont là des questions que nous n'avons pas l'intention d'examiner ici.

Rappelons en outre, pour en terminer avec ce premier paragraphe, que les mathématiques n'ont pas seulement pour objet de calculer des quantités déterminées, mais qu'elles se prêtent aussi tout particulièrement à l'étude des variations de fonctions plus ou moins arbitraires, par rapport à telle ou telle variable. C'est là un point qu'il convient de ne pas perdre de vue, parce que l'on a parfois prétendu que l'usage des mathématiques était inapproprié aux recherches économiques, ces recherches portant fréquemment plutôt sur des questions de tendance que sur des phénomènes précis, car les individus ne réalisent que bien rarement le maximum de bonheur qu'ils tendent à obtenir et qui leur échappe sans cesse, tel le rocher de Sisyphe.

§ 2. — Les mathématiques sont susceptibles de rendre de grands services dans les recherches économiques.

D'après ce que nous venons de voir, les mathématiques sont parfaitement applicables à l'étude des phénomènes économiques ; nous allons maintenant essayer de montrer que leur application est de nature à présenter

(1) Cf. A. AUPETIT, *Essai...* [p. 112], p. 31.

de réels avantages. Mais, au préalable, nous croyons indispensable de préciser le point de vue auquel nous entendons nous placer.

On s'est parfois demandé s'il y avait lieu de considérer cette application]comme un procédé heuristique ou simplement comme un procédé didactique (1). Or comme, ainsi que nous le dirons dans un paragraphe suivant, nous ne croyons l'usage des mathématiques opportun que dans les seules théories dont l'élaboration comporte leur emploi, c'est là une question qui, à notre sens, ne se pose même pas. « J'avoue », écrivait à ce propos Walras au professeur K. Menger, « que je ne comprends pas bien comment la méthode mathématique de recherche ne serait pas la méthode mathématique d'exposition et réciproquement » (2). Dans ce qui suit nous examinerons donc l'utilité de l'emploi des mathématiques en économie politique au point de vue le plus général, tant comme procédé d'exposition et de démonstration, que comme procédé de recherche.

A vrai dire, on ne saurait distinguer à côté de la logique proprement dite, qui fournit les éléments de tous nos raisonnements, une autre logique, en quelque sorte plus raffinée, à laquelle on donnerait le nom de logique mathématique, et si Jevons a pu dire, ainsi que nous l'avons vu, que quelle que soit la manière de les exposer, avec ou sans symboles, les lois économiques sont par leur nature même des lois mathématiques, on pourrait

(1) Certains auteurs ont même été plus loin et ont envisagé l'emploi des mathématiques comme procédé d' « autocompréhension ». Voir notam. P.-H. WICKSTEED, *On certain passages in Jevons' «Theory of political economy»*, dans le *Quarterly journal of economics*, numéro d'avril 1889 et A. MARSHALL, *Principes... [p. 100]*, préf. de la 1re éd., p. XI.

(2) Lettre inédite en date du 2 juillet 1883.

soutenir à l'inverse que, quels que soient les symboles qui lui donnent un caractère particulier, ce que l'on a parfois appelé la méthode mathématique est foncièrement identique à la méthode déductive ordinaire. Cependant, tandis que pour poursuivre depuis les prémisses jusqu'à la conclusion un raisonnement un peu compliqué avec les seules ressources dont dispose l'esprit, il faut passer par toute une série de considérations intermédiaires qui, d'une part, diffusent inutilement les idées et par là s'opposent à toute vue d'ensemble, et, d'autre part, sont susceptibles d'égarer cet esprit — et dans tous les cas lui rendent inaccessible l'analyse des phénomènes qui sont rattachés les uns aux autres, non par des rapports de cause à effet, mais par des liens de mutuelle dépendance —, les procédés mathématiques permettent au contraire fréquemment de passer directement, avec la plus grande simplicité, des prémisses aux conclusions. « Non seulement » en effet « les mathématiques par leurs signes, par leurs figures donnent un corps, une forme à des idées abstraites, et appellent ainsi les sens à concourir à la puissance intellectuelle de l'homme, mais leurs formules saisissent ces idées, les modifient, les transforment et en expriment tout ce qu'elles contiennent de vrai, de juste et d'exact, sans que l'esprit soit obligé de suivre les mouvements de tous ces rouages dont la marche a été réglée une fois pour toutes » (1), de telle sorte que leur emploi dispense de reproduire, à propos de chaque cas particulier, l'enchaînement des idées qui s'adapte à tous les cas semblables. Eh bien ! c'est l'ensemble de ces raisonnements condensés (comparables) aux associations d'idées qui nous permettent d'interpréter instantanément, pour

(1) Dupuit, *De la mesure...* [p. 80], p. 375 note.

ainsi dire sans réflexion, les phénomènes que nous observons constamment) traduits en des symboles appropriés à la représentation des notions et des relations qui en font l'objet, qui constitue la logique mathématique.

Cela étant, il devient évident que les mathématiques sont avant tout « la science de la clarté » (1) et que c'est grâce à cette précision et à cette netteté, qui leur méritent si bien la qualification de science exacte — parfois faussement interprétée (Cf. *infra*, I, II, 2) — que les mathématiques doivent être susceptibles de rendre des services dans les recherches économiques. Et, en effet, le professeur Cossa a pu résumer assez fidèlement en ces termes les avantages qu'offre leur emploi : « Il substitue des formules brèves et élégantes aux exemples arithmétiques prolixes et ennuyeux dont se servent d'habitude les économistes. Il présente une série de raisonnements dont on découvre, à vue d'œil, l'enchaînement et les erreurs qui ont pu s'y glisser ; il oblige à formuler avec beaucoup de précaution et de précision les prémisses du raisonnement, à apprécier dans leur signification véritable l'élément de la continuité et celui de la réciprocité d'influence des différents phénomènes, et il permet d'éviter l'erreur dans laquelle tombent les économistes non mathématiciens, qui considèrent souvent comme constantes des données variables » (2). Il est du reste bien facile de montrer la clarté que l'emploi des mathématiques est de nature à introduire dans l'étude des questions économiques, car il n'est guère de raisonnement, si obscure soit-il, qui ne puisse, pourvu qu'il soit juste, être présenté d'une

---

(1) F. BERNARD, *De la méthode en économie politique*, dans le *Journal des Economistes*, numéro d'avril 1885, p. 20.
(2) *Histoire des doctrines...* [p. 5], part. I, ch. VI, § 4.

façon lumineuse en faisant appel à la langue mathématique. Aussi, les partisans de l'usage de cette langue ont-ils donné de nombreux exemples, dont quelques-uns sont devenus classiques, de théories verbeuses qui sont susceptibles d'acquérir une grande netteté en revêtant une expression mathématique appropriée : l'un des plus typiques est fourni par la théorie du commerce extérieur de John Stuart Mill (1), qui présente cette particularité d'avoir eu lui-même l'intuition de l'opportunité d'un langage symbolique puisqu'il a fini par recourir à une sorte d'algèbre, à l'état embryonnaire il est vrai. Tous ces exemples ne se présentent d'ailleurs que comme des manifestations variées de l'élégante simplicité qu'apporte dans les démonstrations la seule notion de fonction, en permettant de se débarrasser des données numériques qui encombrent les œuvres de tous ceux, tels que Ricardo et les économistes de l'Ecole autrichienne, qui ont voulu se soustraire aux représentations analytiques que comportaient leurs travaux. Mais comme on peut toujours prétendre — bien que ce ne soit pas tout de dire les choses et qu'il faille encore les bien dire — que le seul fait d'améliorer l'exposé d'une théorie ne fournit en définitive aucune contribution à l'élaboration de la science (2), nous ne nous étendrons pas davantage sur ce sujet, pour aborder immédiatement la question de l'utilité de l'emploi des mathématiques à un point de vue plus positif tout en ne nous occupant cependant que d'avantages connexes à la clarté d'expression dont nous venons de parler : la rigueur et la puissance d'investigation. En économie politique, en effet, de même que dans la nature, la lu-

______

(1) Cf. F.-Y. Edgeworth, Discours [p. 120], notes *b* et *c*.
(2) Voir dans ce sens l'article bibliographique de A. Wagner, relatif aux *Principles of economics* de A. Marshall, dans le *Quarterly journal of economics*, numéro d'avril 1891.

mière n'est pas seulement une source d'agrément, elle assure aussi la destruction des germes morbides, lire des erreurs, tout en favorisant le développement de la vie, c'est-à-dire des théories constructives (1).

La rigueur apparaît à première vue comme l'une des qualités les plus hypothétiques que l'emploi des mathématiques soit susceptible d'introduire dans les théories économiques, si souvent incertaines, car les critiques ne se sont pas fait faute de relever des erreurs d'économistes mathématiciens pour en conclure à la condamnation de leurs procédés. Nous ne craignons cependant pas de placer le haut degré de certitude qu'il assure au premier rang des avantages inhérents à cet emploi, parce que, en réalité, les erreurs en question ne sauraient, sauf exceptions, — « il y a des mathématiciens qui font de faux calculs, comme il y a des logiciens qui font de faux raisonnements » (2) — être mises à la charge des mathématiques. Il y a lieu, en effet, de distinguer dans toute théorie deux parties : les données tirées de l'observation des faits et les raisonnements établis sur ces données pour expliquer ces faits ; de telle sorte qu'une théorie peut être fausse soit par suite du défaut de coïncidence entre les données et les faits, soit par suite du défaut d'adaptation des raisonnements aux données. Or, les mathématiques ne jouent un rôle efficace que dans les raisonnements, il n'y a donc aucune contradiction à parler de la certitude inhérente à

(1) Il n'est pas sans intérêt de rappeler à ce propos cette assertion formulée par le célèbre astronome Simon Newcomb, à l'occasion de la publication du livre de Cairnes sur *The caracter and logical method of political economy* : « Mathematical analysis is simply the application to logical deduction of a language more unambigous, more precise, and for this particular purpose, more pawerful than ordinary language. » (Passage cité par le professeur Irving Fisher dans ses *Mathematical investigations...* [p. 136]; App. III).
(2) Dupuit, *De la mesure...* [p. 80], p. 375 note.

leur emploi tout en reconnaissant la fausseté de certaines théories, dans l'élaboration desquelles elles sont largement intervenues. Il est vrai que l'on a objecté — et Walras a été le premier à reconnaître (1) — qu'en économie politique la difficulté réside principalement dans la position des questions. Mais cette objection comporte deux réponses. La première, c'est que quand bien même les procédés analytiques n'assureraient que l'exactitude des raisonnements, cela constituerait déjà un élément de certitude des conclusions qui ne serait pas négligeable. Quant à la seconde, c'est que, sans offrir les mêmes garanties d'infaillibilité que lorsqu'il s'agit des raisonnements, l'emploi des mathématiques est cependant de nature à faire échapper celui qui y recourt à de nombreuses erreurs qui auraient pu se glisser dans ses prémisses (2). D'une part en effet, l'usage du langage mathématique, essentiellement précis, ne permet pas de se contenter d'énoncés vagues, dont l'imprécision cache le plus souvent soit des erreurs, soit des lacunes, tels, par exemple, que cette fameuse formule d'après laquelle le prix des marchandises varierait en raison directe de l'offre et en raison inverse de la demande, ce qui est faux et constitue un contresens, à moins que ce ne soit un non-sens. Et d'autre part, du fait de cette grande simplicité grâce à laquelle on peut embrasser d'un seul coup d'œil les divers facteurs qui interviennent dans un phénomène, l'usage des symboles et des procédés analytiques ne laisse aucune place à ces problèmes insolubles, parce que le nombre des inconnues y est différent de celui des conditions destinées à les déterminer, dont certains économistes littéraires se sont parfois acharnés à chercher

(1) Voir *Théorie mathématique...* [p. 163], p. 12.
(2) Cpr. W. WHEWELL, *Mathematical exposition...* [p. 74], p. 194.

la solution, bien heureux quand ils ne l'ont pas trouvée ! Ajoutons que si on ne saurait évidemment songer à prouver que l'emploi des procédés mathématiques a évité à ceux qui y font appel de tomber dans de graves erreurs, car, en général, les propositions négatives ne se démontrent pas, on peut par contre facilement se rendre compte que ces procédés permettent de mettre en évidence les incorrections de théories élaborées sans leur concours. Les fondateurs de l'économie mathématique n'ont en effet pas fait autre chose que de rectifier les erreurs qui avaient cours à propos de ce qu'on est convenu d'appeler la théorie de la valeur, et d'ailleurs certains auteurs (1) se sont appliqués à montrer sur des exemples particuliers comment les mathématiques peuvent être appelées à jouer le rôle de correcteur. Mais, bien que ce soit « une fonction honorable de jouer le rôle de serpe dans la vigne de la science, et vraiment nécessaire à cette époque de luxuriante spéculation où les nouvelles théories croissent dans tant de journaux économiques » (2), nous n'insisterons cependant pas sur ces questions de crainte de donner à penser, selon la formule de Renan, que M. Painlevé a rappelée à ce propos, que l'économie mathématique préserve de l'erreur plus qu'elle ne donne la vérité.

Quant à la puissance d'investigation qui constitue la seconde des deux qualités des mathématiques auxquelles nous faisons allusion plus haut, elle a deux origines principales. La première, c'est qu'elle apporte dans les raisonnements cette clarté dont nous avons déjà tant parlé, de telle sorte qu'à l'instar d'une lanterne qui servirait à éclairer une région précédemment

---

(1) Not. M. EDGEWORTH, Discours [p. 120] note *i* et *Mathematica psychics* [p. 119] App. VI (The errors of the ἀγεωμετρητόι).
(2) F.-Y. EDGEWORTH, Discours [p. 120], p. 546.

plongée dans une demi-obscurité, elle permet de distinguer un plus grand nombre de points parce qu'elle assure la vision à une plus grande distance. La seconde, c'est qu'elle met à la disposition des chercheurs toute une réserve de force vive sous la forme de l'admirable appareil mathématique « créé à travers une longue suite de siècles, par l'énergie accumulée des génies les plus subtils et des esprits les plus sublimes qui aient jamais existé » (1). Voici en effet, par exemple, d'après un mathématicien éminent, comment il est devenu possible grâce aux procédés du calcul intégral de pénétrer la substance des phénomènes naturels.

« Les phénomènes naturels, de quelque espèce qu'ils soient, se présentent au premier abord avec une apparence complexe. Celui d'aujourd'hui est la conséquence de tous ceux qui ont eu lieu dans le passé. Les modifications qu'on vérifie en un point de l'espace sont liées à celles que l'on vérifie dans tous les autres endroits. Vouloir découvrir d'un seul coup ces lois cachées, vouloir les dominer et les embrasser toutes d'un seul regard, c'est là une œuvre qui, au premier abord, semble non seulement difficile, mais impossible, bien qu'elle paraisse indispensable pour se former une idée complète des phénomènes. »

« Comment la méthode infinitésimale réussit-elle à débrouiller un tel cahos, qui nous entoure de toutes parts et semble défier tout effort pour l'analyser? »

« Imaginons la succession des événements dans un temps infiniment court et dans un espace également infinitésimal. Il devient alors possible de distinguer dans les changements des éléments variables des parties prédominantes de celles qui sont négligeables. On

---

(1) V. Volterra, *Les mathématiques dans les sciences biologiques et sociales*, dans la *Revue du mois*, numéro de janvier 1906, p. 2.

pourra alors, en mesurant les premières ou en établissant entre elles des relations, déduire de ce qui est arrivé dans un certain moment et dans un certain endroit, ce qui aura lieu en tous temps et partout où les lois élémentaires sont satisfaites. »

« Fixer ces lois élémentaires s'appelle *poser des équations différentielles* ; les résoudre, c'est-à-dire calculer de proche en proche tous les éléments inconnus, s'appelle les *intégrer* » (1). Dès lors, les origines de la puissance des mathématiques comme procédé d'investigation ainsi indiquées, nous ne croyons pas utile d'insister sur l'importance du concours que les mathématiques peuvent fournir à ceux qui veulent se livrer à des recherches économiques : en présence de matières qui, d'après ce que nous avons vu au début, se prêtent également bien à leur application, elles sont de nature, suivant la forte expression de Henri Poincaré (2), à augmenter le rendement des sciences économiques comme elles ont augmenté celui des sciences physiques, dont on ne compte plus les acquisitions dues aux procédés analytiques. D'ailleurs, nul ne peut songer de bonne foi à nier cette importance ; nous n'en voulons d'autre preuve que l'appréciation d'un critique aussi compétent en mathématiques que peu suspect de bienveillance exagérée à l'égard de leur emploi en économie politique, M. Painlevé, qui n'a pas hésité à proclamer, à l'occasion de cet emploi, que « notre capacité de déduire en langage ordinaire est incomparablement plus faible qu'en langage mathématique » (3).

Aussi ne s'agit-il pas maintenant pour nous de rechercher si les mathématiques peuvent prêter un con-

(1) V. VOLTERRA, *loc. cit.*, p. 8.
(2) *La physique expérimentale et la physique mathématique*, dans la *Revue générale des sciences*, numéro du 15 novembre 1900, p. 1164.
(3) Avant-propos à la *Théorie...* [p. 91] de W. ST. JEVONS, p. XVII.

cours efficace à l'économie politique, mais de savoir si l'économie politique est susceptible de bénéficier de l'intervention des mathématiques, c'est-à-dire si l'emploi des mathématiques en économie politique est justifié par un profit qui ne soit pas annihilé par la difficulté de mise en œuvre d'un appareil aussi compliqué. C'est là une question, dont l'importance ne saurait échapper, à laquelle nous allons donner une réponse nettement affirmative en essayant de montrer que l'emploi des mathématiques en économie politique est rendu indispensable par la complexité du monde économique.

§ 3. — Les mathématiques sont nécessaires pour aborder l'étude des phénomènes économiques généraux.

Pour se rendre compte de la nécessité de l'emploi des mathématiques pour aborder l'étude du monde économique dans son entière complexité, une simple constatation suffit : tandis que depuis la naissance de l'économie politique (1), les économistes littéraires n'ont pas cessé de proclamer (souvent pour excuser l'insuffisance des résultats de leurs recherches) la répercussion des phénomènes économiques les uns sur les autres et la solidarité des marchés, ces mêmes économistes se sont évertués dans leurs études à rechercher des *causes*, la cause de la valeur, par exemple, — ce qui, en présence de phénomènes mutuellement relationnés, est aussi

---

(1) Le *Tableau économique* de QUESNAY, le fondateur de l'économie politique, offre déjà l'exemple d'une tentative de représentation de la mutuelle dépendance des phénomènes économiques, si bien qu'on a voulu voir dans les Physiocrates des précurseurs de l'emploi des mathématiques (Voir CH. GIDE et CH. RIST, *Histoire des doctrines économiques*, 1re éd., Paris, 1909, liv. I, ch. i, sect. I, § 2, p. 21 n.), emploi qui est du reste conforme à leurs idées (Cf. l'opinion de Le Trosne rappelée ci-dessus, p. 6 n.).

vain, ainsi qu'on l'a fait remarquer (1), que de se demander en présence de deux frères quel est le frère de l'autre — jusqu'au jour où un économiste mathématicien, Walras, a, pour la première fois, précisé la nature de cette interdépendance économique dont ses prédécesseurs avaient obscurément conscience.

Mais comme dans cette partie de notre travail nous n'entendons faire appel à aucune considération mathématique, nous allons nous efforcer maintenant de montrer *a priori* la nécessité de l'emploi des mathématiques en précisant les grandes lignes du problème qui se présente à ceux qui cherchent à obtenir une vue d'ensemble du monde économique.

Le monde économique, pris dans son ensemble, se présente comme un agrégat d'individus ou de groupes d'individus dont les tendances, en se limitant mutuellement, arrivent à se contrebalancer sous l'action de la concurrence (dont on ne saurait faire abstraction même sous le régime le plus interventionniste), de même que en s'entrechoquant les molécules d'une masse liquide, mise en mouvement pour une raison quelconque, finissent par retrouver une position d'équilibre sous l'influence de la pesanteur. Or, la satisfaction des désirs d'un individu ne dépend de sa volonté qu'entre certaines limites au delà desquelles ses efforts sont inévitablement annihilés par les efforts de ceux dont les intérêts sont en opposition avec les siens. Mais on peut admettre qu'entre ces limites où il est libre d'agir à sa guise, l'individu manœuvrera de manière à obtenir avec le moindre effort la plus grande somme de

(1) P. Boven, dans un travail sur *Les applications mathématiques à l'économie politique*, Lausanne, 1912, ch. ii, p. 27 (Ce travail a d'ailleurs pour objet la mise en lumière de la nécessité de l'emploi des mathématiques en économie politique du fait de la mutuelle dépendance des phénomènes étudiés).

bonheur possible, étant données les circonstances dans lesquelles il se trouve placé. Sur un marché économique, il tend donc à s'établir un équilibre tel que chaque individu se trouve réaliser avec les moyens dont il dispose la plus grande satisfaction de ses désirs compatible avec la satisfaction équivalente, toutes choses égales d'ailleurs, des désirs des autres trafiquants.

Dès lors, il est évident qu'on ne saurait songer à extraire de l'ensemble des phénomènes qui se produisent sur un marché économique tel fait particulier pour l'étudier plus aisément en faisant abstraction des faits concomitants. Il est clair, en effet, d'après ce que nous venons de dire, que ce fait dépend de toutes les circonstances qui influent sur la détermination de l'équilibre, de telle sorte qu'il n'y a pas lieu de tenter, en le considérant isolément, de lui découvrir des caractères absolus, indépendants des conditions générales qui régissent le marché considéré. C'est ainsi, par exemple, qu'il est tout aussi illusoire de rechercher la valeur « vraie » ou « normale » d'un objet indépendamment des frais de sa production et de son utilité, ou de prétendre fixer une fois pour toutes les proportions *optima* des facteurs de la production d'une marchandise déterminée, qu'il le serait d'espérer calculer la force susceptible d'immobiliser une poulie sans tenir compte des efforts subis par les deux *brins* de cette poulie, ou de vouloir déterminer les conditions de l'équilibre d'un système matériel sans se préoccuper des influences extérieures auxquelles il peut être soumis. En un mot, dans le monde économique de même que dans le monde physique, l'équilibre dépendant non pas des valeurs absolues des éléments qui y concourent, mais de leurs valeurs relatives, ces éléments ne sont déterminés qu'en fonction les uns des autres, d'où il résulte qu'il faut nécessairement les examiner en bloc si l'on veut aboutir à des conclusions qui ne s'écartent pas trop de la réalité.

Ainsi, dans l'étude des problèmes économiques généraux, de même que dans celle des mouvements du système solaire, — *si parva licet componere magnis* — on se trouve en présence de phénomènes qui réagissent les uns sur les autres sans qu'il soit possible d'attribuer une origine déterminée aux faits observés, de telle sorte qu'il ne s'agit nullement *rerum cognoscere causas*, mais bien plutôt, comme on l'a dit (1), *rerum cognoscere nexus* (2).

Eh bien ! la logique courante est absolument insuffisante pour analyser des rapports de mutuelle dépendance ; les seuls problèmes qu'elle permet d'étudier sont ceux où l'on ne se trouve en présence que de rapports de cause à effet. La preuve en est dans toutes les conceptions erronées, du fait de la méconnaissance des liens de mutuelle dépendance, qui sont dues à de nombreux économistes qui avaient pourtant conscience de l'enchevêtrement des phénomènes qu'ils étudiaient. Si ces économistes n'ont pas hésité à considérer un simple rapport, la valeur (d'échange), comme une entité métaphysique dont ils puissent rechercher la cause, c'est qu'en présence de leur impuissance à montrer comment la valeur se trouve déterminée par l'ensemble des conditions de l'équilibre économique, ils se sont résolus à en indiquer l'origine apparente, le plus souvent par simple application du principe : *Post*

---

(1) Akin Karoly, *Solution nouvelle de deux questions fondamentales d'économie sociale*, dans la *Revue d'économie politique*, numéro de juillet-août 1887.

(2) « Just as the motion of every body in the solar system affects and is affected by the motion of every other, so it is with the elements of the problem of political economy » (A. Marshall, *Academy*, numéro du 1er avril 1872).

hoc ergo propter hoc, application dont la théorie du coût
de production, voire de reproduction, offre un exemple
absolument typique. Si, d'une manière plus générale,
ces mêmes économistes se sont ingéniés à simplifier
toutes les questions sur lesquelles ils ont fait porter
leurs recherches : soit en montrant une prédilection
marquée pour les marchés ne comportant qu'un nombre
réduit de trafiquants, soit en introduisant dans leurs
exposés des conceptions, telles que la pseudo-loi des
proportions définies, ayant pour avantage de permettre
de considérer comme préfixées des quantités qui sont
en réalité des inconnues, c'est qu'ils se sont sans cesse
efforcés de réduire le nombre des facteurs intervenant
dans leurs théories, de manière à pouvoir les rattacher
les uns aux autres par de simples rapports de causalité (1).

Pour atteindre à la vision complète du monde économique, il faut donc de toute nécessité recourir à un
procédé d'investigation plus perfectionné que la logique courante. Or, il n'est qu'un seul moyen qui permette de saisir dans un même raisonnement les différents éléments d'un phénomène complexe : c'est de
traduire en un système d'équations simultanées les
réactions que ces différents éléments exercent les uns
sur les autres. La plupart des œuvres des économistes

(1) Il est si vrai que les rapports de cause à effet sont les seuls qui
satisfassent directement à notre besoin de recouvrir toutes choses
d'un « vernis logique » (PARETO), que ceux-là même qui ont le plus
contribué à mettre en évidence l'interdépendance des phénomènes économiques n'ont pas toujours échappé au désir de rechercher des
rapports de causalité, comme en témoignent, par exemple, certains
chapitres des œuvres de Jevons et de Walras. (Cf. *infra,* II, II, **2,**
note p. 97 et **III, I, 2.**) La création par divers économistes d'une théorie
de la production marginale parallèle à celle de l'utilité marginale
(finale) paraît être également une manifestation de cette tendance à
rechercher quel est des deux membres d'une équation celui qui détermine l'autre.

littéraires, en tant qu'ils se sont occupés de théories générales, peuvent par conséquent être considérées (1) comme des tentatives de résolution d'équations simultánées avec les seuls moyens du langage vulgaire, ce qui est impossible, à moins de réduire, par des hypothèses plus ou moins appropriées, le nombre de ces équations à un ou deux, au risque de n'en avoir qu'une pour déterminer trois inconnues, comme cela se produit dans certaines théories de la répartition.

Et il apparaît ainsi nettement que du fait de la mutuelle dépendance des phénomènes envisagés, l'emploi des mathématiques est absolument indispensable pour aborder l'étude du monde économique dans son entière complexité.

§ 4. — L'école de Lausanne.

Si, jusqu'à présent, nous avons évité d'employer l'expression de « méthode mathématique », c'est qu'il n'y a pas « une méthode mathématique qui *s'opposerait* à d'autres méthodes » (2), mais simplement « un procédé de recherche et de démonstration qui vient s'AJOUTER aux autres ». Aussi est-il quelque peu gratuit d'englober, ainsi qu'on a accoutumé de le faire, sous un nom générique, celui d'*École mathématique*, tous les auteurs qui ont fait appel aux mathématiques dans des études économiques. Le seul fait de recourir à l'emploi des mathématiques pour étudier les questions les plus disparates n'est en effet guère plus de nature à créer un lien entre ces auteurs, aux opinions parfois diamétralement opposées, que n'était de nature

(1) Cf. V. PARETO, *Manuel...* [p. 143], ch. III, *passim*.
(2) V. PARETO, *Manuel...* [p. 143], ch. III, § 3.

à en créer un entre les divers savants l'usage du latin auquel ils recouraient jadis dans leurs exposés scientifiques.

Mais, d'après ce que nous venons de voir, c'est uniquement la mutuelle dépendance des phénomènes qui nécessite l'usage des mathématiques en économie politique, et qui, par suite, en justifie pleinement l'emploi, car on ne comprendrait guère que l'on recourt sans nécessité, à moins que ce ne soit par « snobisme », à des procédés qui sont incontestablement moins faciles à mettre en œuvre que le simple bon sens (1). Il y a donc un domaine qui appartient en propre à l'économie mathématique : celui de l'analyse de l'équilibre économique, c'est-à-dire de l'étude des rapports de mutuelle dépendance qui tendent à s'établir entre les différents facteurs de l'ordre économique, sous la pression des efforts de l'homme, et la recherche des principes généraux qui peuvent être dégagés de la connaissance de ces rapports. Et dès lors, si au lieu de vouloir enrôler sous un même étendard tous ceux qui ont fait peu ou prou appel aux mathématiques, on se contente de réunir les économistes qui ont apporté une contribution à l'analyse de l'équilibre économique, il devient possible d'en former un groupe homogène, constituant réellement une école mathématique, puisque exclusivement composé d'auteurs auxquels l'emploi des mathématiques a

(1) « On ne fait point seller son cheval pour passer du salon à la salle à manger » (R. DE MONTESSUS, *Revue du mois*, numéro de septembre 1906, p. 338).

Il est bien entendu qu'il ne s'agit pas ici des graphiques, qui sont maintenant d'un usage courant dans toutes les sciences (bien que ces graphiques soient également employés pour établir une correspondance entre grandeurs non proportionnelles, c'est-à-dire dont les variations de l'une ne sont pas, du moins directement, *la cause* des variations de l'autre).

permis d'aborder, pour la première fois, des recherches qui sont restées leur spécialité (1).

Eh bien ! sous l'influence des événements qui ont fait naître la théorie de l'équilibre économique à Lausanne (grâce aux travaux de L. Walras qui le premier, comme nous le verrons, a mis en évidence la solidarité réciproque des phénomènes économiques et indiqué les moyens de la représenter) ce groupe a reçu un nom qui est déjà consacré par l'histoire (2) : celui d'*Ecole* (3) *de Lausanne*, qui offre l'avantage de ne pas prêter à confusion comme pourrait le faire l'expression de *Ecole mathématique* détournée de son sens primitif.

Ainsi ce sont uniquement les auteurs que l'on peut rattacher à l'*Ecole de Lausanne*, c'est-à-dire les successeurs de Walras, qui doivent être considérés comme de véritables économistes mathématiciens, si tant est que cette désignation ait une signification bien déterminée. Aussi sont-ce les seuls dont nous rappellerons les travaux en détails, mais sans cependant passer entièrement sous silence les autres économistes qui, en recourant avant eux à l'emploi des mathématiques, ont ouvert la voie aux recherches ultérieures.

(1) En particulier c'est précisément le fait d'avoir abordé l'étude de l'équilibre économique général au lieu de se borner à examiner des problèmes spéciaux, qui sépare complètement les économistes mathématiciens des économistes de l'Ecole autrichienne, bien qu'ils aient les uns et les autres un point de départ commun.

(2) Voir note 2, p. 106.

(3) L'emploi du mot « Ecole » pouvant être une cause de malentendu, il est essentiel de noter que l'étude de l'équilibre économique, en tant qu'elle fait l'objet de l'*Ecole de Lausanne*, est une étude exclusivement scientifique sans tendances doctrinales.

CHAPITRE II

Objections à l'emploi des mathématiques en économie politique.

§ 1. — Les différentes espèces d'objections.

Malgré les grands avantages dont nous venons de nous efforcer de donner un aperçu, l'emploi des mathématiques a été fort mal accueilli à ses débuts, et s'il a fini par triompher à l'étranger, il est encore loin d'avoir conquis les économistes français. Mais, à vrai dire, ce n'est pas uniquement, tant s'en faut, dans la portée réelle des objections adressées à cet emploi qu'il faut rechercher les causes effectives de cet insuccès.

Ces causes sont en réalité au nombre de deux.

La première, d'ordre très général, consiste en ce fait que la mise en mouvement d'idées nouvelles rencontre fréquemment une *résistance au départ* considérable qui se développe au contact des principes préexistants.

Quant à la seconde, d'une nature toute spéciale, elle est constituée par le fossé qui sépare le domaine des études mathématiques de celui des études sociologiques, fossé plus infranchissable peut-être en France que partout ailleurs, ce qui expliquerait que ce pays soit le dernier où l'économie mathématique n'ait pas encore pu acquérir droit de cité.

Voici en effet ce qui s'est produit de chaque côté de ce fossé.

Les mathématiciens, épris de rigueur par profession, et ne travaillant souvent que « pour la seule gloire de la pensée humaine », selon l'expression de l'un d'eux, se soucient en général fort peu de voir faire des applications pratiques, et par là nécessairement très approximatives, de leurs théories. Et puis, conscients de la délicatesse de l'instrument qu'ils ont construit, ils redoutent toujours d'être rendus responsables des résultats fâcheux auxquels pourrait, en des mains inexpertes, aboutir l'emploi de cet instrument au traitement de matières inappropriées. Or, les sciences sociales sont évidemment parmi celles qui semblent le plus mal se prêter à l'application des procédés mathématiques, puisque ce sont les dernières pour lesquelles on ait songé à les utiliser. Aussi, en général, les mathématiciens ne se sont-ils départis de leur indifférence à l'égard de l'économie politique que pour lui contester plus ou moins complètement le caractère de science mathématique. C'est ainsi, par exemple, que dès l'apparition, en Italie, des premières tentatives mathématico-économiques, un mathématicien d'une assez grande envergure si l'on en juge d'après ses œuvres, l'abbé G.-B. Venturi, n'a pas hésité à condamner ces tentatives à l'occasion des *Meditazioni sull' economia politica* de Pietro Verri, annotées par Frisi (1); que plus tard Joseph Bertrand s'est ingénié (2) à réduire à néant les théories de A.-A. Cournot et de L. Walras, le principal précurseur et le fondateur de l'économie mathématique moderne ; et qu'enfin de nos jours, M. P. Pain-

______

(1) D'après A. MONTANARI, *La teoria matematica del valore e uno scrittore emiliano del secolo scorso*, Reggio-Emilia, 1891.
(2) Cf. III, I, 4.

levé, dans son brillant avant-propos à la traduction
française (1) de la *Theory of political economy* de W.-St.
Jevons, a montré fort peu de sympathie pour les économistes mathématiciens. Il y a d'ailleurs lieu d'observer qu'en général les mathématiciens n'ont pas fait
preuve dans leurs critiques d'une connaissance bien
approfondie des œuvres qu'ils ont censurées, — ainsi
que nous le verrons (**III, I, 4**) à propos des observations
de Bertrand relatives à la théorie de l'échange de Walras (2) — ce qui tendrait assez à prouver qu'ils avaient
simplement en vue de rejeter des théories qui ne les in-
téressaient pas. Aussi ces critiques n'ont-elles qu'une
portée trop restreinte pour que nous nous arrêtions à
les examiner dans ces considérations générales, qui
n'ont du reste nullement pour objet d'essayer de faire
rentrer l'économie politique dans le domaine des mathématiques appliquées, mais uniquement de montrer
que les mathématiques ont un rôle à jouer dans les recherches économiques. C'est pourquoi nous allons
passer immédiatement de l'autre côté du fossé, du côté
des économistes, non cependant sans avoir mentionné
— afin de ne pas laisser croire qu'en agissant ainsi
nous désirons échapper à la vision impressionnante
d'une condamnation à l'unanimité — que ce faisant
nous laissons derrière nous des appréciations qui, pour
être dues à des mathématiciens parmi lesquels nous
nous plaisons à signaler un maître incontesté de l'analyse contemporaine, M. Emile Picard (3), et le savant

(1) Voir **II, II, 2**.
(2) Au sujet de l'avant-propos de M. Painlevé, voir : P. Bonin-
segni, supplément au numéro du 11 juin 1909, de la *Gazette de Lausanne*, p. 2, 1ʳᵉ col. et P. Boven, *Les Applications...* [p. 22], ch. ii,
p. 36 et ch. v, pp. 198 et 199.
(3) *La science moderne et son état actuel*, Paris, 1908, ch. i, div. vii.

professeur Vito Volterra (1), n'en sont pas moins favorables à l'emploi des mathématiques en économie politique.

Les économistes, en présence de l'introduction en économie politique de procédés qui ne leur étaient pas familiers, se sont également, dans leur ensemble, montrés plutôt hostiles ; mais ils n'ont pas tous adopté la même attitude.

Les uns se sont contentés de proclamer *ex cathedra*, sans explications, que l'emploi des mathématiques devait nécessairement demeurer stérile.

D'autres ont eu la franchise de déclarer qu'il leur paraissait insupportable de voir assujettir l'étude de l'économie politique à la connaissance préalable des mathématiques.

D'autres enfin, surpris de cette apparition de procédés inaccoutumés, se sont demandé s'il n'y avait pas lieu de les considérer comme des intrus et ont entrepris de rechercher les causes possibles de leur inopportunité.

Des premiers nous ne dirons rien, car, en l'absence d'arguments, on ne peut que se borner à regretter que des économistes comme M. Paul Leroy-Beaulieu, pour ne citer que le plus considérable, aient usé de leur grand crédit pour tenter de jeter par-dessus bord l'économie mathématique menaçante, en affirmant, sans justification (2), que (c'est l'auteur qui souligne) « *l'Ecole dite mathématique en économie politique n'a aucun fonde-*

(1) *Revue du mois*, numéro de janvier 1906 et *Giornale degli economisti*, numéro de novembre 1901.

(2) On ne saurait, en effet, considérer comme telle cette assertion que « la loi de substitution rend impossible l'usage utile des mathématiques en économie politique. » Voir Ch. Gide et Ch. Rist, *Histoire des doctrines* ... [p. 21] l. V, ch. I, § 4, p. 616 n. et V. Pareto, *Cours*... [p. 142], t. I, n° 559¹, p. 405 et *infra*, III, IV.

ment scientifique, ni aucune application pratique ; c'est un pur jeu d'esprit, un ensemble de fictions en dehors de toute réalité et contraire à toute réalité. Cet exercice d'esprit ressemble à la recherche de martingales à la roulette de Monaco » (1).

Non seulement en effet il n'est rien de moins scientifique, de plus impertinent, dit M. Gide (2), que d'écarter l'emploi des mathématiques par la question préalable, mais encore on se demande quelles raisons intimes ont tracé leur ligne de conduite aux auteurs qui ont essayé de décourager, par un infranchissable *Lasciate ogni speranza*, ceux qui pourraient avoir des velléités de s'engager dans la voie nouvelle, à moins que ce ne soient les mêmes raisons que celles qui semblent avoir réduit tel auteur d'une histoire des doctrines à se faire sur l'économie mathématique l'opinion défavorable qu'il a pu trouver dans le Dictionnaire d'économie politique, ou tel autre auteur d'un ouvrage de références sur l'économie politique à étayer sa rancœur d'opinions anonymes ou de citations judicieusement choisies ne représentant qu'une partie de la pensée de ceux à qui ces citations sont empruntées.

Aux seconds, et ils sont nombreux (3), nous répondrons simplement que si l'économie politique est une science compliquée, c'est évidemment très regrettable, mais qu'elle partage cet inconvénient avec bien d'autres sciences telles que la mécanique, la physique et même la chimie, qui nécessitent également l'emploi

---

(1) *Traité théorique et pratique d'économie politique*, Paris, 1896, t. I, ch. IV.

(2) *Revue d'économie politique*, numéro de janvier 1903.

(3) Voir notamment MAURICE BLOCK, *Les progrès de la science économique*, 2e édit., Paris, 1897, t. I, ch. I, div. III et E. LEVASSEUR, *De la méthode dans les sciences économiques* dans la *Revue bleue*, numéros des 5 et 12 mars 1898.

Moret   3

des procédés mathématiques sans qu'on ait jamais songé à le déplorer particulièrement. Et nous ajouterons que cette nécessité n'a pas même, ainsi qu'on a parfois affecté de le laisser croire, de conséquences fâcheuses au point de vue de la diffusion des connaissances économiques ou de leur utilisation pratique. Limitées aux cas où elles sont nécessaires, les applications des mathématiques à l'économie politique ne portent en effet que sur des questions purement scientifiques (1), dont l'intelligence des démonstrations n'est nullement indispensable tant au point de vue de la seule connaissance des faits qu'à celui de l'application des règles qui se dégagent de l'étude de ces faits, de même que l'étude de la mécanique céleste ne saurait être considérée comme la condition préalable de l'acquisition de connaissances cosmographiques, et que l'étude de la théorie de l'élasticité ne s'impose en aucune mesure à ceux qui veulent appliquer les règles de la résistance des matériaux, de telle sorte que pour être un bon « technicien », point n'est besoin d'être un mathématicien accompli.

Quant aux objections soulevées par les derniers, leur examen va faire, conformément au programme que nous nous sommes fixé, l'objet de la suite de ce second chapitre de la première partie de notre travail.

§ 2. — **Les mathématiques seraient inapplicables à l'économie politique parce qu'elle constitue une science morale.**

De toutes les objections adressées à l'emploi des mathématiques en économie politique, la plus souvent

(1) « Mathematical method is for higher economics », IRVING FISHER, *Mathematical investigations...* [p. 136], App. III, § 4.

répétée, celle qui est devenue classique, c'est celle qui, dès 1873, à l'occasion de la communication d'un mémoire où L. Walras posait, pour la première fois, les bases de l'économie mathématique moderne, a été formulée en ces termes, par Wolowski, à l'Académie des sciences morales et politiques : « En prétendant faire de l'économie politique une science exacte, M. L. Walras en a méconnu le vrai caractère : l'économie politique est une science morale, qui a pour point de départ et pour but l'homme » (1).

Cette objection a d'ailleurs reçu, il y a bientôt trente ans, de M. F. Bernard, la forme définitive suivante : « Il semble bien difficile que l'on puisse mettre en formules l'intérêt personnel avec tous les facteurs qui s'y rattachent et le combiner par des syllogismes et des sorites mathématiques (substitutions ou réductions, équations et conjointes) avec les forces naturelles, le milieu si complexe en conflit avec les intérêts de l'homme » (2). Et depuis lors tous les contempteurs de l'économie mathématique n'ont pas cessé de reprendre, pour lui donner de nouveaux développements, le thème de l'incompatibilité des mathématiques et de l'économie politique par suite du fait que cette dernière est une science morale.

Les uns, faisant remarquer l'influence des sentiments et des passions sur toutes les décisions humaines, s'en sont allés répétant que « la liberté humaine *ne se laisse pas mettre en équations* », ou que « les mathématiques font abstraction des frottements *qui sont tout*

----

(1) *Compte rendu* des séances et travaux de l'Académie des sciences morales et politiques, numéro de janvier 1874, p. 120.

(2) *De la méthode en économie politique* dans le *Journal des Économistes*, numéro d'avril 1885, p. 14.

dans les sciences morales » et autres gentillesses de même force » (1).

D'autres, insistant sur ce fait que l'homme est *un sujet ondoyant et divers*, ont conclu au rejet des « procédés rigoureux de la spéculation mathématique » dans la crainte, qu'à leur contact, cet homme ne devienne « une *constante* pour tous les temps et tous les pays, tandis qu'en réalité il est une variable » (2).

D'autres encore, en présence de l'enchevêtrement des influences qui s'exercent sur la volonté humaine et la déterminent à agir, n'ont pas hésité à affirmer que « les faits économiques sont d'une complexité telle que leur analyse, avec des répercussions et des réactions réciproques, écraserait le puissant appareil des mathématiques modernes » (3).

D'autres enfin, qui constituent la majorité, ont objecté qu'en admettant que des phénomènes moraux puissent se plier à la discipline mathématique, les procédés mathématiques n'en resteraient pas moins inapplicables par suite de l'impossibilité d'assujettir les prémisses des problèmes économiques à une détermination rigoureuse, et spécialement de mesurer les quantités de plaisir ou d'utilité par suite de l'absence d'unité de mesure psychologique (4).

Eh bien ! toutes ces objections participent plus ou moins d'une même erreur, extrêmement fréquente chez

(1) L. WALRAS, *Eléments...* [p. 106], préf. p. XIX.
(2) CAUWÈS, *Cours d'économie politique*, 3ᵉ éd., t. I, p. 23, note 14.
(3) A.-M. B., *Grande encyclopédie*, article *Economie*.
(4) Voir notam. J.-E. CAIRNES, *Le caractère et la méthode logique de l'économie politique*, trad. G. Valran, Paris, 1902, préf. ; J.-K. INGRAM, *Histoire de l'économie politique*, trad. H. de Varigny et E. Bonnemaison, Paris, 1893, ch. V, p. 260 ; E. LEVASSEUR, *Compte rendu...* [p. 35], p. 117 ; J. ST. MILL, *Système de logique*, l. III, ch. XXIV, § 9 ; J. RAMBAUD, *Histoire des doctrines économiques*, 3ᵉ éd., Paris, 1909, l. II, ch. IX.

toutes les personnes qui ne se sont pas spécialement
préoccupées d'études mathématiques, contre laquelle
les économistes mathématiciens n'ont jamais cessé de
s'élever : nous voulons parler de l'erreur consistant à
s'imaginer que les mathématiques se composent exclusivement des éléments d'arithmétique, des principes de
géométrie et des rudiments d'algèbre qui sont nécessaires à l'éducation d'un « honnête homme ». Il suffit
pour s'en convaincre de se reporter aux concessions
consenties par les adversaires de l'emploi des mathématiques en économie politique. Tandis que d'aucuns
concèdent « qu'une certaine éducation mathématique
serait nécessaire aux économistes à qui la méthode
rendrait, pour certains cas, de grands services et évite-
rait des erreurs graves : telles que de dire que deux
quantités varient en raison inverse l'une de l'autre,
lorsque c'est la somme et non le produit qui est constant », d'autres reconnaissent que « l'esprit mathématique n'en a pas moins fait faire de réels progrès à la
science économique, par la statistique, les méthodes
de calcul et les courbes graphiques », et vont même
jusqu'à signaler à ce propos « l'habitude, relativement
récente, d'exprimer toutes les proportions non pas en
fractions ordinaires, mais en pourcentages » !

Certes, il est incontestable que la vie économique dépend d'un grand nombre de facteurs qui, à vouloir les
prendre isolément, demeurent absolument insaisissa-
bles. Mais, comme l'a dit L. Walras (1), jamais les économistes mathématiciens n'ont prétendu calculer les
décisions de la liberté humaine, ils veulent seulement
essayer d'en exprimer mathématiquement les effets.
Or, d'une part, les actes en apparence les plus sponta-
nés, ceux qui sont le fait de l'habitude, de l'imitation

(1) *Eléments...* [p. 106], 22e leç., § 222.

ou de l'hérédité, sont le plus souvent des actes qui ont été mûrement réfléchis une fois pour toutes, et, d'autre part, les actes les plus capricieux, comme le suicide ou le mariage, se présentent dans leur ensemble comme constants et uniformes. Du reste, de deux choses l'une : ou bien les phénomènes économiques n'offrent pas de caractères permanents, et la science économique n'est qu'un vain mot, — *nulla est fluxorum scientia* — ou bien, au contraire, ils obéissent à des lois, et alors ce serait singulièrement méconnaître la souplesse des procédés mathématiques, que de s'imaginer qu'ils ne peuvent être appliqués à l'étude de ces lois du fait de l'excès de généralité des données économiques, car « l'une des fonctions les plus importantes de l'analyse consiste précisément à assigner des relations déterminées entre des quantités, dont les valeurs numériques et même les formes algébriques sont absolument inassignables » (1) pour permettre d'atteindre à la connaissance des faits qui ne dépendent que des caractères généraux des phénomènes étudiés (2). Et il n'est d'ailleurs nullement à craindre que cette méthode de recherche entraîne l'introduction d'hypothèses ayant pour objet de remédier à l'imprécision des données en fixant arbitrairement des éléments essentiellement variables, car non seulement rien n'empêche de laisser aux fonctions auxquelles on recourt le degré d'imprécision que comporte la question envisagée, mais en outre il reste toujours loisible d'étudier les variations de coefficients momentanément considérés comme des constantes : c'est là une méthode d'adaptation et de mise au point

_____

(1) A. Cournot, *Recherches...* [p. 76], ch. iv, art. 21.

(2) La théorie de la capillarité fournit un exemple devenu classique des résultats que l'on peut obtenir sans sortir du domaine des généralités (Cf. A. Cournot, *Recherches...* [p. 76], ch. iv, art. 21 et H. Poincaré, *La Physique expérimentale...* [p. 20], § iv.

d'un usage courant dans les diverses branches des mathématiques appliquées, grâce à laquelle on peut parfaitement n'établir qu' ne seule théorie « pour les Esquimaux ou les Africain ».

A propos de l'objection à l'emploi des mathématiques en économie politique, tirée du fait de la complexité des phénomènes étudiés, nous nous bornerons
à rappeler ici que c'est justement cette complexité qui
a nécessité la mise en œuvre de l'appareil mathématique, tout en nous réservant d'examiner par la suite
dans quelle mesure les économistes mathématiciens
ont triomphé des obstacles.

Quant à la difficulté d'avoir des prémisses rigoureusement déterminées, c'est encore par suite d'une conception trop étroite de l'usage des mathématiques qu'on
a pu la considérer comme une entrave à leur emploi
en économie politique. Si certains auteurs se sont figuré
que « l'emploi des signes et des formules ne pouvait
avoir d'autre but que celui de conduire à des calculs numériques » (1), de telle sorte qu'il ne soit possible de
calculer que sur des données précises, c'est qu'ils se
sont laissé abuser par l'expression de sciences *exactes*
sous laquelle on désigne parfois les sciences mathématiques par opposition aux sciences morales. « Mais
les personnes versées dans l'analyse mathématique
savent qu'elle n'a pas seulement pour objet de calculer
des nombres ; qu'elle est aussi employée à trouver des
relations entre des grandeurs que l'on ne peut évaluer
numériquement, entre des *fonctions* dont la loi n'est
pas susceptible de s'exprimer par des symboles algébriques » (2). En réalité il n'y a pas de science « exacte »

(1) A. Cournot, *Recherches*... [p. 76], préf. p. xii.
(2) *Ibid.*, p. viii. — Voir sur ce point F.-Y. Edgeworth, *Mathematical psychics* ...[p. 119], pp. 1-7 et App. I (On unnumerical mathematics).

au sens que l'on prête d'habitude à ce qualificatif (l'astronomie elle-même, la plus parfaite des sciences mathématiques, n'est constituée que d'approximations), et si l'on peut considérer les sciences mathématiques comme plus exactes que les autres, c'est uniquement en ce sens que les raisonnements mathématiques sont plus rigoureux que les raisonnements purement logiques. Or, la plus ou moins grande précision des données d'un problème n'a évidemment pas pour effet de modifier le mode de raisonnement applicable à la résolution de ce problème. Il n'y a donc aucun antagonisme entre les sciences morales et les sciences mathématiques, et l'imprécision des données économiques n'est nullement de nature à faire rejeter *a priori* l'emploi des procédés analytiques (1).

Pour ce qui est en particulier de la question de l'impossibilité de mesurer des quantités de plaisir ou d'utilité, du fait de l'absence d'une unité de mesure psychologique — question dont tant de critiques ont fait leur cheval de bataille depuis la publication du fameux article de l'*Encyclopædia britannica* (2) dû à la verve de J.-K. Ingram — on peut faire observer qu'il ne faut pas confondre l'existence d'une quantité et la possibilité de la mesurer, et qu'au point de vue théorique, le seul envisagé par les économistes mathématiciens, il suffit de savoir que l'on a à faire à des quantités pour pouvoir appliquer les procédés mathématiques, quitte « à jeter un vêtement quantitatif sur des données qui ne sont encore que qualitatives » (3). On pourrait même

(1) Voir W. St. Jevons, *Théorie...* [p. 91], ch. i, pp. 58 et s. et L. Winiarsky, *La méthode mathématique dans la sociologie et l'économie politique* dans la *Revue socialiste*, numéro de décembre 1894.

(2) 9e éd., vol. XIX (L'*Histoire de l'économie politique* de J.-K. Ingram est sensiblement la reproduction de cet article.)

(3) P. Painlevé, avant-propos à la *Théorie...* [p. 61] de Jevons, p. XVI.

ajouter que la science moderne aurait laissé échapper ses plus belles conquêtes, si les physiciens du XIXe siècle s'étaient butés à l'impossibilité de mesurer certaines quantités, des quantités d'électricité par exemple, d'autant plus que fréquemment — cela arrive constamment en optique — ce n'est qu'*a posteriori* que l'on parvient à mesurer certaines grandeurs demeurées provisoirement indéterminées. Mais en réalité cette question est désormais dépourvue d'intérêt, car les économistes mathématiciens sont arrivés à séparer complètement, comme nous le verrons par la suite, le domaine de l'économie politique de celui de l'hédonique, en ne faisant plus intervenir dans leurs théories que la seule notion de l'égalité (ou de l'inégalité) des utilités des biens ou des plaisirs procurés par leur consommation, ce qui supprime toute difficulté, car pour constater l'égalité de deux grandeurs point n'est besoin d'unité de mesure.

§ 3. — Les théories mathématico-économiques seraient des spéculations purement académiques.

Nous avons vu, dans le paragraphe précédent, que la complication des phénomènes économiques a paru à certains auteurs de nature à exclure l'emploi des procédés mathématiques, et il est en effet incontestable qu'on ne saurait tenir compte dans une étude mathématique des influences multiples qui s'exercent sur l'équilibre économique. Mais si d'innombrables éléments contribuent à donner aux phénomènes économiques les facies les plus variés, il n'en est en réalité qu'un petit nombre qui puissent être considérés comme des facteurs essentiels de la vie économique, les autres influant seulement sur les conditions dans lesquelles l'équilibre économique se trouve réalisé, sans modifier les caractères généraux de cet équilibre. Or, comme nous le rappelions au début, il n'y a de science que du général. Aussi, en présence de l'infinie complexité du monde économique, les économistes mathématiciens ne se sont-ils pas montrés plus embarrassés que les physiciens en présence de la complexité non moins grande du monde physique : négligeant, provisoirement tout au moins, les facteurs secondaires de l'ordre économique, ils n'ont fait porter leurs recherches que sur les faits et gestes d'un homme *idéal* — l'*homo economicus* de M. Pantaleoni — se comportant comme le ferait la moyenne des hommes, mais incapable de se laisser influencer par les circonstances accidentelles, c'est-à-dire faisant, à l'exclusion de tous autres, les seuls actes sans lesquels la vie économique cesserait d'exister, de même que les physiciens font porter leurs études sur les propriétés de solides ou de fluides *parfaits*, et qu'ils font souvent abstraction dans leurs travaux des frottements et des déformations qui viennent superposer leurs actions à celles qui donnent naissance aux phénomènes étudiés proprement dits. Mais cette manière de procéder a paru tout à fait inacceptable aux auteurs qui voyaient, dans la complication des phénomènes économiques, un obstacle insurmontable à l'emploi des procédés mathématiques, et ils n'ont pas hésité à proclamer qu'établies sur des bases aussi simplifiées, les théories mathématico-économiques étaient totalement dépourvues d'intérêt parce que inapplicables à l'étude des cas concrets. Ce n'est d'ailleurs là qu'une manifestation de la vieille querelle que, dans tous les domaines des connaissances humaines, les praticiens cherchent sans cesse aux théoriciens.

L'emploi des mathématiques en économie politique n'a nullement pour but en effet, comme semblent se l'imaginer bon nombre de critiques, d'obtenir les solutions des problèmes pratiques qui préoccupent les économistes ; cet emploi a, quant à présent du moins, pour objet unique de représenter et d'expliquer les phénomènes économiques généraux dont l'étude constitue la partie de la science économique, à laquelle Jevons a proposé de réserver le nom d'*Economique*, tandis que d'autres lui ont donné celui d'*Economie rationnelle*, et que nous appellerons, conformément à l'usage qui tend à prédominer, l'*Economie pure* (1). Et dès lors il est clair que toutes les critiques, que l'on peut adresser aux théories mathématico-économiques du fait de leur défaut d'adaptation aux problème pratiques, s'appliqueraient presque mot pour mot à toutes les sciences pures, à la mécanique rationnelle, par exemple, dont tous les théorèmes reposent sur des hypothèses absolument irréalisables. Mais il ne viendrait jamais à l'esprit des personnes tant soit peu au courant des questions techniques de contester l'importance de la mécanique rationnelle du fait de l'impossibilité d'éviter les frottements ou de se procurer des matériaux parfai-

(1) La nature purement théorique de l'économie mathématique n'a pu échapper qu'à des lecteurs bien inattentifs des ouvrages des économistes mathématiciens contemporains, car on ne voit guère comment on pourrait déceler la prétention d'établir mathématiquement des mercuriales dans les travaux d'un Walras, qui, son œuvre achevée, s'apprêtait à déclarer que « l'application [des mathématiques à l'économie politique] ne consiste pas du tout à *prévoir*, mais à *expliquer* la variation des prix suivant les variations de l'offre et de la demande » (Passage d'une préface inédite à un abrégé des *Eléments...* [p. 106], cité par M. Antonelli dans la *Revue d'histoire des doctrines économiques et sociales*, 1910, p. 176 note), ou dans ceux d'un Pareto, qui a été le premier à reconnaître que pour que l'on puisse résoudre les 70699 équations de la détermination des prix sur un marché ne comportant que 100 trafiquants et 700 marchandises, il faudrait que l'économie politique vienne en aide aux mathématiques ! (*Manuel...* [p. 143], ch. III, § 217).

tement homogènes, parce qu'elles savent bien que, pour
établir une machine ou pour calculer un pont, il ne
suffit pas de tenir compte de la théorie de l'élasticité et
qu'il faut encore se préoccuper des propriétés particulières des matières employées. Or, la science étant toujours analytique et la pratique synthétique, ainsi que
M. Pareto le rappelle sans cesse à ceux qui se montrent
disposés à l'oublier, il en va des questions économiques
comme des questions mécaniques, et si les théories de
l'économie pure ne fournissent pas à elles seules leurs
solutions, cela ne prouve nullement l'inanité de ces
théories, cela indique simplement qu'elles doivent être
complétées par certaines connaissances sociologiques
permettant de tenir compte des caractères particuliers
qui distinguent l'individu (ou la collectivité) envisagé
de l'*homo economicus* en général, et l'acquisition de ces
connaissances est du domaine de l'économie appliquée,
dont les économistes mathématiciens n'ont jamais con-
testé l'intérêt (1). Il ne semble donc pas que l'on puisse
reprocher sérieusement à l'économie pure de ne pas
serrer d'assez près la réalité ; et d'ailleurs il faut reconnaître que les économistes littéraires seraient bien mal
placés pour le faire, si l'on songe aux exemples particulièrement simplifiés sur lesquels ils font fréquemment

---

(1) « Toute science a deux parties : une partie rationnelle, pure,
qui étudie la forme la plus générale et abstraite des phénomènes respectifs, et une partie appliquée qui étudie leur forme concrète et détaillée ». (Début du rapport du Dr L. Winiarsky sur l'*Enseignement
de l'économie pure et de la mécanique sociale* au « Congrès international
de l'enseignement des sciences sociales de Paris » en 1900.) Sur la
question des rapports de la science et de l'art en économie politique,
voir dans les *Mathematical investigations...* [p.136], (App III, § 8) de
M. Irving Fisher l'intéressante réfutation de la critique des *Principii...*
[p. 154.], de M. Pantaleoni par le professeur U. Rabbenio, et dans
le *Manuel...* [p. 143] de M. V. Pareto, les considérations générales
développées tant au cours du ch. i, qu'au début du ch. ix.

porter leurs explications des problèmes les plus complexes.

Mais le reproche de ne pas serrer d'assez près la réalité n'est pas la moindre critique adressée dans ce sens aux théories mathématico-économiques. De nombreux auteurs n'ont voulu voir dans ces théories que de pures inventions, sans rapports avec les phénomènes concrets, et quoique cette appréciation, absolument gratuite, témoigne de leur méconnaissance des travaux dont nous nous occupons, ce qui nous permettrait de n'en pas tenir compte, elle n'en est pas moins la conséquence d'une grave erreur dont nous croyons indispensable de faire justice. Si ces auteurs se sont imaginé que l'économie mathématique restait confinée dans le domaine de l'abstraction, c'est que se méprenant, dans un sens que nous avons déjà indiqué (I, II, 2) sur la véritable signification du mot mathématique, ils ont cru qu'enfermé dans une tour d'ivoire, l'économiste mathématicien s'employait à créer de toutes pièces une œuvre de logique pure, analogue à la géométrie par exemple. Nous n'en voulons d'autre preuve que l'énoncé suivant des trois caractères qui placent, selon un économiste des plus autorisés, le professeur A. Jourdan, les sciences mathématique aux « antipodes » des sciences morales : « 1° Les principes, les théorèmes, les solutions, tout est absolument vrai, sans la moindre parcelle d'erreur ; la vérité est toute d'un côté. Quand on a démontre que le carré de l'hypothénuse est égal à la somme des carrés faits sur les deux autres côtés, on ne peut pas dire : « Cela est vrai en principe, cependant... » Il n'y a pas de cependant ; 2° de ces principes vous pouvez tirer toutes les conséquences qu'ils renferment ; vous serez toujours dans le vrai et personne ne sera fondé à vous dire : mais vous allez trop loin ! En quoi puis-je aller trop loin en déduisant toutes les conséquences contenues dans ce théorème que la somme des trois angles d'un triangle est égale à deux droits? 3° enfin les sciences exactes comportent des définitions rigoureusement exactes. Les définitions dans les sciences exactes sont ou bien des vérités d'évidence, des *truismes*, comme disent les Anglais, ou bien sont ce que l'on pourrait appeler une reproduction photographique de l'objet à définir : quand vous me définissez la circonférence une ligne fermée dont tous les points sont également distants d'un point intérieur appelé centre, il me semble voir la main qui fait tourner le compas et trace la circonférence » (1). Or, si les maîtres de l'économie pure ont voulu faire de l'économie politique une science mathématique, il suffit de se reporter à leurs œuvres pour voir que c'est à la manière de la mécanique, de la physique et même de la chimie qu'ils ont entendu la traiter. Ils n'ont jamais songé à faire de l'économie politique, science expérimentale, une science purement rationnelle, mais l'observation ne nous apprenant rien, comme l'a dit le professeur Marshall, si elle n'est pas complétée par la déduction, ils ont simplement essayé d'utiliser dans leurs recherches le puissant appareil déductif que les mathématiques mettent à la disposition de ceux qui recourent à leur emploi. C'est là ce qu'a fort bien exposé M. A. Landry dans les termes suivants : « Entendons-nous. Il ne saurait être question d'assimiler notre science à la géométrie ou à l'arithmétique. Le propre de ces dernières sciences c'est de ne renfermer aucune notion que l'esprit ne puisse former par lui-même, qui ne soit, au sens cartésien de ce mot, innée. L'économie politique, comme la mécanique, comme la physique.

---

(1) *Cours analytique d'économie politique*, Paris, 1882, p. 26. — A. Jourdan a également développé ces idées dans le discours qu'il prononça à l'Académie de Marseille, le 11 mars 1888.

est une science expérimentale : parmi les lois qu'elle nous fait connaître, il n'en est pas une seule qui n'ait en définitive son fondement dans l'expérience. Mais les sciences expérimentales peuvent recourir à la déduction ; et il en est qui font un très grand usage de celle-ci... » (1). Il ne faut donc pas s'y tromper : les économistes mathématiciens ne font nullement œuvre d'imagination pure en dehors de tout souci de la vérité, et s'il leur arrive parfois d'introduire dans leurs énoncés des données d'une simplicité irréalisable, ils ne font alors qu'user de licences analogues à celles qui sont admises dans toutes les branches des mathématiques appliquées, en vertu de ce principe que la science procède toujours par approximations successives. D'ailleurs, c'est là un point important, le fait d'introduire dans une théorie des fictions — telles que la droite à une seule dimension de la géométrie ou le solide ponctuel de la mécanique — loin de créer un fossé infranchissable entre cette théorie et la pratique, est au contraire fréquemment la condition *sine qua non* de la possibilité d'adapter cette théorie à la multitude des cas que présente la pratique; et ainsi, au lieu d'avoir à justifier cette manière de procéder, on peut dire que c'est l'honneur des économistes mathématiciens d'avoir fait de l'économie pure une science réellement objective, débarrassée de toutes considérations morales ou métaphysiques, en la limitant à des phénomènes idéaux ne présentant que les caractères permanents des phénomènes concrets, à l'instant où les économistes de l'*Ecole autrichienne* se montraient assez disposés à voir dans des *accidents*, constatés à l'occasion d'exa-

(1) *L'utilité sociale de la propriété individuelle*, Paris, 1901, préf. p. XI.

mens de cas particuliers, les manifestations de lois générales.

§ 4. — La prétendue stérilité de l'emploi des mathématiques en économie politique.

Le suprême argument de tous ceux qui font le procès
de l'emploi des mathématiques en économie politique,
c'est que, en définitive, cet emploi serait demeuré
stérile (1), et que « en tous cas il n'empêche pas
les erreurs, comme le montrent les nombreuses critiques que les mathématiciens ont faites les uns aux
autres » (2). Aussi, allons-nous essayer maintenant de
répondre au défi lancé naguère par Cairnes (3) à Jévons
de produire des vérités économiques nouvelles, dont la
découverte puisse être portée à l'actif des procédés mathématiques. Mais nous croyons devoir examiner tout
d'abord la question des erreurs mises à la charge des
économistes mathématiciens, parce qu'il est clair que
si l'on en était réduit à considérer l'économie mathématique comme un tissu d'erreurs, cela couperait court
à tout, comme l'aurait voulu M. Block (4).

Que les économistes mathématiciens puissent se
tromper, c'est incontestable — *errare humanum est* —
et nous ne contredirons certainement pas ceux qui

(1) Voir entre autres : Yves Guyot, *La science économique*, Paris,
1887, p. 8 ; J.-K. Ingram, *Histoire...* [p. 36], ch. v, p. 260 ; André
Liesse, *Dictionnaire d'économie politique*, Paris, 1892, art. *Méthode* ;
F. Simiand, *Remarques sur l'économie mathématique en général*, § iv,
dans l'*Année sociologique*, t. XI (1906-1909).
(2) M. Block, *Les progrès...* [p. 33], t. I, ch. i, div. iii.
(3) *Le caractère...* [p. 36], préf.
(4) *Loc. cit.*

viennent déclarer que l'emploi des procédés mathématiques n'empêche pas la valeur des déductions de rester subordonnée à celle des hypothèses (1). Mais avant de conclure de ce défaut d'infaillibilité à la condamnation des procédés mathématiques, il faut rechercher au préalable l'importance de ses manifestations, c'est-à-dire des erreurs reprochées aux économistes mathématiciens (2).

Or, une première observation s'impose immédiatement du fait que ce sont les économistes mathématiciens eux-mêmes qui, par leurs discussions et leurs polémiques, ont donné à penser que leurs œuvres devaient recéler des erreurs : c'est que, dans la mesure où elles existent, ces erreurs ne peuvent fournir que des arguments *ad hominem*, qui ne prouvent même pas nécessairement l'incapacité de ceux qui les ont commises si l'on songe que des d'Alembert, des Laplace, des Poisson se sont parfois entièrement fourvoyés, et dont on ne saurait, dans tous les cas, faire état contre l'économie mathématique en général.

D'autre part, l'analyse des discussions et des polémiques dont il s'agit montre — ainsi que nous aurons l'occasion de le voir pour les principales d'entre elles — que les controverses qui en font l'objet ne portent que sur les positions des questions et non sur les solutions, de telle sorte qu'elles laissent hors de cause l'emploi des procédés mathématiques, dont on ne peut réclamer rien autre chose que la certitude des raisonnements.

(1) A.-M. B., *Grande encyclopédie*, article *Economie*.
(2) Il ne saurait ,bien entendu, être question ici des élucubrations à allure plus ou moins mathématique, mais au demeurant complètement fantaisistes, telles que les lois de Davenant et de Gregory King, de Malthus, voire de von Thünen, dont les adversaires de l'économie mathématique se plaisent parfois à rappeler l'inexactitude, sans paraître se douter qu'elles constituent des créations purement littéraires.

Enfin, et si paradoxale qu'une telle assertion puisse paraître, il ne faut pas toujours attacher à l'exactitude des hypothèses, sur lesquelles repose une théorie, une importance exagérée. Il peut, en effet, fort bien arriver — l'histoire de l'optique en fournit maints exemples — que la forme d'équations obtenues à partir d'hypothèses reconnues erronées « résiste », suivant une expression de Henri Poincaré, aux modifications qu'il convient de faire subir à ces hypothèses pour les adapter à de nouvelles conceptions ; si bien que M. Pantaleoni n'a pas craint d'affirmer qu'il importe peu que l'hypothèse hédonistique, d'où se déduisent toutes les vérités économiques, coïncide ou non avec la réalité, parce que c'est là une question qui ne touche pas à l'exactitude des vérités qui en sont déduites (1). Et en outre, fut-elle entièrement fausse par suite d'une erreur initiale, une théorie établie avec soin facilite encore les progrès de la science, perpétuel devenir, en lui indiquant « un chemin à ne pas prendre » (2).

Tout en ne prétendant pas attribuer aux procédés mathématiques l'infaillibilité dont les économistes littéraires, pourtant si sceptiques à cet égard, paraissent redouter qu'ils ne donnent l'illusion (3), on ne saurait donc proclamer *a priori* la faillite de l'économie mathématique en alléguant l'incertitude des résultats auxquels ils conduisent, et il est par suite légitime d'examiner quelle contribution ces procédés ont apportée à la science.

(1) M. Pantaleoni, *Principii...* [p. 154], p. 15. Cpr. V. Pareto, *Manuel...* [p. 148], App. § 138.

(2) E. Bouvier, *Revue d'économie politique*, numéro de décembre 1901, p. 1059.

(3) Cf. H. Hadley, *Yale review*, III, p. 254 (cité par M. Block, *op. cit.*) ; J. K. Ingram, *Histoire...* [p. 36], ch. V, p. 260 ; E. Levasseur, *De la méthode...* [p. 33], I, pp. 294-295.

Avant de rechercher quelles sont les conquêtes dont
le mérite doit être attribué aux procédés mathématiques,
il n'est pas inutile, croyons-nous, de préciser le sens
que nous entendons donner au mot conquêtes. Compa-
rant, à la suite de Huxley, les mathématiques à un
moulin, bien des économistes ont en effet posé en principe qu'elles ne sont pas susceptibles de constituer un
instrument de découvertes, parce qu'elles ne peuvent
rendre que ce qu'on leur a fourni. Or, cette manière de voir nous semble absolument inacceptable
étant donné que l'homme ne crée jamais rien au sens
absolu du mot, et que tous les travaux des astronomes,
par exemple, depuis tant de siècles, n'ont eu d'autres
résultats que de préciser les notions que chacun possède
dès qu'il a tourné ses regards vers le ciel. Aussi consi-
dérerons-nous comme des conquêtes des procédés mathématiques toutes les découvertes dues à leur emploi,
sans examiner si elles se rapportent à des vérités plus
ou moins directement connues précédemment.

Cela étant, pour découvrir la contribution apportée
par l'emploi des mathématiques à l'économie politique,
nous n'avons qu'à nous reporter aux quelques considérations que nous avons développées dans le précédent
chapitre. Nous avons vu en effet dans ce chapitre que ce
qui rend indispensable l'emploi des mathématiques en
économie politique, c'est la complexité des problèmes
qui se présentent dès que l'on veut aborder l'étude du
phénomène économique dans son entière complexité,
l'étude de l'équilibre qui tend à s'établir entre les différents facteurs économiques. Or, il est évident que si les
économistes mathématiciens ont pu être assez heureux
pour sortir des chemins battus par les économistes littéraires, ce doit être dans les régions où seul l'appareil
mathématique leur a permis d'aborder; et c'est effectivement l'étude de l'équilibre économique qui leur a

fourni la matière des découvertes qu'on ne saurait leur contester. Aussi, la véritable conquête des économistes mathématiciens consiste-t-elle à avoir su donner, pour la première fois, une représentation sinon détaillée du moins rigoureuse de l'équilibre économique, c'est-à-dire une notion générale du phénomène économique pris dans son ensemble. Et l'on peut même soutenir que cette conquête comprend et résume toutes les autres, car, il ne faut pas s'y tromper, — ceci soit dit pour répondre à certaines objections — pour que l'étude d'une question puisse être considérée comme complète, il n'est nullement nécessaire d'avoir substitué des énoncés synthétiques à la représentation symbolique des rôles des divers éléments qui y interviennent : quand on nous dit en physique, pour prendre un exemple très simple, que le volume V, la pression P et la température T d'une masse gazeuse déterminée sont liés par une relation $PV = RT$, R étant un coefficient donné, nous ne demandons pas à en savoir davantage. Mais les économistes mathématiciens ne se sont cependant pas bornés à poser les équations exprimant les conditions générales de l'équilibre économique ; s'ils n'ont pas essayé de procéder à une résolution qui aurait été aussi impraticable eu égard au grand nombre de ces équations, que dénuée d'intérêt étant donné qu'ils n'entendent pas aborder les problèmes pratiques, ils ont toutefois dégagé de la considération de ces équations diverses conséquences, qui constituent des résultats nouveaux, tels qu'en réclament les économistes littéraires, bien que certaines d'entre elles aient été pressenties par avance, car il ne faut pas oublier, ainsi que le fait observer Walras, que « affirmer une théorie est une chose, la démontrer en est une autre. » (1).

(1) *Eléments...* [p. 106], 40e leç., § 370.

Tout d'abord, par le seul fait de s'astreindre à poser
les équations représentant les données des problèmes
envisagés, au lieu de faire des raisonnements *in va-
cuo*, ils ont été tout naturellement amenés à établir
irréfutablement l'inanité de toutes les théories des prix,
des salaires, de la rente et de l'intérêt qui aboutissaient
à de véritables cercles vicieux en visant à la détermination de chacun de ces éléments indépendamment les
uns des autres (Voir **I, 1, 3**). Puis, une fois posées les
équations représentant les conditions de l'équilibre
économique sur un marché déterminé, équilibre dont
ils ont, pour la première fois, distingué des positions de
stabilité et des positions d'instabilité, ils en ont tiré diverses conclusions du plus grand intérêt, relatives aux
lois de l'offre et de la demande établies dans toute leur
généralité en faisant état des variations des prix et des
quantités de tous les produits figurant sur le marché
considéré, au lieu d'isoler les produits directement envisagés pour ne tenir compte que des variations du
prix de chacun d'eux en fonction de sa propre quantité,
comme avaient l'habitude de le faire leurs devan-
ciers (1). Enfin, ils ont projeté la lumière sur diverses
questions dont la solution avait échappé à leurs prédécesseurs (2), questions parmi lesquelles nous citerons :
la détermination des conditions du maximum de
bonheur pour une collectivité (**III, V, 5**), la recherche

(1) Cf. V. Pareto, *Manuel...* [p. 143], ch. iii, §§ 180 et s., 222 et s.
App. §§ 52 et s., et *Encyclopédie...* [p. 149], §§ 32 et s.

(2) L'économie littéraire aurait même ignoré jusqu'à l'existence
de certaines de ces questions, s'il faut en croire M. Pareto : « Il y a
d'ailleurs des gens qui prétendent que « la méthode mathématique
n'a jusqu'ici formulé aucune vérité nouvelle », et cela est vrai en un
certain sens, parce que, pour l'ignorant, ce dont il n'a pas la moindre
notion, ne peut être ni vrai ni nouveau. Quand on ne connaît même
pas l'existence de certains problèmes, on n'éprouve certainement
pas le besoin d'en avoir la solution ». (*Manuel...* [p. 143], ch. iii, § 189.)

et l'étude des différents cas de monopole susceptibles de se produire (III, V, 4), l'explication de la véritable nature des différentes espèces de rente et, en particulier, de la rente des consommateurs (II, II, 3), qui, pour subjective qu'elle soit, n'en offre pas moins un réel intérêt parce qu'elle représente, comme le fait remarquer M. Colson « le plus clair du gain dû aux progrès de la civilisation, au point de vue matériel » (1). En outre, ils ont considérablement amélioré l'exposition de nombre de théories qui étaient demeurées jusqu'alors passablement obscures, *very hazy*, dit le professeur Irving Fisher, mais c'est là un point sur lequel nous n'insisterons pas, pour ne pas sembler revenir sur ce que nous avons dit précédemment à ce sujet, et à propos duquel nous rappellerons seulement, ainsi qu'on l'a fait maintes fois à cette occasion, que la possibilité de voyager à pied ne diminue en rien les mérites des chemins de fer.

Une esquisse de l'ensemble de la vie économique, ensemble dont l'analyse n'est pas accessible à la logique courante, et des vues détaillées de certains phénomènes particuliers dont l'explication échappe au raisonnement déductif ordinaire, telles sont en résumé les principales contributions que, grâce à leur extrême généralité, — à leur impersonnalité si l'on peut dire — et à leur grande souplesse, les procédés mathématiques ont apportées à l'économie politique. Et à l'objection que l'on pourrait faire que ce sont là de bien médiocres acquisitions, qui se réduisent en réalité à néant étant donné que les théories mathématico-économiques restent sans applications pratiques de l'aveu même de leurs auteurs, nous ferons les deux réponses suivantes.

(1) *Cours d'économie politique*, l. I, 2e éd., Paris, 1907, ch. III, § 2 B.

Certes, l'économie mathématique est encore bien loin d'avoir atteint son plein développement, car des deux grandes parties de l'économie pure : la statique économique et la dynamique économique (1), non seulement la dynamique n'existe quant à présent qu'à l'état embryonnaire, mais en outre la statique elle-même présente encore bien des lacunes, ne serait-ce que sous la forme de ces fonctions indéterminées dont on a parfois reproché aux économistes mathématiciens de se montrer trop prodigues (2). Mais ce n'est pas là un état de choses qui doive être considéré comme de nature à jeter le discrédit sur l'économie mathématique si l'on songe à la lenteur avec laquelle se sont développées toutes les sciences mathématiques, et en particulier l'astronomie, à laquelle nous aimons à nous référer parce qu'elle constitue, ainsi que nous l'avons déjà dit, la plus parfaite de ces sciences, et si l'on se souvient, comme le rappelle à ce propos le fondateur de l'économie mathématique, que « l'astronomie de Képler et la mécanique de Galilée ont mis de cent à cent cinquante ou deux cents ans à devenir l'astronomie de Newton et de Laplace et la mécanique de d'Alembert et de Lagrange » (3). Du reste, pour n'en

---

(1) Sur la subdivision de l'économie pure en statique économique et dynamique économique, voir notamment V. PARETO, *Manuel...* [p. 143], ch. III, §§ 7 et 8, et I. FISHER, *Mathematical investigations...* [p. 136], App. II, § 5. La nécessité d'étudier la dynamique économique à côté de la statique avait d'ailleurs été indiquée dès la naissance de l'économie mathématique par W. St. Jevons, au début de la préface de sa première édition de sa *Théorie...* [p. 61].

(2) Il y a cependant lieu de noter que l'on peut fort bien concevoir la détermination des fonctions d'utilité ou mieux des fonctions indices qui constituent en dernière analyse ce que le professeur I. FISHER a appelé à juste titre les formules résiduaires (residuary formulæ). Cf. I. FISHER, *Mathematical Investigations...* [p. 136], Part. II et V. PARETO, *Encyclopédie...* [p. 149], §§ 2 et 3.

(3) L. WALRAS, *Éléments...* [p. 106], préf. p. xx.

n'être qu'à ses débuts, l'économie mathématique n'en offre déjà pas moins, d'après ce que nous venons de voir, tout un faisceau de résultats acquis qui fournit une base étendue aux recherches futures, puisque, de par leur généralité même, ces résultats sont applicables à l'étude de la vie économique tout entière. Aussi croyons-nous pouvoir conclure avec le maître de l'économie mathématique contemporaine, M. V. Pareto : « Si quelqu'un trouve que c'est trop peu, il n'a qu'à nous montrer comment on peut faire mieux. La route est libre, et le progrès de la science est continu. Mais, en attendant, ce peu vaut mieux que rien ; d'autant plus que l'expérience nous enseigne que dans toutes les sciences, le peu est toujours nécessaire pour arriver au plus » (1), et, ferons-nous observer avec ce même auteur, que, dans tous les cas, quand on ne peut avoir une carte topographique d'une contrée avec les moindres détails, ce n'est pas une raison pour renoncer à en avoir une carte géographique (2).

D'autre part, pour ce qui est du fait de prétendre que les théories mathématico-économiques sont vaines parce que dépourvues d'applications pratiques immédiates, ce n'est que l'expression d'une très ancienne objection — aussi ancienne, semble-t-il, que la science pure elle-même — à toutes les recherches purement scientifiques, mais qui n'a pas acquis de valeur avec le temps. C'est ainsi effectivement, pour reprendre l'exemple de l'astronomie, que Socrate déjà s'élevait contre la folie de ceux qui se livraient à l'étude du mouvement des astres, d'après ce que nous rapporte Xénophon en faisant à ce propos un jeu de mots : Κινδυνεῦσαι

(1) *Manuel...* [p. 143], ch. IV, § 30. Cpr. EMILE PICARD, *De la science* dans *De la méthode dans les sciences*, Paris, 1909 « La science n'est formée que d'approximations successives ».
(2) Introduction à la *Théorie...* [p. 176], de A. OSORIO, p. XII.

δ'ἂν ἔφη καὶ παραφρονῆσαι τὸν ταῦτα μεριμνῶντα, οὐδὲν ἧττον ἢ Ἀναξαγόρας παρεφρόνησεν ὁ μέγιστον φρονήσας ἐπὶ τῷ τὰς τῶν θεῶν μηχανὰς ἐξηγεῖσθαι (1). Or, il serait à cette objection une réponse bien facile, d'un ordre tout à fait général. C'est celle qui consisterait tout simplement à revendiquer hautement pour le savant le droit de faire de la science pour la science, ainsi que l'a revendiqué Walras qui a très joliment développé sa pensée en ces termes : « La statique nous apprend que *lorsqu'un corps s'appuie sur un plan horizontal par plusieurs points, il faut, pour l'équilibre, que la verticale passant par le centre de gravité de ce corps tombe dans l'intérieur du polygone formé par tous les points de contact.* Or, ce théorème, qui est fécond en conséquences de théorie ou d'application, ne nous sert à rien pour ce qui est de nous tenir debout. En ce sens, lorsque Philaminte et Bélise disent à Lépine qui s'est laissé tomber :

> Voyez l'impertinent ! Est-ce que l'on doit choir
> Après avoir appris l'équilibre des choses ?
> De ta chute, ignorant, ne vois-tu pas les causes,
> Et qu'elle vient d'avoir du point fixe écarté
> Ce que nous appelons centre de gravité ?

celui-ci est fondé à répondre, avec une nuance marquée d'ironie :

> Je m'en suis aperçu, Madame, étant par terre.

« Mais, si ce facétieux jeune homme, allant plus loin, entendait insinuer que la connaissance des propriétés du centre de gravité et des conditions mathématiques de l'équilibre des corps est inutile, ce serait de lui qu'il

(1) *Mémorables*, l. IV, ch. vii (passage rappelé par M. Pareto à l'occasion de la question qui nous occupe).

faudrait rire ; car c'est le propre de la science de chercher et de trouver le comment et le pourquoi de faits que le vulgaire accomplit ou subit tous les jours sans s'en rendre compte » (1). Indépendamment de toute considération utilitaire, la science pure a en effet pour les progrès de l'humanité une importance que l'on ne saurait nier à moins de prétendre que des Leibnitz, des Descartes ou des Henri Poincaré ne sont que des rêveurs aux élucubrations oiseuses ; sans compter qu'il est toujours possible qu'une étude dénuée en apparence d'intérêt pratique trouve un jour une application — telle que l'application de l'astronomie à la navigation — et cela d'autant mieux que la meilleure manière d'atteindre à des fins pratiques, c'est souvent de ne pas les poursuivre pour ne pas être exposé à localiser ses recherches dans une région stérile (2). Mais lorsqu'il s'agit de l'économie mathématique en particulier, on n'est nullement réduit à se contenter de cette réponse d'ordre général, car il y a mieux à dire dans ce cas. Nous avons vu en effet dans ce qui précède (I, II, **3**) que c'est une erreur de croire que pour n'être pas directement applicable à la résolution de problèmes concrets, une théorie pure, rationnelle, doive nécessairement être considérée comme dénuée d'utilité, parce que la pratique étant essentiellement synthétique, cette théorie peut fort bien être de nature à contribuer à l'obtention des solutions qu'elle est impuissante à fournir à elle seule. On ne saurait donc refuser *a priori* toute utilité aux théories mathématico-économiques, et le plus que l'on en puisse

---

(1) *Journal des Économistes*, numéro d'avril 1885, p. 70.

(2) Voir dans ce sens A. MARSHALL, *Principles of economics*, Londres, 1890, p. 94 (Cette page de l'œuvre du savant auteur des *Principles* n'a pas été reproduite intégralement dans la 4e édition de son ouvrage sur laquelle a été obtenue la traduction française [p. 176]).

dire c'est qu'en l'état actuel de leur développement, elles ne semblent pas présenter les éléments d'une utilisation pratique (si tant est que l'économie politique en général soit parfois bonne à quelque chose !) Mais c'est encore là un point sur lequel il ne faut pas se méprendre, car quand bien même l'économie mathématique n'offrirait que des enseignements insuffisamment précis, ce ne serait pas nécessairement une raison pour qu'elle ne soit pas susceptible de fournir dans certains cas de précieuses indications, ainsi que l'a fait ressortir le professeur Marshall par une heureuse comparaison entre l'économie politique et la science des marées (1). Et d'ailleurs, envisagée au point de vue de l'insuffisance de « rendement », l'objection de l'inutilité de l'économie mathématique se réduit immédiatement à celle de l'insuffisance des acquisitions de cette science (2), objection que nous avons précédemment prise en considération.

(1) *Principes...* [p. 100], t. I, l. I, ch. VI, § 3 n.

(2) C'est même en se plaçant au point de vue utilitaire, duquel nous envisageons maintenant la question de la fécondité de l'emploi des mathématiques en économie politique, que l'un des premiers économistes mathématiciens, M. W. Launhardt, a entrepris, il y a 30 ans, de répondre par avance de la manière suivante à tous ceux qui seraient tentés de proclamer la stérilité de cet emploi : « Dass die Mathematik nicht alle Seiten volkswirthschaftlicher Aufgaben, die ja oft vielfach in das sittliche und politische Leben eingreifen, in erschöpfender Weise aufklären kann, darf wahrlich kein Grund sein, ihre Anvendung zu verwerfen oder auf ihre Hülfe da zu verzichten wo sie allein helfen kann. » (*Mathematische Begründung...* [p. 202], préf. p. II). — Notons, à ce propos, que les premiers économistes mathématiciens n'étaient pas aussi présomptueux que certains auteurs affectent de le croire : ainsi, tandis que Dupuit n'hésitait pas à proclamer que « quand on ne peut savoir une chose, c'est déjà beaucoup de savoir qu'on ne sait rien », Cournot avouait que « ses modestes prétentions étaient, non d'accroître de beaucoup le domaine de la science proprement dite, mais plutôt de montrer (ce qui a bien aussi son utilité) tout ce qui nous manque pour donner la solution vraiment scientifique de questions que la polémique quotidienne tranche

C'est pourquoi nous ne nous arrêterons pas plus longuement à l'examen de la prétendue stérilité de l'emploi des mathématiques en économie politique, nous bornant pour terminer à faire remarquer que les économistes littéraires sembleraient mal venus à en exagérer l'importance si l'on admet, comme ne craint pas de l'affirmer M. Bouvier, que les méthodes anciennes ont été, elles aussi, en grande partie stériles, et qu'il faut à tout prix trouver autre chose.

.·.

Arrivé au terme de cette première partie, nous voudrions pouvoir dire : *Et nunc erudimini*; mais, si présomptueux que l'on soit, c'est là une conclusion qu'on ne saurait se croire autorisé à formuler, car s'il était possible de dresser en des termes purement littéraires — ainsi que l'ont demandé certains critiques — le bilan de l'économie mathématique qui, en tant que science pure et encore à ses débuts, comprend nombre de théories se présentant non pas sous la forme de résultats synthétiques, mais sous celle de matériaux analytiques, il n'y aurait plus alors qu'à proclamer l'inutilité de l'emploi des mathématiques. Aussi, abandonnant l'étude *in abstracto* de notre sujet, allons-nous, par la suite, tenter de montrer l'importance et l'intérêt de l'économie mathématique en indiquant, dans les grandes lignes, son évolution et son état actuel.

hardiment », et Jevons déclarait « qu'un avantage de a Théorie de l'Economique, soigneusement étudiée, sera de nous rendre très prudents dans nos conclusions quand la matière ne sera pas de la nature la plus simple ».

DEUXIÈME PARTIE

Historique de l'emploi des mathématiques en économie politique.

A proprement parler, ce n'est pas tant l'historique de l'emploi des mathématiques en économie politique que l'histoire des économistes qui ont fait appel aux mathématiques que nous allons essayer d'esquisser ici. Étant donné en effet, d'après ce que nous avons vu, qu'il n'existe pas d'école mathématique, c'est-à-dire que l'emploi bien entendu des mathématiques en économie politique n'a pas pour but l'élaboration d'un corps de doctrines particulières dont on puisse suivre la genèse, mais uniquement l'explication scientifique de questions de fait, il ne nous paraît guère possible d'adopter dans cette partie de notre travail un ordre autre que celui qui nous est naturellement fourni par la succession chronologique des auteurs d'œuvres mathématico-économiques. Par suite, nous nous proposons de passer rapidement en revue ces auteurs, en nous efforçant de mettre en évidence les caractères de similitude ou même de dissemblance qui, en les rattachant les uns aux autres, constituent les seuls éléments anonymes dont l'évolution puisse être considérée comme l'histoire de l'emploi des mathématiques en économie politique.

Mais nous ne songeons cependant nullement à nous

arrêter à tous les auteurs d'œuvres mathématico-économiques, car, en présence de l'abondance de ces
productions, nous serions amenés à entrer dans des
développements absolument hors de proportion et avec
un examen d'ensemble tel que celui que nous avons
entrepris, et avec l'intérêt même qu'ils seraient susceptibles d'offrir ; nous avons simplement l'intention de
présenter uniquement ceux d'entre ces auteurs dont
les œuvres nous semblent les plus importantes, *eu
égard aux époques où elles ont été écrites*. Après avoir
signalé tous ceux qui dans les débuts ont appliqué les
mathématiques au traitement de questions économiques même très particulières, nous laisserons peu à
peu de côté les auteurs d'études trop spéciales, dont la
seule mention dans les bibliographies dont nous indiquerons ultérieurement l'existence paraît suffisante,
pour ne nous occuper, dans la période contemporaine,
que des économistes ayant apporté une réelle contribution à l'édification des seules théories qui justifient
pleinement l'emploi des mathématiques.

Nous allons donc tout d'abord rappeler les noms des
précurseurs, qui, s'ils n'ont guère participé à l'élaboration des conceptions modernes, ont du moins contribué
à leur formation, tant en fournissant l'idée de l'emploi
des mathématiques en économie politique qu'en indiquant les premiers éléments de cet emploi. Puis, nous
nous arrêterons plus longuement sur les fondateurs
de l'économie pure, qui, par la découverte du principe
de l'utilité finale et son application à la détermination
des prix sous le régime de la libre concurrence, ont été
conduits à faire, pour la première fois, une application rationnelle importante des mathématiques en les
utilisant pour représenter la solidarité des transactions
qui s'effectuent sur un marché. Nous parlerons enfin
des économistes contemporains qui ont perfectionné

l'emploi des mathématiques en économie politique en le dégageant tout d'abord de l'hypothèse de la possibilité de mesurer l'utilité, possibilité primitivement considérée comme nécessairement liée à l'application du principe de l'utilité finale qui avait donné naissance à l'économie pure, et même, en dernier lieu, de toute considération d'utilité ; élargi leur rôle en y recourant non seulement pour représenter la solidarité des transactions, mais aussi la mutuelle dépendance des biens économiques (marchandises ou services producteurs) ; et considérablement agrandi leur champ d'application en l'étendant de l'étude du régime particulier de la libre concurrence à celle des diverses circonstances qui peuvent régir le phénomène économique.

CHAPITRE PREMIER

Les précurseurs de l'emploi des mathématiques en économie politique.

§ 1. — Première Période : 1711-1800.

La première tentative d'application des mathématiques à la résolution des problèmes économiques paraît dater de 1711, et être due au mathématicien Giovanni **Ceva** — dont le nom est resté attaché à certains théorèmes importants de la théorie des transversales — qui fit paraître à cette époque, à Mantoue, un petit traité, écrit en latin, ayant pour titre *De re nummaria quoad fieri potuit geometrice tractata*. Cet ouvrage, comme d'ailleurs la plupart de ceux dont nous aurons l'occasion de parler dans ce premier chapitre, n'a apporté qu'une bien faible contribution à la science ; c'est une œuvre de logique ordinaire à laquelle l'arithmétique est simplement venue prêter son langage. Mais il mérite néanmoins d'attirer l'attention, car on y constate que si G. Ceva n'a pas su profiter du concours que les mathématiques lui offraient, il n'en a pas moins eu conscience, dès 1711, du grand parti que l'on en pouvait tirer dans l'étude des questions monétaires du fait de la mutuelle dépendance des phénomènes économiques, mutuelle dépendance qu'il a du reste limitée à l'influence de la population et de la quantité de la monnaie sur ce qu'il appelle la valeur externe de celle-ci, par opposition à sa valeur interne, c'est-à-dire à la valeur intrinsèque du métal qui la constitue (1).

Cette première tentative demeura, semble-t-il, long-temps isolée, et ce n'est que à partir de 1765 qu'apparurent les autres productions mathématico-économiques du XVIII° siècle, d'ailleurs peu nombreuses, dont les principales sont celles de Cesare Beccaria, Henry Lloyd, A.-N. Isnard et Guglielmo Silio (2).

Cesare **Beccaria**, le célèbre auteur du *Traité des délits et des peines*, dans un article intitulé *Tentativo analitico sui contrabbandi* et publié dans le journal *Il caffè* (3), s'est préoccupé, à propos de l'établissement de droits de douane et de la contrebande consécutive, de déterminer analytiquement, avec des symboles algébriques, les risques courus tant par le fisc que par les contrebandiers, montrant par cet exemple que les mathématiques sont applicables à l'étude de toutes les questions, de quelque nature qu'elles soient, dont les données sont susceptibles d'accroissement ou de diminution.

Le major-général Henry **Lloyd** serait, d'après L. Cossa, l'auteur anonyme d'un *Essay on the theory of money*, publié à Londres en 1771, essai au sujet duquel W. St. Jevons s'exprime en ces termes : « Bien qu'il soit à peine ébauché et absurde en certaines de ses

---

(1) Le livre de G. Ceva a été analysé par F. NICOLINI dans le numéro 'octobre 1878, du *Giornale degli economisti*, sous ce titre : *Un antico conomista matematico*.

(2) Ce n'est guère qu'accidentellement que les autres auteurs de ette époque dont les noms sont cités, soit dans la bibliographie de V. St. Jevons (Cf. **II**, 1V), soit dans l'*Histoire des doctrines...* [p. 5] e L. COSSA (part. I, ch. VI, § 4), ont fait appel aux mathématiques our traiter des questions économiques.

(3) Vol. I., Brescia, 1765. Cet article est reproduit dans les *Scrittori lassici italiani di economia politica* du baron CUSTODI, Partie moderne, vol. XII, Milan, 1804.

parties, il ne manque ni d'intérêt ni de science et contient une tentative nette et partiéllement satisfaisante d'établissement d'une théorie mathématique de la circulation » (1).

Mais l'œuvre du XVIII° siècle, de beaucoup la plus importante au point de vue qui nous occupe est le *Traité des richesses* publié (2) sans nom d'auteur en 1781, et dû en réalité à l'Ingénieur des Ponts et Chaussées français, Achille-Nicolas **Isnard** (3).

Dans le premier livre du premier volume de cet ouvrage — qui en comporte deux — sous le titre *Des richesses en général et de leurs rapports*, A.-N. Isnard a présenté en effet une véritable « théorie de la valeur » en favance de près d'un siècle sur les idées de son temps. Comprenant que « en parlant de richesses, on ne prend guère le mot valeur dans un sens absolu » et que ce mot exprime le rapport de deux choses que l'on compare pour les échanger », il s'est préoccupé de répondre à ces questions : « Comment les choses acquièrent-elles une valeur dans les échanges ? Comment cette valeur dépend-elle de la quantité des choses et du besoin qu'on en a ? Comment les quantité dépendent-elles du besoin et des valeurs ? Comment les besoins sont-ils subordonnés eux-mêmes aux quantités et aux valeurs ? » Et, seul peut-être avant L. Walras, il a été ainsi amené à concevoir une théorie de l'échange tenant compte, d'une manière restreinte il est vrai, de la mutuelle dépendance des phénomènes écononiques, théorie qu'il expose de la manière suivante dans les cas

(1) *Théorie...* [p. 91], préf. de la 2° éd., p. 39

(2) A Londres et mis en vente « à Lausanne en Suisse, chez François Grasset et C^le ».

(3) Sur Isnard, voir L. Renevier : *Les théories économiques de Achille-Nicolas Isnard d'après son ouvrage « Traité des richesse »,* Poitiers, 1909.

d'un marché isolé soumis au régime de la libre con-currence absolue, et ne comportant que deux ou trois marchandises :

« Il est facile de voir ce qui arriverait dans un échange entre les propriétaires isolés de deux marchandises, dont les besoins du superflu de l'un équivaudraient aux besoins du superflu de l'autre. Si l'on suppose, par exemple, que le superflu des premiers est une quantité a de mesures M d'une marchandise, et que celui des seconds est une quantité b de mesures M' d'une autre ; ces choses ne pouvant être échangées que l'une contre l'autre, puisqu'on les suppose seules, la quantité a de mesures M équivaudra à la quantité b de mesures M' : ainsi on aura $aM = bM'$ et par conséquent $M : M' :: 1/a : 1/b$. La valeur de chaque mesure sera donc en raison inverse de la quantité qui en est exposée en échange. »

« Si au lieu de deux marchandises, on en suppose dans le commerce trois ou un plus grand nombre, il en sera de même pour la valeur générale des marchandises. Chaque mesure particulière sera égale à la somme des offres faites par les propriétaires des autres marchandises divisée par la quantité des mesures, ou, ce qui est la même chose, les valeurs des marchandises seront en raison directe de la somme des offres et en raison inverse de la quantité des mesures. Mais les offres étant composées de plusieurs marchandises hétérogènes, il n'est pas possible de déduire de l'égalité, ou de l'équation dont nous venons de parler, le rapport de deux marchandises particulières ; pour trouver le rapport des marchandises prises deux à deux, il faudrait former autant d'équations qu'il y a de marchandises ; le premier membre de ces équations contiendrait la quantité de marchandises, le second la somme des offres. »

. . . .

« Soient trois marchandises exposées pour être échangées les unes contre les autres ; soit une quantité a de mesures M de l'une, une quantité b de mesures M'(de l'autre, et une quantité c de mesures M" de la troisième. Soit divisée la quantité a de marchandises M en deux parties am et an, dont chacune soit la somme des parties offertes par chaque propriétaire des mesures M pour recevoir des mesures M' et M" ; soit divisée la quantité b de marchandises M' en deux parties bp et bq, dont chacune soit la somme des parties offertes par chaque propriétaire des mesures M' pour recevoir des mesures M et M" ; soit divisée la quantité c de marchandises M" en deux parties cr et cs, dont chacune soit la somme des parties offertes par chaque propriétaire des mesures M" en échange des mesures M et M'. Ces suppositions donnent trois équations $aM = pbM' + rcM''$, $bM' = maM + scM''$, $cM'' = qbM' + naM$. On peut déduire de ces trois équations les rapports des marchandises prises deux à deux, et l'on aura

$$M : M' : M'' : : \frac{r + p - pr}{a} : \frac{s + m - sm}{b} : \frac{n + q - nq}{c} ;$$

on peut en déduire aussi la valeur de chaque marchandise relativement à chaque autre, et les quantités que chaque propriétaire attirera en échange de ses offres » (1).

Cette théorie de l'échange — que nous avons crû devoir reproduire parce qu'elle constitue sans doute la plus ancienne ébauche de celles que nous rencontrerons par la suite — est complétée par une théorie de la monnaie, dans laquelle A. N. Isnard s'attache à montrer que la monnaie est une marchandise comme les autres, dénuée de vertus particulières. Quant au reste de l'ouvrage, nous nous abstiendrons d'en parler, non qu'il soit dénué d'intérêt, il contient au contraire de bonnes critiques des idées de Quesnay et des « Econo-

______

(1) *Traité des richesses*, t. I, l. I, ch. I, sect. 1re.

mistes », mais parce que les mathématiques n'y jouent
aucun rôle.

Pour en finir avec les auteurs du XVIIIe siècle, il ne
nous reste plus qu'à dire quelques mots de l'œuvre du
palermitain Guglielmo Silio qui, de même que C. Beccaria, et sans doute à son imitation, a fait porter ses
recherches sur les questions de contrebande. Son
*Saggio su l'influenza dell'analisi nelle scienze politiche
ed economiche applicata ai contrabbandi* (1) a pour objet
la résolution de cinq problèmes du premier desquels
voici (2), à titre d'exemple, l'énoncé : « Connaissant le
droit de douane, le prix de la marchandise susceptible
de donner lieu à la contrebande, le nombre des circonstances favorables au marchand et celui des circonstances favorables au fisc (*Regalia*), déterminer la
peine qu'il convient d'appliquer au marchand et la
somme à percevoir par le fisc », et il se termine par
cette conclusion typique : « Qui donc serait assez au-
dacieux ou insensé pour pouvoir espérer obtenir, sans
l'aide du calcul, des résultats si nombreux et si importants pour l'exacte balance de l'Etat ».

§ 2. — Deuxième Période : 1800-1870 (3).

Peu nombreuses au XVIIIe siècle, les productions mathématico-économiques sont au contraire devenues très

(1) Ce travail figure dans le t. V de la *Nuova raccolta d'opuscoli
di autori siciliani*, Palerme, 1792.

(2) D'après l'*Introduzione*... [p. 259] de F. VIRGILII et C. GARI-
BALDI.

(3) Nous avons limité cette seconde période à l'année 1870 —
c'est-à-dire à l'apparition des œuvres de W. St. Jevons et de L. Walras — bien que H.-H. Gossen, que nous classerons parmi les fondateurs de l'économie pure, ait publié son livre en 1854, parce que, ainsi
que nous le verrons, cet ouvrage n'a acquis, en fait, droit de cité
qu'après la publication des œuvres de W. St. Jevons et de L. Walras.

abondantes dès le début du XIXᵉ ; aussi, dans ce rapide historique laisserons-nous de côté les auteurs qui sont restés ignorés à juste titre, tels que Du Mesnil-Marigny ou Esmenard du Mazet, pour ne nous arrêter qu'à ceux qui se sont fait remarquer à un titre quelconque, ou dont les œuvres semblent avoir exercé une influence sur le développement de l'économie mathématique. Ces derniers sont, croyons-nous, en France : N.-F. Canard, A. Cournot et E.-J. Dupuit ; en Allemagne : H. von Thünen et H. von Mangoldt ; en Angleterre : W. Whewell et Fleeming Jenkin ; enfin, en Italie : L.-M. Valeriani et F. Fuoco.

Les *Principes d'économie politique* de François-Nicolas Canard, publiés à Paris en 1801, constituent certainement l'une des plus mauvaises tentatives d'application des mathématiques à l'économie politique. Assez confus et verbeux dans leur ensemble, ils n'offrent dans leur partie mathématique, qui porte principalement sur « la détermination du prix des choses », qu'une simple traduction en symboles d'idées préconçues, traduction qui vient d'ailleurs ajouter aux erreurs économiques dont ces idées sont parfois l'expression des erreurs purement analytiques, car, quoique professeur de mathématiques, F.-N. Canard « ignore ou oublie les éléments du calcul des fonctions » (1). En un mot, ainsi que le dit A. Cournot, « ces prétendus principes sont si radicalement faux, et l'application en est tellement erronée, que le suffrage d'un corps éminent n'a pu préserver l'ouvrage de l'oubli » (2). Le livre de F.-N. Canard présente en effet cette particularité d'être le seul ouvrage d'économie politique mathématique qui ait reçu en France

(1) J. Bertrand, *Journal des savants*, numéro de septembre 1883 et aussi *Bulletin des sciences mathématiques* de la même année.

(2) *Recherches...* [p. 76], préf. p. VII.

une sorte de consécration officielle, et c'est à ce titre que nous n'avons pas voulu le passer sous silence. Ecrit pour donner sous la forme d' « un chaînon d'une suite de conséquences » une réponse négative à cette question mise au concours par l'Institut : *Est-il vrai que dans un pays agricole, toute espèce de contribution retombe sur les propriétaires fonciers ?*, il fut couronné par cette assemblée. Il est vrai que ce fut « faute de mieux », nous dit Blanqui (1), ce qui est évidemment une explication, mais qui n'est peut-être pas suffisante pour répondre à ces interrogations de Joseph Bertrand : « Comment [Canard] devint-il lauréat de l'Institut ? Sur le rapport de quelle commission ? Je n'ai pas eu l'indiscrétion de le chercher » (2).

Luigi Molinari **Valeriani**, d'Imola, et Francesco **Fuoco**, de Naples, sont les deux derniers membres de ce groupe d'auteurs, dont nous avons déjà cité plusieurs noms, qui, à la naissance même de l'économie mathématique, à la fin du xviii° siècle et au début du xix°, ont largement représenté l'Italie, qui compte, aujourd'hui encore, les plus nombreux adeptes de cette science (3).

L.-M. Valeriani est un des premiers qui — à la suite de P. Verri et de Frisi — aient essayé d'élaborer une théorie scientifique de la détermination des prix par le seul jeu de l'offre et de la demande. Il a été ainsi conduit à introduire dans son analyse, à côté de la notion de la valeur d'usage (*pregio*), la notion de la valeur spécifique (*pregio specifico*), sorte de valeur d'échange intrinsèque proportionnelle à la demande i et inversement proportionnelle à l'offre o de la marchandise considérée,

(1) *Histoire de l'économie politique*, 4e éd., Paris, 1860, t. II, p. 323

(2) *Loc. cit.*

(3) Cf. A. MONTANARI, *La matematica applicata all' economia politica da Cesare Beccaria, Guglielmo Silio, L. M. Valeriani ed Antonio Scialoja*, Reggio-Emilia, 1899.

c'est-à-dire représentée par la formule $p = \frac{i}{o}$ qu'il s'est attaché à établir et à justifier (1) dans deux discours, publiés à Bologne en 1816 et 1817, respectivement intitulés *Apologia della formola* p $= \frac{i}{o}$, *trattandosi del come si determini il prezzo delle cose tutte mercatabili, contro ciò che ne dice il celebre autore del* « Nuovo prospetto delle scienze economiche » (2) et *Discorso apologetico in cui si sostiene recarsi invano pel celebre autore del* « Nuovo prospetto delle scienze economiche » *contro l'apologia della formola* p $= \frac{i}{o}$ *trattandosi del come si determini il prezzo delle cose tutte mercatabili, ciò che il medesimo ha scritto nel tomo II, in pag. 114-117, 141-146 ed nel IV, pag. 214-219, 244-263 del opera susdetta* (3).

Quant à F. Fuoco, qui, dans ses *Saggi economici*, — publiés à Pise en 1825-27, mais dont la valeur n'a été reconnue que plus tard par Antonio Scialoja — a été le premier des auteurs italiens à montrer l'importance des théories de Ricardo, il présente, d'après L. Cossa (4), l'originalité d'avoir répondu par avance dans cet ouvrage à l'objection de ceux qui invoquent contre l'emploi des mathématiques en économie politique, l'impossibilité d'assujettir les prémisses à une détermination mathématiquement exacte, tout en fixant lui-même des limites trop étroites à cet emploi.

(1) Cf. A. GRAZIANI, *Le idee economiche degli scrittori emiliani et romagnoli sino al* 1848, Modena, 1893, ch. VIII, § 2.

(2) Melchiorre Gioja, un défenseur de la théorie du *coût de production*.

(3) Si nous avons énoncé ces titres tout au long, bien que cela puisse paraître oiseux, c'est parce que ces deux publications ne sont pas mentionnées dans la bibliographie dressée par W. St. Jevons (Cf. II, IV) qui est la plus répandue.

(4) *Histoire des doctrines...* [p. 5], part. I, ch. VI, § 4.

L'ordre chronologique que nous suivons dans cette rapide revue nous amène à parler maintenant de Heinrich **von Thünen**, son *Isolirte Staat in Beziehung auf Landwirthschaft und Nationalökonomie, oder Untersuchungen über den Einfluss, den die Getreidepreise, der Reichtum des Bodens und die Abgaben auf den Ackerbau ausüben* ayant été publié à Hambourg en 1826 (1). Il convient toutefois de noter que ce n'est guère dans cette partie de l'œuvre de H. von Thünen, désignée sous le nom générique de l'*Etat isolé*, mais bien plutôt dans la seconde partie éditée en deux volumes (2) parus à Rostok en 1850 et 1863, sous le titre *Der isolirte Staat...*, *Der naturgemässe Arbeitslohn und dessen Verhältniss zum Zinsfluss und zur Landrente*, que l'on rencontre des applications des mathématiques à la solution de problèmes d'économie politique. Dans la première partie en effet, le savant agronome mecklembourgeois a étudié uniquement des questions d'économie rurale, tandis que dans la seconde il a voulu profiter de l'expérience qu'il avait acquise dans l'exploitation de son domaine de Tellow pour essayer d'élucider les diverses questions de salaire, d'intérêt et de rente qui étaient déjà à cette époque à l'ordre du jour des économistes. Or, c'est principalement dans ce dernier travail qu'il a jugé à propos de recourir à l'algèbre pour donner aux résultats de ses observations des formes synthétiques permettant d'en tirer des conclusions précises, telles que la fameuse loi d'après laquelle le salaire naturel serait la moyenne proportionnelle entre la valeur de ce qui est indispensable à l'ouvrier et celle de ce qu'il produit à l'aide du capital dans une exploitation considérable, le reste du

(1) Cet ouvrage, qui a eu une 2ᵉ édition (Rostock, 1842), a été traduit en français par J. Laverrière (Paris, 1851).

(2) Le premier a été traduit en français par M. Wolkoff (Paris, 1857).

produit formant le revenu du capitaliste et donnant le
taux naturel de l'intérêt du capital. Mais ce n'est
d'ailleurs que rarement que H. von Thünen a entendu
chercher dans les mathématiques un moyen d'investigation, et le plus souvent, comme ses prédécesseurs,
il s'est borné à leur demander un langage commode
pour enregistrer des conclusions auxquelles il était parvenu sans en faire usage. Aussi croyons-nous que s'il
jouit d'un certain prestige parmi les économistes mathématiciens, il ne le doit pas tant aux formules algébriques figurant dans son œuvre qu'à cette impression
générale qui s'en dégage, que c'est là l'œuvre d'un
esprit scientifique pénétré des notions de continuité et
de limite qui échappent souvent aux ἀγεωμετρητοί et qui
ont tout naturellement permis à H. von Thünen de
devancer les théories de l'utilité ou de la productivité
marginales, par exemple lorsqu'il dit que c'est « l'utilité
de la dernière parcelle de capital employée qui détermine le taux du revenu de la totalité de la somme
prêtée » (1).

Sur William Whewell qu'il nous reste à signaler avant
d'arriver à A. Cournot, nous serons bref. Nous en
dirons simplement que si l'on désirait disposer mé-
thodiquement, dans une bibliothèque par exemple, les
œuvres des auteurs que nous sommes en train de passer
rapidement en revue, il serait tout indiqué de placer
ses œuvres à côté de celles de F.-N. Canard, à moins
qu'on ne préfère les mettre en pendants du fait de la
différence des sujets choisis. Ses divers mémoires
ayant pour objet tant la *Mathematical exposition of some
[et certain] doctrines of political economy* que la *Mathematical exposition of the leading doctrines in Ricardo's
« Principles of political economy and taxation»* dont la

____

(1) *Isolirte Staat*, 2ᵉ part., vol. I, § 18.

publication dans les *Cambridge philosophical transac-tions* (1) a valu à W. Whewell une certaine célébrité, n'offrent en effet, comme l'ouvrage du lauréat de l'Institut, que des traductions en symboles algébriques sous le prétexte qu'elles traitent de quantités, de théories économiques préexistantes. Ces traductions se différencient cependant de celles de N.-F. Canard en ce que W. Whewell a repris les idées de spécialistes autorisés au lieu d'adopter tout simplement, comme son prédécesseur, celles qui avaient ordinairement cours autour de lui ; mais cette différence ne paraît pas suffisante pour empêcher de telles productions d'être, les unes comme les autres, de véritables non-sens — selon la forte expression de W. St. Jevons (2).

Antoine-Augustin **Cournot** est le premier économiste qui ait essayé de faire une œuvre mathématico-économique réellement constructive, et d'arriver « de manière évidente à la connaissance des faits en partant de l'ignorance de ces mêmes faits » (3), c'est-à-dire qui ait réellement employé les mathématiques comme moyen d'investigation au lieu de se borner à les utiliser pour traduire ou pour commenter des théories plus ou moins préconçues. Aussi, la plupart des auteurs ont-ils l'habitude de présenter cet éminent mathématicien comme le fondateur de l'économie pure, bien que, en réalité, il n'ait fait état dans son œuvre ni du principe de l'utilité finale, qui fut l'occasion de la naissance de cette science, ni du fait de la mutuelle dépendance économique (dont il avait pourtant nettement con-

---

(1) Vol. III (1829), pp. 191-280 ; IV (1831), pp. 155-198 ; IX (1850), pp. 128-149 et 2ᵉ part., pp. 1-7 (Ces deux derniers mémoires ont été traduits en italien dans la *Biblioteca dell'economista*, 3ᵉ sér., vol. II, pp. 1-65).

(2) *Théorie...* [p. 91], préf. 2ᵉ éd., p. 21.

(3) W. St. Jevons, *Théorie...* [p. 91], préf. 2ᵉ éd., p. 23.

science (1)) qui en est la raison d'être. Cependant, si A. Cournot ne peut guère être considéré comme le fondateur de l'économie pure, il est incontestablement le plus considérable de ses précurseurs, et ses *Recherches sur les principes mathématiques de la théorie des richesses*, publiées à Paris en 1838, sont très importantes et très remarquables surtout pour l'époque à laquelle elles ont été écrites.

Dans cet ouvrage, duquel il a éliminé « les questions où l'analyse mathématique n'a aucune prise » (2), A. Cournot — comme la plupart des économistes mathématiciens qui n'ont pas su abandonner toutes visées pratiques pour se livrer à des études exclusivement scientifiques dans le seul but de savoir — s'est proposé d'élaborer une théorie de la valeur ou de la détermination des prix. Après toute une série de considérations plus ou moins philosophiques sur la valeur, et un exposé de la question du change qui ne semble pas présenter de grands caractères d'originalité, il a abordé cette théorie par l'examen du problème dont la solution est le plus directement accessible aux mathématiques, celui du monopole. Supposant connue *expérimentalement* la « loi du débit » ou « de la demande » d'une marchandise en fonction décroissante de son prix de vente uniquement, il a cherché la grandeur de ce prix la plus avantageuse pour un monopoleur, d'abord dans le cas où les frais de production sont négligeables (eau minérale naturelle), et ensuite dans celui où ces frais sont appréciables (eau minérale artificielle ou produit pharmaceutique de composition secrète) en se préoccupant en outre de l'influence de l'impôt sur le coût de ces marchandises. Puis, du cas où un seul individu

(1) Voir not. *Recherches*, ch. xi, art. 74, p. 146.
(2) *Recherches*, préf. p. xi.

jouit du monopole, il est passé à celui où deux individus
se partagent ce monopole, pour en arriver finalement
à la libre concurrence considérée comme le cas limite
où le nombre des monopoleurs devient infini, si toutefois il est permis de s'exprimer ainsi. Mais, tandis qu'il
avait fait une « analyse magistrale » (F.-Y. Edgeworth)
du premier cas, A. Cournot a commis dans la généralisation de sa théorie de graves erreurs qui ont donné
naissance, dans des conditions que nous rappellerons
plus loin, à toute une série de discussions auxquelles
M.-V. Pareto (1) paraît avoir mis fin en montrant que
si la solution du problème de la détermination du prix
d'une marchandise dont la production *serait* entre les
mains de deux monopoleurs est indéterminée (comme
l'a indiqué M. F.-Y. Edgeworth (2)), ce problème ne
peut en réalité se poser par suite de l'incompatibilité
des équations traduisant pour chacun des producteurs
le fait que ce producteur est un monopoleur. Enfin,
après avoir étudié la détermination du prix de chaque
marchandise, A. Cournot a essayé de réaliser la synthèse du système économique à partir des éléments
qu'il en avait dissociés — ce qui constituait évidemment une utopie (3), car il était clair qu'il ne pouvait
retrouver les éléments qu'il avait précédemment négligés — en faisant parfois, pour l'harmonie de ses démonstrations, trop bon marché des circonstances accessoires. *De minimis non curat prætor !* Ajoutons que
l'interprétation géométrique de l'équation à laquelle il
est parvenu analytiquement a conduit A. Cournot à

(1) *Encyclopédie..* [p. 149], § 14 n. 22, p. 606 et *Manuel...* [p. 143],
§§ 73 et s., p. 600. Voir *infra*, III, V, 4.
(2) *Mathematical psychics* [p. 119], App. V, p. 116.
(3) Cf. V. Pareto, *Di un errore del Cournot nel trattare l'economia
olitica colla matematica* dans le *Giornale degli economisti*, numéro
e janvier 1892.

faire figurer, pour la première fois croyons-nous, dans la détermination des prix de véritables courbes de demande et d'offre représentant les variations de la demande ou de l'offre d'une marchandise en fonction de son prix (1).

Malgré l'intérêt qu'elles présentent, malgré la réputation de leur auteur comme mathématicien, les *Recherches*, venues avant leur heure, passèrent complètement inaperçues : elles ne furent mentionnées ni dans la bibliographie de l'*Histoire de l'économie politique* de Blanqui ni dans le *Répertoire général d'économie politique* de Coquelin, ni même dans le *Dictionnaire de l'économie politique* publié par Guillaumin. Aussi, A. Cournot, découragé par cet insuccès, ainsi qu'il le dit lui-même, reprit-il en 1863 l'exposé de ses conceptions économiques, en les dégageant de toutes équations, dans un livre intitulé *Principes de la théorie des richesses*, qui fut du reste dans la suite jugé bien inférieur à sa première œuvre, dont on finit en effet par reconnaître la réelle valeur lorsque L. Walras et W. St. Jevons eurent attiré l'attention sur elle : le premier, en exprimant publiquement le regret que justice n'ait pas été rendue à celui qu'il considérait comme son maître, dans un mémoire qu'il présenta en 1873 à l'Académie des sciences morales et politiques, et dont J. Bertrand prit prétexte pour émettre sur l'ouvrage de A. Cournot des critiques qui, portant à faux, donnèrent lieu aux discussions dont nous avons eu précédemment l'occasion de parler ; le second, en rendant, dans la

____

(1) Il est intéressant de noter à ce propos que dès le XVIIIe siècle G. Ortes, dans son *Calcolo sopra il valore delle opinioni umane*, avait illustré l'exposé de ses idées avec des courbes qu'il s'était, il est vrai, borné à décrire minutieusement, sans les tracer. (*Dictionary of political economy* de R.-H. Inglis Palgrave, vol. III, Londres, 1899, p. 44.)

préface de la seconde édition de sa *Theory*, un éclatant hommage à l'œuvre économique du mathématicien français. Il est d'ailleurs intéressant de signaler que c'est surtout à l'étranger (1), en Angleterre et aux Etats-Unis notamment, que s'est établie la réputation de A. Cournot en tant qu'économiste. C'est ainsi qu'un long article lui est consacré dans le *Dictionary of political economy* de R.-H. Inglis Palgrave, et que ses *Recherches* ont eu le rare honneur d'être traduites en Anglais (2), alors que son nom était presque oublié en France et que son livre était devenu introuvable en librairie.

L'ingénieur des Ponts et Chaussées, Etienne-Juvénal **Dupuit**, est bien connu comme économiste. Néanmoins ses œuvres ne tiennent pas une place très considérable parmi celles dont nous nous occupons ici, car, bien que cet auteur eût une grande habitude des mathématiques (ses ouvrages techniques le prouvent), il ne s'est guère soucié en général de faire appel à cette science dans ses recherches économiques. On lui doit cepen-

(1) Voir cependant l'article de M. A. AUPETIT dans le numéro de mai 1905, entièrement consacré à Cournot, de la *Revue de métaphysique et de morale.*

(2) Cette traduction faite par M. N.-T. Bacon et publiée à New-York en 1897, dans la collection des *Economic Classics* éditée par W.-J. Ashley, est en quelque sorte aujourd'hui la meilleure édition des *Recherches*. Le traducteur a, en effet, pris soin de rectifier les erreurs qui s'étaient glissées dans l'œuvre originale, à l'exception pourtant de deux d'entre elles, dont la rectification aurait sérieusement affecté les raisonnements et qui portent respectivement sur les formules (6) de la page 122 [140 de l'original], dans lesquelles t devrait être remplacé par zéro, et sur deux inégalités de la page 158 [183 de l'original] dont le sens devrait être renversé (Cf. pp. VI et VII de la préface, due à M. Irving Fisher de la traduction en question). — Il existe également une traduction en italien des *Recherches* (*Biblioteca dell' economista*, 3e série, vol. II, Turin, 1878), mais elle n'offre pas les avantages de la traduction anglaise.

dant deux articles : l'un sur la *mesure de l'utilité des travaux publics*, l'autre sur *l'influence des péages sur l'utilité des voies de communication*, publiés l'un et l'autre dans les *Annales des Ponts et Chaussées* en 1844 et en 1849, qui présentent un grand intérêt au point de vue de la genèse de l'économie politique pure. Dans ces articles — qui ont pour objet des questions de monopole à propos desquelles il a renouvelé, à son insu sans doute, les théories de A. Cournot — E.-J. Dupuit a en effet fait ressortir, pour la première fois semble-t-il, le fait de la « gradation de l'utilité » (W. St. Jevons), dont une analyse plus approfondie a donné naissance à l'économie mathématique. Il a montré que l'utilité d'un objet n'est pas mesurée par le sacrifice que l'on fait effectivement pour se procurer cet objet, ainsi que le prétendait J.-B. Say, mais par le sacrifice que l'on serait disposé à faire, et que, par suite, « l'utilité d'un morceau de pain peut croître pour le même individu depuis zéro jusqu'au chiffre de sa fortune entière ». Mais après avoir ainsi défini l'utilité d'un objet par ce que W. St. Jevons a appelé plus tard la désutilité (*disutility*) du sacrifice que l'on serait disposé à faire pour se le procurer, E.-J. Dupuit a cru pouvoir évaluer cette utilité par l'expression *pécuniaire* de ce sacrifice, telle qu'elle est fournie par la loi de variation de la demande en fonction du prix, que A. Cournot a appelée loi du débit, et qu'il a désignée sous le nom de loi de consommation. Or, il est évident que non seulement l'utilité de la monnaie diffère d'un individu à un autre, mais encore qu'elle varie pour un même individu suivant les circonstances ; en la prenant comme base d'évaluation, E.-J. Dupuit a donc commis une grave faute de raisonnement (1), dont on ne saurait cependant lui tenir ri-

(1) Cf. L. Walras, *Eléments...* [p. 106], 41e leç., §§ 385 et s.

gueur, car depuis lors bien d'autres, qui n'avaient pas l'excuse d'être des innovateurs, sont tombés dans la même erreur.

Hans von **Mangoldt**, quoique n'appartenant pas à la même classe que les derniers auteurs que nous venons de rencontrer, s'est néanmoins placé à l'avant-garde des économistes mathématiciens. Dès 1863 — l'année même où A. Cournot a renoncé à l'emploi des mathématiques — il s'est en effet avisé, dans son *Grundriss der Volkswirthschaftslehre* publié à Stuttgart, de recourir à des représentations graphiques pour expliquer la détermination des prix courants des marchandises, en montrant, ainsi qu'on l'a fait bien souvent depuis, que ces prix courants correspondent aux points d'intersection de courbes de demande et de courbes d'offre représentant en fonction des prix les quantités de marchandises offertes ou demandées (1). Il s'est en outre préoccupé dans le même ouvrage de la question si importante, au point de vue de l'économie pure, des marchandises concurrentes et des marchandises complémentaires. Mais sa tentative n'eut sans doute pas plus de succès que celle de A. Cournot, car son livre a subi un sort analogue à celui de son prédécesseur, en ce sens que, de même que A. Cournot crut devoir éviter les mathématiques dans ses *Principes* (qu'il fit paraître à la suite de l'insuccès de ses *Recherches*), de même l'éditeur de la seconde édition du *Grundriss* (2) jugea opportun de supprimer les courbes qui figuraient dans la première. Il

____

(1) Par une de ces coïncidences dont on rencontre maints exemples dans l'histoire de l'économie politique mathématique, l'étude des variations de la demande en fonction du prix avait été déjà envisagée en Allemagne par K.-H. Hagen (*Von der Staatslehre und von der Vorbereitung zum Dienste in der Staatsverwaltung*, Kœnigsberg, 1839), presque en même temps qu'en France par A.-A. Cournot.

(2) Stuttgart, 1871 (et non 1873, comme il est parfois indiqué).

y a d'ailleurs lieu de noter que, du fait de cette suppression, cette partie de l'œuvre de H. v. Mangoldt reste souvent ignorée, et c'est pour cette raison que nous avons pensé intéressant de la rappeler ici, d'autant plus que ce savant professeur de Gœttingen est bien connu par ailleurs pour ses travaux sur la théorie de la rente et « extensions », qui sont venus compléter dans une certaine mesure ceux de F.-B.-W. Hermann, dont nous aurions peut-être pu faire figurer également le nom parmi ceux des économistes mathématiciens, car, remarquons-le en passant, ce sont souvent des économistes mathématiciens — H. v. Thünen, H. v. Mangoldt, A. Marshall, L. Walras, V. Pareto, etc., — qui sont venus perfectionner cette théorie.

Nous terminerons notre liste des précurseurs avec le nom de Fleeming **Jenkin**, qui vient du reste la clôturer dignement. A la vérité, on ne doit guère de conceptions économiques nouvelles à cet éminent professeur d'« engineering » de l'université d'Edimbourg, car, sans s'en douter, il n'a, le plus souvent, que redécouvert les théories de A. Cournot ou de E.-J. Dupuit. C'est ainsi qu'il a repris en considération les variations de la demande et aussi celles de l'offre en fonction des prix et montré que « sur un marché donné, à un instant donné, le prix courant d'un produit est celui auquel les courbes d'offre et de demande se coupent » — dans un article sur les *Trade Unions* publié dans le numéro de mars 1868 de la *North British Review*, et dans un travail sur *The graphic representation of the laws of supply and demand, and their application to labour* figurant dans les *Recess Studies* éditées à Edimbourg en 1870 par A. Grant — et qu'il s'est trouvé inspiré des mêmes idées que E.-J. Dupuit (1)

(1) Cf. l'art. de M. F.-Y. Edgeworth dans le *Dictionary of political economy* de R.-H. PALGRAVE, vol. II, Londres, 1896, p. 473.

dans un mémoire *on the principles which regulate the incidence of taxes* présenté à la session 1871-72 de la Royal Society of Edimbourg. Mais s'il a suivi un chemin déjà frayé, F. Jenkin a certainement, par la netteté et la précision qu'il a apportées dans ses ouvrages, fourni une large contribution aux travaux d'élagage qui ont permis à tant d'autres de s'engager par la suite dans la même voie (1).

(1) Les diverses études de F. Jenkin ont été réunies, sous le titre *Papers literary, scientific, etc.*, en deux volumes publiés à Londres en 1887-88.

CHAPITRE II

Les fondateurs de l'économie pure.

§ 1. — Hermann Heinrich Gossen.

Bien que nous le signalions le premier parmi les fondateurs de l'économie pure, H. Gossen (1) n'est pas au nombre de ceux qui ont le plus illustré l'emploi des mathématiques en économie politique ; il s'est en effet contenté, en général, de la grossière approximation consistant à attribuer, aux fins de simplicité, des lois linéaires aux variations de l'intensité du plaisir ou de la peine en fonction, soit de la durée de la jouissance ou du travail qui les procure, soit des quantités de produits dont ils dépendent, ce qui l'a conduit à formuler des résultats d'une précision purement apparente (2). Et même, malgré la multiplicité des graphiques, des symboles et des tableaux que l'on rencontre dans son œuvre, on pourrait le rattacher à l'*Ecole autrichienne* presqu'aussi bien qu'à celle de Lausanne, car tout cet appareil sert à expliquer et à commenter les théories plutôt qu'il n'est indispensable à leur démonstration

---

(1) Cet auteur se qualifiait de *Ancien répartiteur royal du gouvernement de Prusse*.

(2) W. WHEWELL (*op. cit.*) et J. TOZER (*Mathematical investigation... Cambridge philosophical transactions*, vol. VI; 1838, pp. 507-522) avaient déjà usé de simplifications de ce genre.

Mais H. Gossen fut le premier membre de ce petit groupe de penseurs originaux, comprenant avec lui W. St. Jevons, K. Menger et L. Walras, qui, au cours de la seconde moitié du dernier siècle, ont énoncé, sous une forme ou sous une autre, le principe de l'utilité finale (1), dont la découverte fut le point de départ de l'économie mathématique.

Malgré cette importante contribution à la science, cet économiste demeura longtemps ignoré, et le serait sans doute encore aujourd'hui si W. St. Jevons et L. Walras n'avaient tenu à honneur de ne pas laisser dans l'ombre ce devancier à qui ils n'étaient nullement redevables de leurs théories. Le seul ouvrage que l'on doit à H.-H. Gossen, l'*Entwickelung der Gesetze des menschlichen Verkers, und der daraus fliessenden Regeln für menschliches Handeln* (2), n'eut en effet aucun succès lors de sa publication, de telle sorte que les éditeurs, Frederick Vieweg et Fils, ne tardèrent pas à en restituer tous les exemplaires restés entre leurs mains à l'auteur, qui passa ainsi inaperçu au point de n'être même pas mentionné dans l'histoire de l'économie politique en Allemagne (3) due à Roscher, « un homme

(1) Nous adoptons l'expression d'*utilité finale* (*final utility*), imaginée par Jevons, pour désigner l'utilité de l'élément le moins util[t] d'une certaine quantité d'un bien donné, parce que c'est celle qui es[t] consacrée par l'usage en France. Mais nous nous réservons cependant de faire appel, à l'occasion des œuvres d'auteurs déterminés, aux autres désignations qui ont pu paraître préférables à ceux-ci, telles que les expressions de *utilité marginale* (*marginal utility*) et de *utilité limite* (*Grenznutzen*) ou mieux *liminale*, qui sont d'ailleurs plus satisfaisantes que la première, ou que le mot de *rareté*, qui présente par contre l'inconvénient de prêter à des confusions en donnant à penser qu'il n'est question que de la limitation en quantité, alors qu'il s'agit également de l'utilité (Voir un exemple typique de ces confusions dans les *Comptes rendus* des séances et travaux de l'Académie des sciences morales et politiques, numéro de janvier 1874, p. 119).

(2) Brunswick, 1854 ; Berlin, 1889 (réimpression).

(3) *Geschichte der Nationalökonomie in Deutschland*, Munich, 1874.

qui a tout lu », suivant l'expression du professeur N.-G. Pierson. Ce ne fut que près d'un quart de siècle plus tard que l'importance du livre de H. Gossen fut révélée aux économistes, non pas, comme le veut la légende, grâce à la découverte fortuite, à la bibliothèque du British Museum, du dernier exemplaire qui en aurait subsisté, mais, en réalité, dans les circonstances suivantes :

Le professeur Robert Adamson avait noté, dans la *Theorie und Geschichte der National-Oekonomik* (1) de J. Kautz (vol. 1, p. 9), une brève référence à un livre contenant, est-il dit, une théorie du plaisir et de la peine écrite par un auteur allemand appelé H.-H. Gossen. Comme il savait que son prédécesseur au collège Owens, W. St. Jevons, poursuivait des études dans le même ordre d'idées, R. Adamson entreprit aussitôt des recherches pour se procurer le livre en question. Mais ce recherches furent vaines, et ce ne fut que quelques années plus tard, en août 1878, qu'il finit par pouvoir en acquérir un exemplaire, qu'il avait découvert par hasard dans le catalogue d'un libraire allemand, et en faire une analyse qu'il communiqua à W. St. Jevons. Celui-ci s'aperçut aussitôt, non, semble-t-il, sans un certain dépit bien compréhensible, que H. Gossen avait déjà clairement élucidé les principaux points de la théorie de l'échange dont il avait lui-même quatre ans plus tôt — ainsi que nous le verrons — revendiqué la priorité sur L. Walras. Il s'empressa alors de signaler cette « antériorité » à ce dernier le 15 septembre 1878, et l'année suivante, il n'hésita pas à présenter H.-H. Gossen au monde économique en lui faisant une large place dans la préface de la seconde édition de sa *Theory of political economy*. Ce n'est cependant pas à W St. Je-

(1) Vienne, 1858.

vons que H. Gossen doit la plus grande part de sa renommée actuelle, mais à L. Walras, qui, dès qu'il avait eu connaissance de l'*Entwickelung*, s'en était procuré un exemplaire, non sans peine d'ailleurs, et s'était entouré de renseignements sur son auteur, de telle sorte qu'en 1881 il était à même d'écrire sur l'œuvre et la vie de H.-H. Gossen, et pour la plus grande gloire de cet « Economiste inconnu », une étude très documentée, qu'il fit paraître, après la mort de W. St. Jevons, dans le *Journal des Economistes* (1), en vue d'établir nettement les positions respectives des fondateurs de l'économie pure.

.·.

L'ouvrage de H.-H. Gossen constitue, à notre sens, le livre le plus rébarbatif qui puisse tomber sous les yeux d'un lecteur avide d'économie mathématique. Il forme en effet un volume compact de 277 pages, sans division en sections ni chapitres, dont les diverses parties, séparées par de simples tirets, sans titres, offrent, en un style bien allemand, diffus et « emberlificoté », un mélange d'exposés théoriques et de considérations morales à tendances pratiques dont on ne saurait affronter la lecture si l'on n'a pas le cœur blindé de l'*aes triplex* dont parle Horace.

On peut néanmoins diviser le livre en deux parties : l'une, d'économie pure, comprenant les lois de la jouis-

(1) Numéro d'avril 1885. (Cette étude figure également dans la IIIe section des *Etudes d'économie sociale*, de L. WALRAS.) — Antérieurement G.-D. Hooper avait également fait paraître un article sur H.-H. Gossen dans le *Journal of the London statistical society*, numéro de septembre 1879, pp. 727-733.

sance et du travail accompagnées de tableaux arithmétiques, les lois de l'échange et la théorie des rentes ; l'autre, d'économie appliquée, comprenant les règles de conduite relatives aux besoins et aux plaisirs et la réfutation de certaines idées relatives à l'éducation, au crédit et à la propriété.

Au début de son ouvrage, Gossen, qui n'était pas précisément modeste, — le titre prétentieux qu'il a donné à son livre l'indique suffisamment — commence par revendiquer, non sans quelques formes, il est vrai, une place à côté de Copernic, sous le prétexte que ses découvertes sont de nature à faire connaître aux hommes la voie où ils rencontreront le maximum de bonheur de même que les découvertes du célèbre astronome permirent de déterminer les chemins suivis par les corps célestes. Puis, après avoir posé en principe que la méthode mathématique est la seule rationnelle en économie politique, tout en promettant, par égard pour le lecteur, de ne recourir à l'emploi de l'analyse que dans les questions de minima et de maxima, il entre dans le vif de son sujet : l'étude du plaisir et de la peine en vue de la détermination des conditions permettant à chacun de réaliser la plus grande somme de satisfaction possible tout en étant susceptibles, d'après lui, d'assurer, par surcroît, le bonheur de la collectivité.

Gossen part de la loi naturelle de décroissance en fonction du temps du plaisir procuré pour une consommation donnée, et il infère de cette loi, dont il illustre l'exposé au moyen de graphiques, qu'un individu, qui n'a pas le temps d'épuiser plusieurs sources de jouissance, doit user de chacune d'elles dans une proportion telle que les grandeurs des diverses satisfactions réalisées au moment de l'arrêt soient égales entre elles. Il pose ensuite en principe que l'utilité — il dit la valeur d'usage (*Werth*) — d'un objet est mesurée par la

quantité de plaisir que cet objet est susceptible de procurer, ce qui le conduit à classer les objets en trois catégories : 1° les produits de consommation ; 2° les produits complémentaires ; 3° les moyens de production.
Puis, l'utilité ainsi déterminée, sans plus s'inquiéter de
l'interdépendance des biens économiques dont il avait
pourtant conscience, — cela résulte de la classification
précédente — il est directement amené à reconnaître à
cette utilité une loi de décroissance parallèle à celle des
variations du plaisir, d'où il déduit, pour achever la
théorie de la jouissance, cette règle pratique, qui est
restée à la base de l'économie mathématique : « Lorsque
ses ressources sont insuffisantes pour lui permettre de
se procurer de tous les biens possibles à satiété,
l'homme doit se procurer de chacun d'eux dans une
proportion telle que la valeur d'usage du dernier atome
soit la même pour tous les biens » (*Wenn seine Kräfte
nicht ausreichen alle möglichen Genussmittel sich vollauf
zu verschaffen, muss der Mensch sich ein jedes so weit
verschaffen, dass die letzten Atome bei einem jeden noch
für ihn gleichen Werth behalten.*)

La théorie du travail fait suite, ainsi que nous l'avons
dit, à celle de la jouissance. Gossen la fait reposer
tout entière sur ce principe, que l'utilité d'un produit
quelconque ne doit être appréciée que déduction faite
de la peine correspondant au travail de production,
peine qui est d'ailleurs une fonction croissante de la
durée de ce travail. Aussi la conclusion en est-elle que
l'homme doit répartir ses efforts de telle manière que
son travail ne se prolonge jamais au delà du point
où l'utilité du produit est égale à la peine de production.

Quant à la théorie de l'échange, confondue avec celle
de la production, qui termine la partie scientifique de
l'*Entwickelung*, elle est en quelque sorte la conséquence

de celle de la jouissance. Le troc a, en effet, pour raison d'être un accroissement d'utilité au profit des échangistes; et c'est précisément ce que fait ressortir Gossen, qui en infère qu'il n'y a lieu de continuer à pratiquer l'échange que jusqu'au moment où l'utilité des portions à donner ou à recevoir deviennent égales, cependant qu'il assigne à la réalisation du maximum d'utilité les conditions suivantes dont Walras a pu critiquer, à juste titre, le défaut d'adaptation à un régime individualiste (1) : « Pour qu'un maximum de valeur d'usage soit réalisé par l'échange, il faut qu'après lui chaque produit soit réparti entre tous les hommes, de telle sorte que le dernier atome échu à chacun d'eux soit de nature à lui procurer la même jouissance que le dernier atome du même produit à chacun des autres » (2).

Nous ne nous arrêterons pas à la théorie de la rente, d'ailleurs traitée d'une manière très générale, qui figure à la fin de la première partie du livre de Gossen, non plus qu'aux spéculations sociales qui en constituent la seconde partie, parce que l'examen des questions d'économie appliquée sort du cadre de notre travail. Du reste, cette seconde partie n'est que la conséquence de la première ; son unique objet est l'exposition des conditions pratiques — la nationalisation du sol, par exemple, dont Gossen, à la différence des autres « nationalisateurs », n'entend pas fonder le principe sur l'illégitimité de la propriété foncière (3) — considérées

----

(1) *Eléments...* [p. 106], 16ᵉ leç., § 164.
(2) *Entwickelung*, p. 85.
(3) Sur la manière dont Gossen a envisagé cette question, qui tient une place importante dans son œuvre, voir l'*Histoire des doctrines...* [p. 21] de Ch. Gide et Ch. Rist, LV, ch. ii, § 3 notamment pp. 654, 655, 657 et notes.

par l'auteur comme susceptibles de mettre chacun à même de réaliser le maximum de satisfaction possible indiqué par la théorie.

Ainsi toute l'œuvre de Gossen n'est qu'un vaste commentaire du principe fondamental de l'économie pure. Aussi, semble-t-il que, dans leur désir de lui rendre largement justice, Jevons et surtout Walras (1), heureux sans doute de retrouver dans son livre les théories qui leur étaient chères, aient été un peu prodigues d'éloges à son égard, et qu'au contraire M. Edgeworth se soit beaucoup rapproché de la vérité lorsque — sans cependant aller aussi loin que M. Pantaleoni qui, en la faisant remonter à D. Bernouilli, Laplace et Quetelet, ne laisse même pas à Gossen l'honneur de la découverte du principe de l'utilité finale — il formula son opinion en ces termes : « Gossen paraît avoir été un simple spécialiste aux idées de peu de valeur à l'exception d'une seule, qui l'a rendu immortel » (2).

§ 2. — William Stanley Jevons.

L'œuvre de W. St. Jevons est trop connue dans son ensemble pour qu'il y ait lieu de nous attarder à des généralités sur cet auteur, qui fut le premier économiste de son époque en Angleterre. Aussi entrerons-nous immédiatement dans le vif de notre sujet en abordant *de plano* l'examen de ses conceptions sur l'économie mathématique, telles qu'elles sont exposées dans sa *Theory of political economy* (3).

(1) *Loc. cit.*
(2) Revue anglaise *Nature*, numéro du 5 septembre 1889, p. 435.
(3) Ce livre, publié pour la première fois à Londres en 1871, a eu, en 1879, 1888 et 1911 trois autres éditions (dont les deux dernières ne sont, du reste, que des réimpressions de la seconde) et il a

Comme Bastiat et bon nombre d'économistes anglais, Jevons est parti de ce principe que la théorie de la valeur est l'essence même de la science pure, mais, sans s'arrêter à l'affirmation de Mill que tout était dit sur cette théorie, il a entrepris de l'édifier sur une base qu'il considérait comme nouvelle. Au lieu de rechercher l'origine, voire la cause, de la valeur dans le travail de production, comme la plupart de ses prédécesseurs — notamment Mill et Ricardo, auxquels il a fait, à tort ou à raison (1), le reproche de ne s'être pas rendu compte que le coût de production n'est pas l'élément fondamental de la détermination des prix, — il s'est attaché, sous l'influence de Bentham, Senior, Jennings, etc., à montrer que cette valeur ne dépend que de l'utilité des produits. Par suite, sa *Theory of political economy* n'est pas, à proprement parler, autre chose qu'un exposé, sous une forme plus ou moins mathématique, des principes de la science économique à partir de la seule notion d'utilité. D'après ce que nous avons vu précédemment, ce n'était évidemment pas là un point de départ aussi nouveau que Jevons se l'était tout d'abord imaginé, puisque, ainsi qu'il a été le premier à le reconnaître ultérieurement (2), Gossen l'avait tout à fait devancé quant aux principes et à la méthode de l'Economique, mais l'économiste anglais n'en a pas moins eu le mérite de l'originalité. En effet, lorsque, en 1862, il présenta une première esquisse de sa théorie au congrès de Cambridge de la British Association (3), non

été traduit en français, sous le titre *Théorie de l'économie politique*, par MM. H.-E. Barrault et Maurice Alfassa, au travail de qui nous nous référerons.

(1) Voir sur ce point A. Marshall, *Principes...* [p. 100], LV, ch. xiv, §§ 6 et 7.

(2) *Théorie*, préface de la 2e édition, p. 32.

(3) Le compte rendu de cette communication a été publié par le

seulement il ne connaissait pas l'œuvre de Gossen, mais encore il ne pouvait lui être fait grief de son igno- rance, car l'exemplaire de l'ouvrage de Gossen, dont nous avons eu l'occasion de signaler l'existence à la bibliothèque du British Museum, n'a été acquis par cet établissement qu'en 1865. D'ailleurs, lors même qu'il eût sciemment repris les idées de Gossen, ce qui n'est pas le cas, Jevons n'en mériterait pas moins une grande partie de l'honneur de la découverte qu'on a coutume de lui attribuer, car il a apporté dans son exposé des qualités qui faisaient totalement défaut à Gossen : la clarté et la précision qu'il avait sans doute conservées de ses débuts comme chimiste à la monnaie de Sydney et qui caractérisent toutes ses œuvres. Et c'est précisé- ment là ce qui explique, qu'au lieu de rester inconnu comme l'économiste allemand, il ait au contraire fait école, d'où il résulte clairement que son génie était plus réellement créateur que celui de son prédécesseur.

Dans ces conditions, il ne nous semble donc pas su- perflu d'indiquer les grandes lignes de la *Theory of poli- tical economy*.

Dans l'introduction de cet ouvrage, Jevons pose en principe que « l'Economique, si elle doit être une science, doit être une science mathématique », tout en s'attachant à faire ressortir la compatibilité de l'emploi des mathématiques avec l'économie politique. — Nous avons précédemment (I, I, 1) examiné cette question et indiqué les vues de Jevons à son endroit, nous n'avons donc pas à y revenir. — Puis il présente une théorie quantitative du plaisir et de la peine qu'il considère comme du plaisir négatif, en se préoccupant des divers

Journal of the statistical society of London en juin 1866 (vol. XXIX) et sa traduction, par MM. Barrault et Alfassa, figure à la suite de celle de la *Theory of political economy*.

élémentsdont ils peuvent dépendre, tels que : intensité, durée, etc. ; mais ce sont là des considérations qui se rattachent au domaine de la psychologie plutôt qu'à celui de l'économie politique. Enfin, il entre dans son sujet proprement dit par l'étude de l'utilité, montrant ainsi nettement qu'il entendait faire de cette théorie la pierre angulaire de toute son œuvre. Et c'est ainsi, qu'après de nouvelles considérations philosophiques sur les « lois des besoins humains », il arrive à sa « tâche principale « qui est » de montrer la nature exacte et les conditions de l'utilité » (1).

La théorie de l'utilité de Jevons repose entièrement, comme celle de Gossen, sur le principe de la décroissance de l'utilité d'un produit en fonction de sa quantité, décroissance corrélative à celle du plaisir en fonction de la durée d'une jouissance; mais elle se distingue largement de celle de l'économiste prussien par la netteté qu'il a apportée dans son exposition. Or, de cette netteté il nous serait difficile de donner une idée même approximative sans faire appel sinon aux symboles du moins au langage mathématique. Aussi croyons-nous préférable de renvoyer intégralement l'exposé de la théorie de l'utilité de Jevons au début de la quatrième partie de ce travail, où cet exposé trouvera naturellement sa place étant donné que cette théorie constitue précisément la meilleure expression des principes dont la découverte a donné naissance à l'économie pure et qui sont restés à la base de cette science.

Quoi qu'il en soit, de sa théorie de l'utilité Jevons déduit directement celles de l'échange et du travail, *i. e.* de la production, qui constituent la partie la plus importante de son livre et forment à elles seules son système économique.

(1) *Théorie*, ch. III, p. 103.

Dans sa théorie de l'échange il commence par faire ressortir que la valeur (d'échange) d'un produit est essentiellement relative, « qu'elle n'exprime rien d'autre qu'un rapport », d'où il est conduit à poser en principe que « la clé de voûte de toute la théorie de l'échange et des principaux problèmes de l'Economique se trouve dans la proposition suivante : *Le rapport d'Echange de deux produits quelconques sera inversement proportionnel aux degrés finals d'utilité des quantités de produits disponibles pour la consommation, après que l'échange est achevé* » (1) ; ce qui revient à dire que l'échange s'établira de telle sorte que l'une des parties n'ait plus le désir d'acheter ni l'autre de vendre davantage. Et, en effet, il suffit de traduire en symboles cette proposition pour obtenir un système de deux équations permettant de déterminer les deux inconnues du problème de l'échange, dans le cas particulier où le marché est limité à deux trafiquants et deux produits (Cf. **III**, I, **1**). Jevons ne borne d'ailleurs pas à ce cas particulier son étude de l'échange. Après avoir ainsi établi la condition de satisfaction maximun et en avoir déduit la formule du partage individualiste, — tandis que Gossen, laissant de côté la condition d'égalité de l'offre et de la demande, avait plutôt envisagé le partage communiste, — il s'est efforcé d'étendre son principe à un marché plus complexe. Abordant le cas où trois échangistes possédant chacun un produit se trouvent en présence sur un marché, il s'est attaché à faire ressortir que quel que soit le nombre des trafiquants, il suffit de décomposer l'ensemble des opérations en échanges simples pour obtenir autant d'équations que le problème renferme d'inconnues, chaque échange donnant naissance à deux équations suffi-

(1) *Théorie*, ch. iv, p. 163.

santes pour déterminer les deux inconnues qu'il implique. Mais ce faisant, il ne semble pas s'être rendu compte qu'à côté de la condition de satisfaction maximum il en est une autre à laquelle il faut se préoccuper de satisfaire dès l'instant où le nombre des échangistes devient supérieur à deux, parce qu'alors elle ne se trouve plus satisfaite *ipso facto*, c'est la condition de l'unité de rapport d'échange sur le marché, ou, ce qui revient au même, de l'unité de prix. Or, il est clair, ainsi que l'a montré Walras (1), qu'en l'absence de cette unité de prix, un ensemble de transactions conclues entre trafiquants pris deux à deux ne saurait aboutir à un équilibre général du marché, car certains *arbitrages*, c'est-à-dire certains échanges entre individus appartenant à des groupes différents, resteraient désirables (2). Le procédé de généralisation de ses « équations d'échange », préconisé par Jevons, doit donc, pour le moins, être considéré comme incomplet.

Quant à la théorie du travail qui complète le système économique de Jevons, dont la théorie de l'échange forme l'armature, elle est en quelque sorte le pendant ou, plutôt, la contre-partie de celle de l'utilité, dont elle dérive directement. Elle repose, en effet, comme celle de Gossen, sur le fait de la croissance (après une certaine période de décroissance) du *degré de pénibilité* du travail en fonction de sa durée, et, par suite, de la quan-

(1) *Eléments...* [p. 106], 11e leç., §§ 111 et s.
(2) Nous avons parlé dans ce qui précède d'unité de prix parce que c'est là, croyons-nous, la forme sous laquelle la condition d'équilibre entre les divers groupes de trafiquants se présente sous la forme la plus simple ; mais il n'est nullement indispensable, comme pourrait le faire supposer une critique adressée par Walras à Jevons (*Eléments...* [p. 106], 16e leç., § 168), de faire intervenir la notion de prix, qui peut être entièrement exclue de l'économie pure, ainsi que l'a montré M. V. PARETO (*Manuel...* [p. 143], ch. III).

tité produite. Jevons a attaché une importance fondamentale à cette théorie parce qu'elle lui a permis — en
partant de ce fait que l'individu suspend évidemment
son travail au point où le degré d'utilité du dernier élément produit devient égal au uegré de *désutilité (disutility)* de l'effort de production — de montrer que les
articles qui s'échangent, d'après ce que nous avons vu,
en quantités inversement proportionnelles à leur utilité
finale, s'échangent par là même en quantités inversement proportionnelles à leur coût de production. Or,
tout en combattant les idées de ceux qui voyaient dans
le coût de production la cause de la valeur, il éprouvait
le besoin de trouver la confirmation de ses théories dans
la concordance des conclusions auxquelles elles condui-
saient avec le principe de proportionnalité de la valeur
au coût de production, qui avait généralement cours en
Angleterre à son époque (1). Mais pour ingénieuse que
soit cette théorie, elle n'en perd pas moins la plus grande
partie de son intérêt dès que l'on abandonne le point de
vue particulier auquel s'est placé son auteur, parce
qu'elle ne présente qu'une face, la moins importante,
de l'équilibre de la production. Dans l'état actuel de la
division du travail en effet, l'homme se préoccupe bien
moins du rendement de ses efforts que de la valeur
d'échange de sa peine, de telle sorte que « le rapport

(1) Il y a dans la *Théorie* une manifestation absolument typique
de cet état d'esprit : c'est la formule lapidaire suivante, critiquée, à
juste titre, par MM. A. MARSHALL (*loc. cit.*) et IRVING FISHER (*Mathematical Investigations...* [p. 136], part. I, ch. v, § 1), dans laquelle
Jevons n'a pas craint d'établir un enchaînement entre une série de
faits qui se suivent chronologiquement il est vrai, mais ne présentent
pas de rapports de causalité :
 « Cost of production determines supply,
 « Supply determines final degree of utility
 « Final degree of utility determines value ».
      (*Theory*, ch. IV, *in fine*.)

Moret   7

[valeur] d'échange régit la production autant que la production régit le rapport d'échange » (1), ainsi que Jevons lui-même a été le premier à le reconnaître, encore que, par esprit de réaction contre la théorie du coût de production, il ait été porté à l'exagération en sens contraire, comme en témoigne cette affirmation placée en tête de son ouvrage : *la valeur dépend entièrement de l'utilité* » (2).

L'ouvrage de Jevons est complété par une théorie de la rente reposant sur « cette vérité, que *les articles s'échangeront en quantités inversement proportionnelles aux coûts de production des portions les plus coûteuses, savoir, les dernières portions échangées* » (3), qui n'offre pas de caractères particuliers ; puis, par une théorie du capital, qu'il s'est efforcé d'exposer « d'une manière plus simple et plus logique que ne l'ont fait quelques-uns des plus récents Économistes » (4), tout en restant d'accord avec Ricardo ; et enfin, par un certain nombre de considérations sur la population, les salaires, etc., qui n'avaient pu trouver place dans le corps du livre. Nous ne nous arrêterons pas à ces diverses questions dans l'étude desquelles le rôle des mathématiques, déjà peu important dans le reste de l'ouvrage, devient à peu près nul.

La *Theory of political economy* n'est pas en effet un traité d'économie mathématique, « une vue systématique de l'Économique », mais « une esquisse » (5) des principes de cette science que, dans un but de propagande, l'auteur, se réservant d'entrer plus tard dans de

(1) *Théorie*, ch. v, p. 269.
(2) *Ibid.*, ch. i, p. 54.
(3) *Ibid.*, ch. v, p. 269.
(4) *Ibid.*, ch. vii, p. 309.
(5) *Ibid.*, préface de la 2e éd., p. 41.

plus amples développements (1), s'est attaché à exposer le plus simplement possible. Car, il est important de le noter, pour juger en toute justice de son œuvre, l'économiste anglais était avant tout « désireux de convaincre d'autres économistes que leur science ne peut être étudiée de manière satisfaisante qu'en partant d'une base mathématique explicite » (2), et c'est uniquement cette base qu'il s'est proposé d'établir. Or, il a si bien réussi, grâce à sa « lucidité brillante et à son style séduisant » (A. MARSHALL), qu'il est considéré, ainsi que nous le disions au début, comme l'instaurateur de la théorie de l'utilité finale, sur laquelle reposa exclusivement jusqu'à ces derniers temps toute l'économie mathématique. Aussi, sans songer à lui faire grief des lacunes ou des inexactitudes qui ont pu se glisser dans certaines parties de son œuvre qu'il considérait comme accessoires, et dont, à l'occasion, il a reconnu lui-même l'imperfection, Jevons doit-il être considéré comme le fondateur *effectif* de l'économie pure, encore qu'il ait eu tendance à confondre le domaine de l'Economique avec celui de l'Hédonique (3), et qu'il se soit parfois montré enclin aux élubrations philosophiques et aux digressions pratiques.

§ 3. — Alfred Marshall.

Il est un autre économiste mathématicien anglais que sa grande situation dans le monde économiste contemporain ne nous permet pas de passer sous silence :

(1) L'accident qui mit, comme l'on sait, fin à ses jours prématurément l'empêcha de réaliser ce projet.

(2) *Théorie*, préf. de la 2e éd., p. 9.

(3) Cpr. l'article de M. JEAN LESCURE, *Revue d'Economie politique*, numéro de juin 1910.

c'est le professeur Alfred Marshall de l'Université de Cambridge. On ne saurait guère à la vérité classer M. Marshall parmi les fondateurs de l'économie pure, dont l'étude fait l'objet de ce chapitre, mais comme il est le chef incontesté de l'école anglaise, à laquelle Jevons a imprimé une impulsion nouvelle, nous croyons tout indiqué de lui donner ici une place qu'il nous serait difficile de lui attribuer ailleurs, car, toutes proportions gardées, il y aurait plutôt lieu de le rapprocher de Whewell que des auteurs que nous rencontrerons par la suite, étant donné qu'il n'a fait appel aux mathématiques qu'à titre tout à fait subsidiaire. Il s'est en effet interdit de leur faire jouer le seul rôle qui justifie pleinement leur emploi en économie politique : celui d'auxiliaire puissant permettant d'élucider, après les avoir convenablement débarrassées des circonstances accessoires, les questions trop complexes pour être abordées utilement avec la logique ordinaire ; et cela parce qu'il a entendu envisager immédiatement le phénomène économique dans tous ses détails, au lieu de commencer par en abstraire les éléments essentiels pour les analyser séparément, ainsi que l'on procède en mécanique, par exemple ; de telle sorte qu'il s'est trouvé en présence d'un mécanisme tellement compliqué qu'il n'a pu songer à l'étudier avec le concours des procédés de l'analyse mathématique.

C'est ainsi que ses *Principles of economics* (1) se présentent sous la forme d'un exposé littéraire des doctrines

(1) Londres (5 éd. : 1890, 1891, 1895, 1898, 1907). Trad. franç. par MM. F. Sauvaire-Jourdan et F. Savinien Bouissy, sous le titre *Principes d'économie politique*, Paris (1907-1909).

classiques dans lequel les graphiques qui figurent en bas des pages servent simplement à illustrer les idées exprimées dans un texte qui se suffit à lui-même, tandis que les « notes mathématiques » que l'on trouve à la fin de l'ouvrage n'ont pas, en général, d'autre objet que de présenter ces mêmes idées sous une forme plus synthétique ou plus compréhensive. Ces notes sont d'ailleurs de moins en moins étendues au fur et à mesure qu'augmente la complexité des matières discutées, conformément à la conception que M. Marshall s'est faite de l'emploi des mathématiques et qu'il a lui-même précisée en ces termes : « Les applications les plus heureuses des mathématiques à l'économie politique sont celles qui sont courtes et simples, qui emploient peu de symboles et qui visent à projeter un rayon lumineux sur quelque point de détail du vaste monde économique plutôt qu'à le représenter dans son infinie complexité » (1). Dès lors, si important que soit cet ouvrage, devenu classique depuis longtemps, il est clair qu'il n'a guère contribué à la constitution du domaine de la science pure, dont l'objet est précisément de représenter sinon l'infinie complexité du monde économique, du moins l'interdépendance des phénomènes qui en fournit les rouages essentiels ; aussi n'en parlerons-nous que brièvement.

C'est dans la théorie de la demande et de l'offre que M. Marshall a fait le plus large appel à l'emploi des graphiques. Pour traiter cette question, il a pris une position intermédiaire entre les anciens économistes anglais et Jevons : attribuant la détermination du prix aux actions simultanées du coût de production sur l'offre et de l'utilité finale sur la demande, il a admis que la valeur

____

(1) A. MARSHALL, *Distribution and exchange* dans l'*Economic Journal*, numéro de mars 1898, cité dans l'*Histoire des doctrines...* [p. 21] de CH. GIDE et CH. RIST, l. V, ch. I, *in fine*.

« se maintient en équilibre entre les deux forces opposées comme la clé de voûte d'une arche » (1). Cette
conception indique évidemment une tendance à se préoccuper de la mutuelle dépendance économique que le professeur de Cambridge a d'ailleurs concouru, dans une
certaine mesure, à mettre en évidence en insistant sur
l'existence de produits complémentaires et de produits
concurrents (Voir III, IV, 1) notamment dans son analyse
de la demande et de l'offre conjointes et composites (2).
Mais, au demeurant, il ne nous semble pas que l'usage
des graphiques auxquels a eu recours M. Marshall ait
apporté une bien grande contribution à l'élaboration
sur des bases scientifiques de la théorie envisagée. Dès
l'instant en effet où l'on ne fait état dans l'étude de la
demande et de l'offre que des variations des quantités
demandées ou offertes en fonction des prix, sans se
préoccuper des autres facteurs de l'équilibre économique — par exemple, des variations de l'utilité finale
de la monnaie, que l'auteur des *Principles* s'est cru autorisé à considérer comme négligeables (3) — il est, *a
priori*, à peu près évident qu'on ne peut guère aboutir
à des résultats sensiblement différents dans l'ensemble
de ceux que les économistes littéraires désignent sous
le nom de *lois de l'offre et de la demande*. Et, en fait, ce
n'est guère que dans l'explication de phénomènes particuliers, dont l'importance est d'ailleurs loin d'être négligeable, tels que la rente des consommateurs (4) ou la

____

(1) Citation de M. Ch. Gide dans son *Cours d'économie politique*,
2ᵉ éd. (Paris, 1911), Not. Gén., ch. iii, sect. iv, § 2 ,note *in fine*.
(2) *Principes*, l. V, ch. vi.
(3) *Ibid.*, l. III, ch. vi, sect. iv, § 2.
(4) La rente ou bénéfice des consommateurs (consumers' surplus)
est, comme l'on sait, le bénéfice subjectif représenté par la différence
entre la dépense correspondant à l'acquisition d'une certaine quantité
de marchandise au cours du marché et celle que les consommateurs
seraient disposés à faire plutôt que de se priver de cette quantité de

possibilité de la coexistence de plusieurs positions d'équilibre économique, les unes stables et les autres instables (1), que l'introduction de graphiques a permis au professeur de Cambrige de jeter la lumière sur des questions encore obscures.

Quant aux notes mathématiques, dont nous avons précédemment indiqué l'esprit, elles portent en général sur des points de détails trop isolés pour que nous puissions donner des renseignements globaux à leur égard. Seules quelques-unes d'entre elles ont pour objet des analyses d'ensemble, et voici, croyons-nous, celles qui sont les plus importantes. C'est tout d'abord un exposé schématique de la question de la variabilité des facteurs de production (2), c'est-à-dire de la variabilité des quantités

marchandise. Or, l'emploi de courbes de demande et d'offre, en fonction des prix, permet de rendre en quelque sorte tangible ce bénéfice, car il est clair que si DD' et OO' (*fig.* 1) représentent respectivement une courbe de demande et une courbe d'offre, dont le point d'inter-

section A détermine par son abscisse le prix courant, la rente des consommateurs (abstraction faite des variations de l'utilité finale de la monnaie), est représentée par l'aire du triangle AFD, de même que, sous certaines conditions (Cf. *Principes*, l. V, ch. XI, *in fine*), la rente des producteurs est représentée par l'aire du triangle AFO.

(1) Nous dirons quelques mots de ce phénomène à propos des théories de L. Walras, qui l'a envisagé à peu près au même point de vue que A. Marshall. (Cf. **III, I, 2.**)

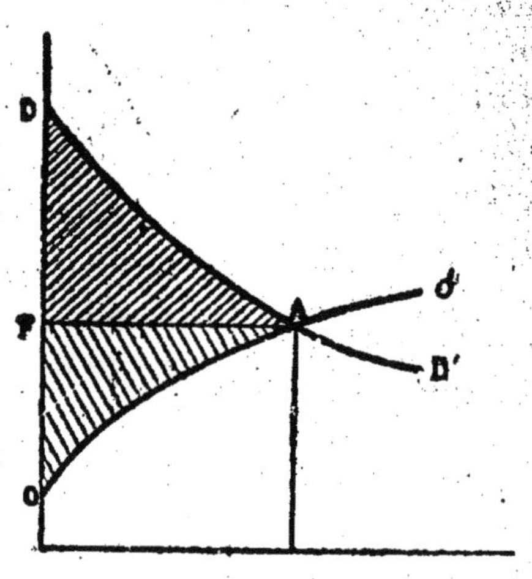

Fig. 1.

(2) Il était réservé à M. V. Pareto de faire, pour la première fois l'analyse approfondie de cette question (Cf. **III, V, 5**).

des différents éléments (matières premières ou services producteurs) susceptibles d'assurer l'obtention d'un produit déterminé, ainsi que la question subséquente du choix de l'affectation d'un élément quelconque à la fabrication de tel ou tel produit, question d'ailleurs traitée par M. F.-Y. Edgeworth, dès 1889 (Cf. *infra*, ch. III, § 2). C'est ensuite un examen général « à vol d'oiseau » du problème de la production et de l'échange en vue d'établir que ce problème est toujours parfaitement déterminé. C'est enfin l'étude de certains points de la théorie des monopoles, qui, en s'y prêtant tout particulièrement, a souvent inspiré des applications des mathématiques à l'économie politique. Mais même dans ces analyses d'ensemble, l'auteur des *Principles* s'est toujours borné à donner de simples indications, sans entrer dans une analyse approfondie.

*
* *

Ce n'est pas uniquement dans ses *Principles* que M. Marshall a fait appel à l'emploi des graphiques ou des équations, mais comme cet ouvrage constitue la partie essentielle de son œuvre, nous croyons que les quelques considérations qui précèdent sont suffisantes pour préciser ses conceptions économico-mathématiques. Il ne faut d'ailleurs pas voir dans ces considérations une manifestation d'un esprit de dénigrement qui, à l'égard d'un auteur qui jouit d'une autorité indiscutée, serait aussi malséante que maladroite de notre part. Si nous avons cru devoir souligner que, tout compte fait, le professeur de Cambridge ne s'est guère écarté des routes classiques, c'est uniquement parce que certains détracteurs systématiques de l'emploi des mathématiques en économie politique prétendent donner son œuvre comme un exemple, absolument typique, de la faiblesse des ressources qu'un économiste avisé, fut-il doublé d'un mathématicien averti, peut trouver dans cette voie. Or, si M. Marshall n'a rencontré qu'un médiocre concours dans l'emploi des mathématiques, c'est qu'il ne lui en a pas demandé un plus efficace parce qu'il n'a pas estimé qu'à côté de l'économie appliquée il y avait place pour l'économie pure. On ne saurait donc voir dans ses explications que la manifestation d'une simple opinion relative à la consistance de la science économique, sans pouvoir y trouver, ainsi que l'on a vainement tenté de le faire, une preuve irrécusable de la faillite de l'emploi des mathématiques dans son édification, sans compter qu'il serait quelque peu étrange de rechercher cette preuve chez un auteur qui se réclame lui-même des idées de Cournot et de von Thünen.

§ 4. — Léon Walras.

Tandis que Gossen et Jevons peuvent être considérés comme les fondateurs de l'économie pure, parce que, les premiers, ils ont établi le principe de l'utilité finale qui a fourni, non pas sans doute la charpente de cette science puisque, comme nous le verrons, M. Pareto est parvenu à l'en affranchir, mais du moins l'échafaudage qui a permis de l'édifier, Walras en est le véritable créateur, car c'est lui qui l'a construite et si solidement que, jusqu'à ces derniers temps, ses successeurs se sont bornés à en modifier l'aménagement intérieur sans avoir à retoucher le gros œuvre. L'œuvre économique de Walras n'est d'ailleurs pas limitée à l'économie pure, elle embrasse l'étude de toute la partie économique de la science sociale ; mais comme il a pris soin de diviser lui-même cette étude en trois parties, ayant respectivement pour objet l'économie politique pure, l'économie sociale et l'économie politique appliquée, il nous sera facile de ne pas sortir de notre sujet en ne nous arrêtant qu'aux travaux qui composent la première partie, la plus importante du reste, et qui ont pris un corps définitif dans la quatrième édition de ses *Eléments d'économie politique pure ou théorie de la richesse sociale* (1).

A ne lire — ainsi que l'ont certainement fait quelques critiques — que la préface de cet ouvrage, dans laquelle l'économie pure est définie « la théorie de la détermination des prix sous un régime hypothétique de libre concurrence absolue », il semblerait que le professeur de Lausanne ait assigné à cette science des limites bien étroites. Mais ce n'est là qu'une apparence, car la mutuelle dépendance des facteurs économiques ne permettant pas de procéder correctement à cette détermination des prix sans tenir compte des autres éléments de l'équilibre, la mise en équation du seul problème qu'il s'est proposé a tout naturellement conduit Walras à écrire, dans le cas de la libre concurrence, les conditions générales de l'équilibre économique, conditions dont la découverte restera sa gloire (2). A vrai dire, la question de la détermination des prix est un véritable fil d'Ariane, que l'auteur des *Eléments* a offert à leurs lecteurs, car, en donnant un prétexte concret à la recherche des conditions de l'équilibre économique, elle permet d'aborder l'étude du cas général par l'examen d'un certain nombre de cas particuliers très simples, à

(1) Lausanne et Paris, 1900 (Les premières éditions portent les dates suivantes : 1874-1877, 1889, 1896).

(2) L'inscription, accompagnant un médaillon qui, à l'Université de Lausanne, — non loin de celui de Sainte-Beuve, son parent — rappelle aux étudiants les traits du maître, est rédigée en ces termes : « A Léon Walras, né à Evreux en 1834, professeur à l'Académie et à l'Université de Lausanne, qui, le premier, a établi les conditions générales de l'équilibre économique, fondant ainsi l' « École de Lausanne ». Pour honorer cinquante ans de travail désintéresser ».

travers lesquels le lecteur se trouve insensiblement conduit à envisager des abstractions qui, considérées *de plano*, auraient pu lui paraître aussi inextricables que dénuées de signification.

Voici, en effet, l'économie des *Eléments d'économie politique pure* de Walras.

Dans une première section, l'auteur commence par exposer sa conception de l'objet et des divisions de l'économie politique et sociale ; mais ce ne sont là que des considérations plus ou moins philosophiques sur lesquelles nous nous arrêterons d'autant moins que, dans sa constante préoccupation de préparer dans son économie pure la justification du système social qu'il entendait préconiser, le professeur de Lausanne a posé dans cette partie de son œuvre certains principes qui prêteraient à des confusions, si la belle ordonnance de ses idées positives ne venait remédier à ce qui pourrait sembler un peu confus dans l'exposé de ses conceptions métaphysiques.

C'est dans la seconde section que Walras entre dans son sujet proprement dit par l'exposition de sa théorie de l'échange de deux marchandises entre elles. Il a divisé la solution de cette question en deux parties. Evaluant le prix de chaque marchandise en prenant l'autre comme numéraire, il a commencé par montrer comment, étant donné deux marchandises, on peut déduire le prix « de l'une en l'autre » de la connaissance de leurs courbes de demande, puis il a établi que ces courbes de demande résultent elles-mêmes de l'utilité de ces deux marchandises pour chacun des échangistes ainsi que de la quantité de chacune d'elles possédée par chacun des porteurs ; et il en a finalement conclu que « *les prix d'équilibre sont égaux aux rapports des raretés* [*id est* *des degrés finaux d'utilité*] » (1). Cette conclusion est

______

(1) *Eléments*, 10ᵉ leç., § 100.

foncièrement identique à celle à laquelle Jevons est arrivé par une voie différente. Cependant Walras ne s'est nullement inspiré des idées du professeur du Collège Owens, dont il ignora totalement les travaux économiques jusqu'au moment où, sa théorie publiée, M. d'Aulnis de Bourouill, alors étudiant à l'Université de Leyde, puis Jevons lui-même (1), vinrent lui révéler la coïncidence des résultats auxquels il était parvenu avec ceux qu'avait obtenus son devancier. Le point de départ du Professeur de Lausanne fut uniquement son désir d'appliquer le calcul des fonctions indiqué par Cournot à une théorie de la valeur d'échange exposée par son père A.-A. Walras, dans un ouvrage intitulé : *De la nature de la richesse et de l'origine de la valeur* (2). Du reste, loin d'éprouver du dépit du fait de la découverte de la concordance de sa conclusion avec celle de Jevons, Walras vit au contraire avec satisfaction dans cette concordance une confirmation de ses principes. C'est ainsi qu'il fut le premier à proclamer (3) la prio-

(1) Dans une lettre dont nous reproduirons plus loin la partie se-sentielle.

(2) Paris, 1831. — Walras étant dans un très grand nombre d'ouvrages qualifié d' « économiste *suisse* » du fait qu'il a consacré une grande partie de sa vie à l'Université de Lausanne, nous ne croyons pas inutile de rappeler ici le *curriculum vitæ* de son père, tel qu'il figure dans le *Dictionnaire de l'économie politique*, de Ch. Coquelin et Guillaumin (4e tirage, 1873) :

« Walras (Antoine, Auguste) inspecteur de l'Académie du Nord, né à Montpellier en 1801. En 1820 il entra à l'École Normale ; en 1831 il devint professeur de rhétorique au collège d'Évreux, et publia, peu après son arrivée dans cette ville, son premier ouvrage d'économie politique, sous les auspices de la Société libre de l'Eure. L'année suivante il ouvrit un cours d'économie politique ; et, après avoir été, de 1833 à 1835, principal du collège d'Évreux, il vint à Paris, professa l'économie politique à l'Athénée de cette ville, et, après avoir été reçu agrégé en 1840, il fut tour à tour professeur de philosophie au lycée de Caen et professeur de littérature française à la faculté des lettres de cette même ville. »

(3) D'abord dans sa réponse — dont nous citerons un passage ulté-

rité de son prédécesseur, et cela d'autant plus volon-
tiers qu'il conservait en propre les plus importantes
de ses conceptions, car l'étude de l'échange, sur un
marché ne comportant que deux marchandises, ne se
présente dans les *Eléments* que comme préparation à
l'exposition de celles qui figurent dans la troisième section.

Cette troisième section a pour sujet la théorie de
l'échange d'un nombre quelconque de marchandises
entre elles, théorie qui peut être considérée, à un double
titre, comme la partie capitale de l'œuvre de Walras,
car non seulement, ainsi que nous allons le voir, elle
fournit la substratum de toutes les autres, mais encore
elle présente la manifestation la plus caractéristique de
cette mutuelle dépendance, dont le Professeur de Lausanne a eu l'honneur de signaler l'influence là où les
économistes littéraires ne cherchaient que des rapports
de cause à effet. Cette théorie est en effet l'exposé des
conditions auxquelles doivent satisfaire les quantités
de marchandises échangées sur un marché et les prix
correspondants pour que l'équilibre puisse s'établir sur
ce marché ; or, la seule existence de ces conditions, en
montrant la solidarité des différents éléments de l'équilibre, établit d'une façon définitive l'inanité de toutes
les recherches entreprises pour découvrir « la cause »
du prix ou de la valeur. Comme nous aurons ultérieurement l'occasion d'indiquer en détail la consistance
de l'œuvre de Walras, nous nous contenterons d'énoncer ici, sans commentaire, les conditions d'équilibre de
l'échange. Ce sont : pour chaque individu, la réalisation du maximum de satisfaction correspondant à l'égalité des prix aux rapports des raretés (degrés finaux

driurement (**III, I, 2**) — à la lettre précitée de Jevons, puis dans la
eréface de la 1re édition des *Eléments.*

d'utilité) et l'équivalence de ses recettes et de ses dépenses, et, pour chaque marchandise, la compensation de l'offre et de la demande. Puis, pour en terminer avec la troisième section des *Eléments*, nous ajouterons simplement que l'auteur l'a complétée par une rapide esquisse monétaire qui l'a finalement amené à reprendre en considération les courbes de prix dont les équations, sous le nom d'*équations de la demande* ou *du débit*, avaient été posées *a priori* par Cournot.

La quatrième section vient en quelque sorte compléter la précédente, en ce sens qu'elle a pour objet la détermination de certaines inconnues précédemment considérées comme des données. Dans la troisième section, en effet, se préoccupant uniquement des prix des marchandises, Walras avait supposé préfixées les quantités qui en sont apportées sur le marché. Or, cette hypothèse ne peut être regardée que comme une première approximation par laquelle, fidèle à sa méthode consistant à « aller du simple au composé », l'auteur des *Eléments* a jugé bon de faire passer leurs lecteurs, car il est bien évident que les quantités produites dépendent des prix de vente. Aussi, à la suite de sa théorie de l'échange, le professeur de Lausanne s'est-il préoccupé de déterminer ces quantités ou plutôt les relations qui les rattachent aux prix des marchandises ainsi, bien entendu, qu'aux prix et quantités des services producteurs (usage de la terre, du travail et du capital), et c'est là ce qui fait l'objet de la « théorie de la production » exposée dans la quatrième section. Il est parvenu ainsi à un système d'équations, en nombre égal à celui des variables, qu'il n'a envisagées qu'au point de vue de l'évaluation des prix des services producteurs parce que les questions de prix étaient les seules qu'il entendait résoudre, mais qui représentent en réalité les conditions générales de l'équilibre éco-

nomique sous le régime de la libre concurrence, à
savoir :

La réalisation de la satisfaction maximum pour
chaque individu ;

La compensation des recettes et des dépenses de
chaque individu ;

L'équivalence entre les quantités de services producteurs offertes et les quantités de services demandées ;

Enfin l'égalité des prix de revient et des prix de vente.
Walras a d'ailleurs présenté cette théorie de la production très simplement, grâce à l'introduction dans
son analyse d'un entrepreneur idéal se bornant à
acheter des services producteurs et à vendre des produits, ce qui lui a permis de scinder son étude en considérant séparément le marché des services et celui des
produits, sans toutefois faire abstraction des phénomènes qui, en fait, rendent les deux marchés solidaires
l'un de l'autre.

Après avoir établi les conditions d'équilibre de
l'échange et de la production, Walras a exposé dans la
cinquième section de son traité une théorie de la
capitalisation, et dans la sixième une théorie de la
monnaie. Mais nous ne nous arrêterons pas à ces deux
dernières théories, parce que la capitalisation ne diffère
pas, au point de vue strictement mathématique, de la
détermination de l'équilibre de la fabrication de choses
quelconques, et que la question de la monnaie sortirait
du cadre que nous nous sommes fixé (1). Signalons ce-

(1) Nous avons pensé, en effet, qu'un simple aperçu de la théorie
mathématique de la monnaie n'ajouterait rien à ce que nous disons
par ailleurs, la monnaie étant, en somme, une marchandise au même
titre que les autres biens économiques ; et d'un autre côté un exposé
détaillé de cette question aurait dépassé les limites de l'espace que
nous aurions pu lui consacrer dans un travail aussi général que celui
que nous avons entrepris. Cet exposé fait, du reste, l'objet d'un ou-

pendant que le professeur de Lausanne a insisté sur la variabilité du degré d'utilité de la monnaie, qui, lorsqu'elle a été négligée, a été la cause de graves erreurs connexes à cette confusion de la courbe de l'utilité avec celle des prix, que nous avons précédemment rencontrée dès l'apparition des graphiques en économie politique, dans les travaux de Dupuit.

Les *Éléments* se terminent par deux sections dans lesquelles les mathématiques ne jouent qu'un rôle tout à fait secondaire. La première intitulée *Conditions et conséquences du progrès économique. Critiques des systèmes d'économie politique pure*, comprend, comme son titre l'indique, deux parties : l'une, à tendances politiques, dans laquelle Walras s'est efforcé de poser les jalons de ses conceptions sociales; l'autre, purement critique, consacrée à l'examen et à la réfutation de la doctrine des physiocrates et de théories anglaises du coût de la production, de la rente et des salaires. Quant à la seconde section, dans laquelle l'auteur des *Éléments*, qui ne s'était préoccupé jusque-là que de la libre concurrence, a abordé les questions des tarifs, du monopole et des impôts, elle n'offre guère qu'une reproduction des idées de Cournot — à cette différence près, qu'au lieu de passer du monopole à la concurrence indéfinie, le professeur de Lausanne a préféré, ainsi que nous l'avons vu à propos de la troisième section des *Éléments*, procéder dans l'ordre inverse — suivie de considérations sociales sur la répartition (1).

vrage remarquable dû à M. A. AUPETIT, *Essai sur la théorie générale de la monnaie*, Paris, 1901.

(1) La 4ᵉ édition des *Éléments* comprend en outre, en supplément, une *Théorie géométrique de la détermination des prix*, qui n'est que la traduction, sous une forme géométrique, des théories de l'échange et de la production, et des *Observations sur le principe de la théorie des prix de MM. Auspitz et Lieben*, dont nous aurons l'occasion de parler (*infra*, III, 3) à propos de ces auteurs.

Ayant ainsi indiqué la substance des *Eléments*, il ne nous reste plus à dire que quelques mots de leur composition.

Cette composition participe tout à la fois du désir d'offrir une étude aussi claire que possible — au risque de paraître long — des fondements de la science économique et de celui de faire aboutir cette étude à la justification de la supériorité pratique de la libre concurrence. Aussi présente-t-elle un curieux mélange de théories mathématiques et de considérations morales ou sociales — ou même métaphysiques — car l'auteur des *Eléments* n'est jamais parvenu, semble-t-il, à se libérer complètement de certaines préoccupations d'économistes littéraires, telles, par exemple, que la recherche des causes lorsqu'il s'agit de phénomènes interdépendants.

Mais les digressions, encore qu'elles masquent parfois les résultats obtenus, n'ont nui en aucune mesure à l'édification régulière, qui s'est poursuivie normalement à côté d'elles, ou même malgré elles, de la théorie de l'économie pure. Walras ne s'est jamais cru lié dans ses développements par telle distinction entre l'art et la science établie au début de son ouvrage pour des raisons d'opportunité, et, à côté de la recherche de la cause de la valeur, il n'a pas hésité à montrer, le premier, la multiplicité des facteurs dont elle dépend. Son esprit hautement scientifique a toujours su dominer ses tendances pratiques, et c'est pour cette raison qu'il a laissé une œuvre dont, selon l'expression de l'un de ses critiques aussi sévère qu'autorisé, on peut dire, comme Napoléon de ses victoires : « Il y a là du solide que la dent de l'envie ne peut ronger ».

CHAPITRE III

Les principaux économistes mathématiciens.

§ 1. — Wilhelm Launhardt.

L'un des premiers disciples de Walras, et celui qui peut-être s'est le plus conformé à ses principes, tout au moins dans la première partie de son principal ouvrage, fut M. Wilhelm Launhardt, directeur de l'*Ecole supérieure technique dè Hanovre*, qui est d'ailleurs parfois parvenu à des conclusions diamétralement opposées à celles du professeur de Lausanne, ce qui n'est pas étonnant, étant donné que ces deux auteurs se sont bornés, pour résoudre des problèmes pratiques, à appliquer purement et simplement les résultats de leurs recherches scientifiques sans se préoccuper des facteurs, éthiques ou autres, qui ne figuraient pas dans leurs équations.

Dès 1872 M. Launhardt se préoccupa de l'application des mathématiques à la solution de questions économiques, et c'est ainsi qu'il publia successivement un ouvrage sur le tracé commercial des voies de communication (1), un travail sur l'emplacement convenable pour un établissement industriel (2), et, enfin, une étude sur des

(1) *Kommerzielle Trassirung der Verkehrswege* (Hanovre, 1872, 2e éd., 1887).

(2) *Der zweckmässigte Standort einer gewerblichen Anlage*, dans la *Zeitschrift des Vereins deutscher Ingenteure* (1882).

questions économiques relatives aux chemins de fer (1).
Puis, sur ces entrefaites, il eut l'occasion de lire la
*Mathematische Theorie der Preisbestimmung der wirths-
chaftlichen Güter* de Walras, publiée en allemand par
Louis de Winterfeld (2), et la *Theory of political economy*
de Jevons, ce qui l'amena à écrire son principal ouvrage d'économie mathématique : *Mathematische Begründung der Volkswirthschaftslehre* (3).

Cet ouvrage comprend trois parties : l'échange, la
production des marchandises, le transport des marchandises.

M. Launhardt a fait reposer sa théorie de l'échange sur
les mêmes bases que Walras. Il en a simplement modifié
très légèrement l'exposé, en substituant aux courbes (ou
à leurs équations) représentant les variations du degré
de l'utilité en fonction des quantités consommées,
d'autres courbes (ou leurs équations) représentant les
variations de l'utilité totale en fonction de ces mêmes
quantités. Mais, tout en ayant adopté le même point
de départ que le professeur de Lausanne, il a orienté
ses recherches dans une direction toute différente de
celle de son prédécesseur, ce qui s'explique sans doute
par ce fait que, lors de la composition de sa *Mathematische Begründung*, l'économiste de Hanovre n'était en
possession que de l'abrégé, traduit en allemand, des
théories de Walras — il n'eut connaissance des *Eléments* qu'au moment de l'impression de son livre — et
que dès lors il était amené à apporter dans le développement de ses théories le même esprit que celui qui avait
présidé à la conception de ses travaux économiques antérieurs.

(1) *Wirthschaftliche Fragen des Eisenbahnwesens,* dans la *Cen-
tralbatt der Bauverwaltung* (1883).
(2) Cf. p. 163
(3) Leipzig, 1885.

Tandis que le savant professeur de Lausanne s'est en général efforcé de présenter des synthèses d'ensemble du phénomène économique, M. Launhardt s'est au contraire arrêté à des analyses portant sur des points particuliers, analogues à celles que l'on rencontre constamment dans la science de l'ingénieur. Il est à cet égard un détail qui montre nettement que l'auteur de la *Mathematische Begründung* s'est fait une conception un peu étroite de l'emploi des mathématiques en économie politique : c'est la substitution d'équations particulières aux fonctions générales qu'on laisse figurer d'habitude dans les calculs d'analyse, l'adoption, par exemple, à l'instar de Gossen (1), de l'équation d'une parabole comme fonction d'utilité (ou de satisfaction), ce qui non seulement diminue la généralité des théories, mais surtout donne à ces théories une précision purement gratuite qui conduit parfois à des conclusions erronées.

Quoiqu'il en soit, après avoir, comme nous l'avons dit, montré de la même manière que Walras comment le prix d'équilibre se trouve déterminé dans le cas de l'échange de deux produits entre deux individus, M. Launhardt a poursuivi l'étude de l'échange en calculant le profit que les deux échangistes sont susceptibles de recueillir. Il a été ainsi amené tout d'abord à constater que le libre jeu de l'offre et de la demande assure à ce profit sa valeur maximum ; mais ensuite il s'est aperçu que le profit total correspondant à une opération donnée pouvait être accru par le fractionnement de cette opération (*Wiederholter Tausch*), aussi a-t-il conclu de ses

(1) Il revient, en effet, au même d'attribuer une loi linéaire aux variations du degré d'utilité ou une loi parabolique aux variations de l'utilité totale.

calculs au rejet définitif de la formule de l'école libérale « laisser faire, laisser passer », offrant de la sorte
un exemple typique de la divergence (que nous avons
signalée au début) de ses tendances pratiques et de
celles de Walras.

L'exposé de la théorie de l'échange dans le cas particulier d'un marché ne comportant que deux échangistes ainsi terminé, M. Launhardt s'est, comme son prédécesseur, occupé de la généralisation de cette théorie
en examinant d'abord le cas où le nombre des produits
étant limité à deux, celui des échangistes est quelconque, puis celui où un nombre quelconque d'individus trafiquent sur un marché d'un nombre de produits également quelconque. Il est ensuite passé du
problème de l'échange à ceux de l'achat et de la vente,
par l'introduction dans son analyse de la monnaie, dont
il s'est cru autorisé, pour plus de simplicité, à considérer l'évaluation comme une grandeur constante
que, à défaut de mesure absolue, il a regardée comme
égale à l'unité, rendant de la sorte les prix égaux aux
degrés d'utilité des produits. Cette introduction de la
monnaie l'a d'ailleurs conduit à faire entrer en ligne de
compte pour la détermination des prix, la condition
d'équilibre des budgets individuels (*Gleichgewicht des
Haushaltes*).

Enfin, M. Launhardt a terminé la première partie de
ton ouvrage en étudiant un certain nombre de questions
particulières : la capitalisation, qu'il a traitée à un point
de vue presque purement arithmétique ; l'influence sur
les prix des frais généraux commerciaux (*Handels-
kosten*), qu'il a, à l'instar de Jevons, exprimée sous
forme de réduction des quantités de produits obtenues
dans l'échange ; les droits de douane, à propos desquels
la spécialisation des données, et en particulier l'adop-
sion d'une courbe d'utilité parabolique, l'a amené à

énoncer cette règle assez inattendue : le meilleur droit
de douane est égal au tiers de celui qui serait prohibitif ;
la question classique des produits indivisibles, qu'il
a du reste esquissée sans faire appel aux mathématiques.

Dans la seconde partie de sa *Mathematische Begründung*, qui a trait à la production, au lieu de continuer à
s'inspirer des idées de Walras, M. Launhardt s'est plutôt
inspiré des idées de Jevons. De même que l'économiste
anglais, il a considéré la peine résultant du travail
comme une satisfaction négative dont le degré d'intensité est fonction de la durée de ce travail, ce qui l'a
tout naturellement conduit à représenter dans ses
calculs la quantité de peine en fonction du temps par
une expression parabolique, analogue à celle à laquelle
il avait eu précédemment recours pour la satisfaction,
et à poser le principe de l'égalité de prix du plaisir et
de la peine, qui n'est autre chose que celui de l'égalité
des degrés d'utilité des produits et de désutilité des travaux de production dont nous avons déjà eu l'occasion
de parler. Il est à noter que dans son étude de la production, M. Launhardt s'est également attaché à mettre
en évidence l'analogie entre le profit de l'entrepreneur et
la rente du sol. Mais dans cette partie de son ouvrage,
précisément sans doute sous l'influence de Jevons, il a
donné, plus encore que dans sa théorie de l'échange,
libre cours à sa tendance à fragmenter son analyse. Au
lieu de réclamer des mathématiques le seul concours qui
justifie entièrement leur usage en économie politique, en
les utilisant à mettre en évidence la mutuelle dépendance des phénomènes économiques, qui ne peut se traduire que par des équations, il a limité leur emploi à
l'établissement de *formules*, ainsi qu'avaient coutume
de le faire les premiers économistes mathématiciens.
Par suite, cette étude de la production ne présente, à

notre sens, qu'un intérêt restreint au point de vue scientifique.

Quant à l'étude des transports, qui fait l'objet de la dernière partie de la *Mathematische Begründung*, son sujet est trop spécial et la façon dont il est traité trop particulière pour que nous songions à nous y arrêter dans un exposé aussi général que celui que nous essayons de faire. Elle participe du reste des mêmes tendances que le début de l'ouvrage.

Nous en resterons donc là de notre aperçu de l'œuvre économique de M. Launhardt, en rappelant toutefois qu'on lui doit en outre un travail sur la monnaie intitulé *Das Wesen des Geldes* (1).

§ 2. — Francis Ysidro Edgeworth

En 1881, le professeur Francis-Ysidro Edgeworth, d'Oxford, a publié un volume intitulé *Mathematical Psychics* (2). Cet ouvrage, qui n'a pas uniquement pour objet l'économie politique, ne constitue pas, ainsi que l'indique son sous-titre *An essai on the application of mathematics to the moral sciences*, un traité proprement dit, c'est un simple exposé des idées de l'auteur. Il comprend deux parties. Dans la première, qui est théorique, le professeur d'Oxford pose les principes de l'usage des mathématiques dans l'étude des sciences morales en s'appliquant à en justifier l'emploi ; dans la seconde, qui est pratique, il fait l'application au *calcul hédonistisque* des principes établis dans la première. Cette deuxième partie se subdivise elle-même en deux sections : l'une ayant trait au *calcul économique*, l'autre au

(1) Leipzig, 1885.
(2) Londres, 1881.

calcul utilitaire. Et, tandis que le calcul économique a pour objet la recherche des conditions permettant à certaines personnes ou à certains groupements de personnes d'obtenir pour eux-mêmes le maximum d'utilité, le calcul utilitaire est relatif au contraire à la réalisation de la plus grande somme possible d'utilité pour une collectivité. Le livre est complété par plusieurs appendices théoriques ou critiques.

Depuis la publication de ce livre, économiste consommé et mathématicien distingué, M. Edgeworth a fait passer au crible de sa puissante analyse un grand nombre des travaux d'économie mathématique de divers auteurs. Il s'était déjà livré à des études critiques particulières, notamment sur la formule de l'échange de Jevons (1) et sur la théorie de l'équilibre économique de Walras (2), lorsque la brillante communication (3) qu'il fit à la séance d'ouverture du Congrès de l'Association Britannique pour l'avancement des sciences, tenu à Newcastle en septembre 1889, le jeta définitivement dans la mêlée. C'est ainsi qu'il a dès lors publi de nombreux articles dans diverses revues parmi lesquelles nous citerons le *Giornale degli Economisti* et l'*Economic Journal*, organe de la Royal Economic Society, qu'il fonda en 1891 et dont il est le rédacteur en chef.

Mais ce serait cependant une erreur de croire que M. Edgeworth s'est borné à des critiques. Au contraire,

(1) *Mathematical Psychics*, App. V.
(2) *The mathematical theory of political economy*, dans la revue anglaise *Nature*, numéro du 5 septembre 1889.
(3) *On the application of mathematics to the political economy*. Cette communication a été publiée dans la revue anglaise *Nature*, numéro du 19 septembre 1889, ainsi que dans le *Journal of the Royal statistical Society*, numéro de décembre 1889 (auquel nous nous référerons sous la désignation : Discours) et dans le *Report of the British Association for the Advancement of Science* de la même année.

il a introduit dans la science pure certaines notions qui sont restées à la base des œuvres les plus modernes, notamment la notion de dépendance des consommations d'où résulte le remplacement de la courbe de l'utilité par une surface dans le cas de deux biens, et par une variété de l'hyperespace dans le cas d'un plus grand nombre de biens (Cf. **III, IV, 2 et 3**). Et, en outre, il semble être le premier à avoir eu des idées d'ensemble sur le phénomène économique général non seulement sous un régime de libre concurrence absolue, mais aussi sous un régime de concurrence limitée ainsi que dans les divers cas de monopole (1).

Dans l'étude de la libre concurrence absolue, partant de ce principe que la réalisation du maximum d'utilité possible pour chacun des contractants est à la base de toutes les transactions, M. Edgeworth a été naturellement amené à représenter l'équilibre de l'échange par des équations équivalentes à celles de Walras ; par contre, ses conceptions relatives à l'équilibre économique général sont quelque peu différentes de celles du professeur de Lausanne en ce sens que, à côté de la *concurrence commerciale*, étudiée par Walras, il a envisagé ce que Cairnes a appelé (2), par opposition à celle-ci, la *concurrence industrielle*.

Il existe en effet entre ces deux régimes une différence profonde, provenant de l'existence de cette sorte d'utilité négative de certains biens économiques, que Jevons a désignée sous le nom de désutilité (*disutility*) (3).

(1) Notons de plus que M. Edgeworth a rédigé dans le *Dictionary of political economy* de R.-H. Inglis Palgrave (Londres, 1894-1896), un certain nombre d'articles relatifs à l'économie mathématique et aux économistes mathématiciens.
(2) Cf. Sidgwick, *Political Economy*, B. II, ch. i.
(3) *Théorie...* [p. 91], ch. iii, p. 119.

Tandis que dans le cas de libre concurrence commerciale il n'y a pas lieu de se préoccuper des désutilités des
quantités de produits qui entrent en jeu, parce qu'elles
sont nécessairement égales aux utilités des produits
reçus en échange, il n'en va pas de même dans le cas de
la concurrence industrielle, où la désutilité d'un travail
n'est nullement mesurée par l'utilité d'un service rendu.

Voici du reste, pour éclaircir ce point, la comparaison que M. Edgeworth a empruntée à M. Böhm-
Bawerk (1) en la généralisant : « Pour figurer les conditions possibles de la vie industrielle, représentons-
nous un maître d'école sévère qui, pour développer chez
ses écoliers la patience et la persévérance, leur distri-
bue certains cadeaux — par exemple des jouets et des
bonbons — en récompense d'une certaine fatigue ou
d'une certaine souffrance endurée. Ainsi le « coût »
d'une bille sera d'écrire vingt lignes, le coût d'une
toupie sera de rester une demi-heure en pénitence ».

« Supposons que la pratique de l'échange se répande
dans cette jeune population, en supposant d'ailleurs la
libre concurrence : il s'établira nécessairement un
certain équilibre des échanges de telle façon que la valeur de chaque article corresponde à son utilité finale.
C'est-à-dire que si une toupie s'échange contre dix
billes, on peut en conclure que chaque garçon estime sa
toupie autant que la dernière dizaine de billes qu'il a envie d'acheter. Ainsi l'utilité finale peut être regardée
comme le principe régulateur. »

(1) « Es kann ein Erzieher einem Knaben, um ihn gegen Wehe-
leidigkeit abzuhärten, für die tapfere, freiwillige Erduldung von
Schmerzen ein sehnlich begehrtes Spielzung; in Aussicht stellen. So
untergeordnet das Vorkommen solcher Fälle auch sein mag, so
wichtig ist es für die Theorie festzustellen, dass Arbeit und Arbeit-
splage doch nicht der einzige Umstand ist, auf den sich... die
Wertschätzung gründen kann. » (*Konrad's Jahrbuch*, 1866, p. 48).

« Mais il est également vrai de dire que les *désutilités* des articles échangés sont égales. Si une toupie vaut dix billes, nous sommes autorisés à conclure que chaque enfant aime autant passer une demi-heure en pénitence que d'écrire deux cents lignes — coût de dix billes à raison de vingt lignes par bille ».

« Maintenant introduisons le principe de la division du travail, et supposons qu'il n'est pas permis à un même enfant d'apprendre à la fois le latin et le grec, mais qu'il a simplement la possibilité de choisir entre ces deux études. Cette hypothèse implique que les profits nets qui peuvent résulter de la production de vers grecs ou de vers latins dans chacun de ces départements de l'instruction sont équivalents. Supposons maintenant qu'une considération particulière ou un certain prestige ou quelque autre avantage qui ne résulte pas de l'échange direct des lignes écrites soit attaché à l'étude du grec. On pourra concevoir alors que vingt lignes de latin puissent avoir autant de valeur d'échange que cinquante lignes de grec, alors même qu'il serait beaucoup plus pénible pour un écolier d'avoir à écrire à la fin de sa tâche cinquante lignes de grec que vingt lignes de latin. En un mot, les avantages nets, les utilités totales de ces deux occupations qui consistent à écrire des vers latins ou des vers grecs sont égales. Mais les *désutilités finales* dans les deux départements de la production ne sont pas en général égales partout où prévaut la division du travail » (1).

Par suite, dans le cas de concurrence industrielle, pour évaluer l'avantage qu'un individu tire des transformations économiques auxquelles il se livre, il faut tenir compte de la désutilité de ses efforts, en d'autres

(1) *La théorie mathématique de l'offre et de la demande*, dans la *Revue d'Economie politique*, numéro de janvier 1891, pp. 26-27.

termes, l'utilité totale Φ qui résulte pour lui de ces transformations est fonction de son effort e. A cette nouvelle
variable, introduite dans le système des équations de
l'équilibre économique, correspond d'ailleurs une équation supplémentaire que l'on obtient en écrivant qu'au
point d'équilibre cette fonction d'utilité Φ de e est maximum, c'est-à-dire que sa dérivée totale par rapport à e
est nulle. Il semblerait donc que le problème ne subisse
pas du chef de la prise en considération de la désutilité
des efforts une bien grande complication. Cette conception serait erronée. En effet, pour que l'équilibre économique s'établisse, il ne suffit pas que dans la catégorie
de transformations auxquelles il se livre l'individu
réalise le plus grand profit possible ; il faut encore que
cette catégorie de transformations soit la plus avantageuse de celles qu'il lui est loisible de choisir, et à chacune desquelles correspond une forme particulière de
la fonction d'utilité Φ.

Dès lors, « si nous essayons maintenant de mettre
en formule la concurrence industrielle, il convient de
considérer les utilités dont on s'occupe, non plus simplement comme variant continuellement avec l'accroissement ou le décroissement de variables dont elles représentent une fonction constante, mais aussi *comme variant d'une façon discontinue par suite de changement dans
la fonction* (1). Le problème n'est plus simplement de
découvrir ce système de variables par lequel l'utilité de

---

(1) Cpr. : « Commercial competition might be likened to a system
tf lakes flowing into each other ; industrial competition to a sys-
oem of vessels so communicating by means of valves, that when
the level in one exceeded that of another to a certain extent, then
per saltum a considerable portion of the contents of that one (a
finite difference as compared with the differentials of the open
system) is discharged into the other. » (Discours, p. 545 note).

toutes les personnes que l'on considère se trouve au maximum (dans le sens technique de ce terme), mais de trouver telles fonctions et telles valeurs des variables pour lesquelles la formule ne donne pas seulement un maximum, mais la *plus grande valeur possible*. Par le fait, il y a toute la différence qui existe dans le calcul des variables entre les problèmes où l'on se propose de trouver un maximum et ceux où l'on se propose de trouver la plus grande valeur possible (1) » (2).

Si nous nous sommes arrêté un peu longuement sur cette question quelque peu subtile, c'est qu'elle a donné lieu à une polémique assez vive dont nous allons dire un mot. Après avoir exposé les considérations précédentes, le professeur d'Oxford avait en effet conclu en ces termes dans le discours cité : « Si nous passons aux complexités qui surgissent de la division du travail, le problème [de l'équilibre économique] cesse d'être un simple problème d'algèbre ou de géométrie. Et alors, fussions-nous même en possession des données numériques relatives aux motifs agissant sur chaque individu, on pourrait à peine concevoir qu'il soit possible de déduire *a priori* l'état d'équilibre auquel tendrait un système compliqué à ce point » et M. L. Bortkevitch crut alors devoir prendre la défense de Walras (3). Mais il ne semble pas que les deux économistes se soient nettement entendus. M. Bortkevitch paraît avoir considéré les observations du professeur d'Oxford comme une critique des équations de Walras (4), tandis que M. Edge-

---

(1) Voir Todhunter, *Researches in the calculus of variations* (ch. i et *passim*).

(2) *Revue d'Economie politique*, numéro de janvier 1891, p. 24.

(3) *Revue d'Economie politique*, numéro de janvier-février 1890.

(4) « Les « sacrifices et les efforts », mais ce n'est qu'un autre terme pour ce que Walras appelle les services des capitaux personnels. » *Loc. cit.*, p. 84.

worth, s'efforçant dans son analyse de se rapprocher du phénomène concret, avait en vue la solution d'un problème différent de celui qui a été traité par le professeur de Lausanne, problème plus général, dont il se bornait d'ailleurs à indiquer l'existence. « Je ne ferai jamais », disait-il (1), « un reproche à un économiste mathématicien de n'avoir pas formulé le problème de la concurrence industrielle. Les représentations abstraites se trouvent toujours en défaut pour représenter la réalité ».

D'autre part, dans l'étude des monopoles et de la concurrence limitée auxquels il a également étendu ses recherches, ainsi que nous l'avons ci-dessus mentionné, non seulement M. Edgeworth a repris et complété les théories de Cournot, relatives à l'exercice d'un monopole sur des tiers se faisant librement concurrence, en se préoccupant notamment de l'influence de l'accroissement de la demande sur le prix (2); mais encore il a examiné, pour la première fois en pleine connaissance de cause, l'hypothèse dans laquelle deux individus (ou deux groupements d'individus) jouiraient d'un certain monopole par rapport à un même produit (3) (Cf. III, V, 4 et 5). Il s'est en outre préoccupé de l'indétermination de la position de l'équilibre économique qui résulte de la présence vis-à-vis l'un de l'autre de deux monopoleurs, comme un syndicat de patrons et un syndicat d'ouvriers, par exemple (4). Plus généralement, après avoir montré ce qu'il faut entendre par *marché parfait*, il a pris en considération les différents cas où le marché est imparfait par suite du nombre

(1) *Revue d'Economie politique*, numéro de janvier 1891, p. 25.
(2) *Giornale degli Economisti*, numéro d'octobre 1897.
(3) *Idem*, numéro de juillet 1897.
(4) Discours, pp. 547-549 et note *l*.

limité des concurrents, de l'indivisibilité des produits, de l'existence d'ententes (*combinations*), d'unions (*unionism*), d'associations coopératives etc. (1). Il a fait ressortir que dans ces hypothèses, où aucune position d'équilibre stable n'est déterminée *a priori*, il doit y avoir un principe d'ajustement (*principle of adjustement*) procurant une base aux transactions. Et il a indiqué que ce principe peut être fourni soit par les conditions de l'équilibre, considéré comme le πρακτὸν ἀγαθὸν, qui se trouverait réalisé sous un régime de libre concurrence absolue — de même que dans les travaux à la mer le talus naturel d'un remblai de pierre peut offrir à l'ingénieur l'inclinaison-type à donner à son ouvrage (2) — soit par les conditions de l' « arrangement utilitaire » qui assurerait aux divers intéressés la plus grande somme d'utilité compatible avec les circonstances.

Enfin, dans la section de sa *Mathematical Psychics* consacrée au *calcul utilitaire*, M. Edgeworth a recherché, comme nous l'avons dit, les conditions de la réalisation de la plus grande somme possible d'utilité pour une collectivité. Dans cette recherche, posant en principe que le plaisir est mesurable, il a commencé, en présence de quantités de plaisir relatives à des individus différents, par admettre que tous les plaisirs sont commensurables (3), puis, pour répondre au besoin d'une unité, il a considéré, avec le psychologue-physiologiste Wundt, comme assimilables les plus

______

(1) *Mathematical Psychics*, pp. 37-52.

(2) Cpr. A. et M.-P. MARSHALL, *Economics of Industry*, Londres, 1879, p. 215.

(3) « AXIOM. — Pleasure is measurable, and all pleasures are commensurable ; so much of one sort of pleasure felt by one sentient being equateable to so much of other sorts of pleasure felt by other sentient. » (*Mathematical psychics*, p. 59).

petites quantités de plaisir perceptibles (1). Et il a été amené de la sorte à formuler cette conclusion que le plus grand bonheur possible (pour une collectivité) est égal à la plus grande valeur possible de l'intégrale $\iiint dp\, dn\, dt$ (où dp correspond à la plus petite quantité de plaisir perceptible, dn à un individu sensible, dt à un élément de temps), les limites de l'intégration par rapport au temps étant 0 et ∞, le présent et l'avenir indéfiniment, et les autres limites étant des variables qu'il y a lieu de déterminer à l'aide du calcul des variations (2).

Mais il semble que dans cette partie de son œuvre M. Edgeworth ait subi l'influence de Jevons, à qui le professeur Marshall a pu reprocher de créer une confusion entre le domaine de l'économique et celui de l'hédonique, et l'on comprend que de telles conceptions aient pu prêter aux critiques. « Il y a un point », dit à ce propos M. Irving Fisher (3), « où, à ce qu'il me semble, l'auteur de ce livre vraiment fécond en idées s'est écarté du droit chemin. On a reproché aux économistes mathématiciens cette énigme : Qu'est-ce qu'une unité de plaisir ? Et M. Edgeworth, à la suite du psychologue-physiologiste Fechner, répond : « Les plus petites quantités de plaisir perceptibles sont assimilables ». J'ai toujours pensé que l'utilité doit être susceptible d'une définition qui la rattache à ses rapports avec les biens positifs ou objectifs. Un physicien serait certainement dans l'erreur en définissant l'unité de force le minimum sensible de sensation musculaire... Cette introduction

(1) « Just perceivable increments [of pleasure] are equateable » (*Mathematical psychics*, p. 99).
(2) *Mathematicals psychics*, p. 57.
(3) *Mathematical Investigations...* [p. 136], Préf. pp. 4 et 5.

subreptice de la Psychologie dans l'Economique me semble *in*appropriée et défectueuse... Il en est résulté que « les mathématiques » ont été accusées de « restaurer les entités métaphysiques précédemment écartées » (1) ». Le professeur d'Oxford a d'ailleurs été le premier à avouer que, en la circonstance, il avait « abandonné la *terra firma* des analogies physiques » (2), et il a rappelé lui-même, il est piquant de le noter, l'accusation précitée du Dr Ingram (3).

Ajoutons que nous allons voir dans un prochain paragraphe comment le professeur Irving Fisher a su se mettre à l'abri de ses critiques, et que nous montrerons plus loin comment le professeur Vilfredo Pareto s'est définitivement libéré de la considération des quantités de plaisir.

§ 3. — Rudolf Auspitz et Richard Lieben.

A côté de l'ouvrage de M. Launhardt, il en est un autre, en langue allemande, que nous ne saurions passer sous silence. Il est intitulé *Untersuchungen über die Theorie des Preises* (4) et est dû à la collaboration de deux économistes autrichiens MM. Rudolf Auspitz et Richard Lieben. De même que les *Eléments* de Walras, cet ouvrage a essentiellement pour objet, ainsi que son nom l'indique, la détermination des prix, et il repose tout entier sur le principe de l'égalité de la valeur d'échange à la valeur d'usage de la dernière parcelle échangée. Il se divise d'ailleurs en deux parties : le corps même du livre et les annexes, de chacune desquelles nous dirons successivement quelques mots.

(1) J.-K. INGRAM, *Histoire...* [p. 36], ch. VI, p. 835.
(2) *Mathematical psychics*, p. 99.
(3) Discours, p. 554.
(4) Leipzig, 1889.

Dans la première partie, exclusivement géométrique, MM. Auspitz et Lieben ont fait appel à un mode de représentation graphique, déjà employé par le professeur Marshall, consistant à adopter comme coordonnées des courbes de demande et d'offre les quantités des deux produits échangés : le *quid* et le *pro quo*, avec cette particularité que dans leur ouvrage l'un des deux produits, celui dont ils portent les quantités en ordonnées, est toujours le numéraire qu'ils ont jugé à propos d'introduire immédiatement dans leurs recherches. Ils ont en outre considéré l'évaluation individuelle du numéraire comme une grandeur constante que, à défaut de mesure absolue, ils ont regardée comme égale à l'unité, ce qui leur a permis de rapporter aux mêmes axes, d'une part, les courbes d'utilité et les courbes de demande, et, d'autre part, les courbes de coût de production — qui sont en quelque sorte des courbes d'utilité négative — et les courbes d'offre qu'ils en déduisent en assimilant tous les offreurs à des entrepreneurs. Dans les conditions que nous venons de dé_finir, les courbes de demande sont d'ailleurs les dérivées des courbes d'utilité du type usité par M. Launhardt dans sa *Mathematische Begründung der Volkswirthschaftslehre* (1)

(1) Cela résulte immédiatement de ce fait que l'égalité numérique

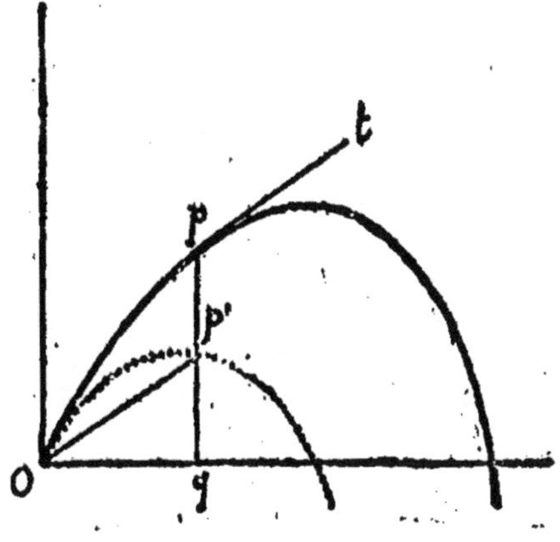

Fig. 2.

dont, pour cette raison notamment, nous avons cru devoir rapprocher les *Untersuchungen*, de même les courbes
d'offre sont les dérivées des courbes de coût de production.

Cela étant, les deux économistes autrichiens ont commencé par indiquer les dispositions générales et les
caractéristiques des courbes d'offre et de demande. Puis
ils ont recherché dans quelles conditions l'individu,
tant comme producteur que comme consommateur,
peut réaliser la plus grande satisfaction possible. Enfin,
ils ont examiné l'influence sur la détermination des
prix de l'abandon de certaines hypothèses simplifica-
trices primitivement adoptées, et envisagé la question
des monopoles ainsi que celle du commerce international, à propos de laquelle le mode de représentation graphique adopté par eux leur a permis de faire ressortir
nettement dans quelles conditions une taxe à l'impor-
tation ou à l'exportation est susceptible de produire des
résultats avantageux (1).

Dans la seconde partie — les annexes — les auteurs
ont fait une assez large part à l'emploi de l'analyse, ce
qui leur a permis de pousser leurs recherches plus loin
qu'ils ne l'avaient fait dans la première partie. C'est ainsi
qu'après avoir établi les équations des courbes précédemment prises en considération, ils ont étudié les va-

de l'utilité et du prix relatifs à une quantité de produit donnée *oq*
implique le parallélisme de la tangente à la courbe d'utilité *pt* et du
rayon vecteur *op'* de la courbe de demande aux points correspondant
à la quantité considérée (*fig.* 2).

(1) Les courbes dérivées se prêtent, en effet, tout particulièrement à la
mise en évidence de la rente des consommateurs ou, plus généralement,
du *profit du commerce* (*gain of trade*), suivant l'expression du professeur Edgeworth (Discours [p. 120], note *c*), ce profit, pour une
quantité de produit *oq* (*fig.* 2) donnée, étant représenté par la différence *p'p* des cotes des points correspondants de la courbe primitive
et de la courbe dérivée.

riations de la satisfaction et recherché les conditions de son maximum sans s'astreindre à la regarder comme une fonction d'une seule variable : la quantité de tel ou tel produit ; ils sont au contraire entrés largement dans la voie ouverte par M. Edgeworth en la considérant *a priori* comme une fonction de tous les facteurs intervenant dans l'équilibre économique, qu'ils ont d'ailleurs ramenée en dernière analyse à une fonction des prix et des quantités des produits dont trafique l'individu envisagé, et de la quantité de numéraire dont dispose cet individu. C'est ainsi également qu'ils ont étudié les variations de la satisfaction indépendamment de l'hypothèse de la fixité de l'évaluation du numéraire, ce qui les a conduits, pour représenter ces variations, à remplacer les courbes par des surfaces de satisfaction (*Befriedigungsflächen*) analogues à celles que le professeur d'Oxford avait précédemment prises en considération, et sur lesquelles nous aurons l'occasion de revenir dans la troisième partie de ce travail (**III, IV, 2**). C'est ainsi enfin qu'ils ont pu déterminer les conditions générales de l'équilibre économique sans s'assujettir à supposer les prix indépendants les uns des autres, comme ils avaient cru (1) indispensable de l'admettre dans un exposé géométrique.

Telle est dans les grandes lignes la structure générale des *Untersuchungen*. Nous ne croyons pas qu'il y ait lieu d'en faire une analyse plus détaillée parce qu'il ne nous semble pas qu'elles aient sensiblement modifié, par la contribution qu'elles lui ont apportée, le domaine de la science tel qu'il était constitué lors de leur publication, encore que MM. Auspitz et Lieben n'aient pas jugé à

---

(1) Nous avons vu (**II, II, 4**) que Walras est parvenu ultérieurement à élaborer une théorie purement géométrique indépendamment de toute supposition de ce genre.

propos de donner d'indications bibliographiques sur les sources auxquelles ils ont puisé, sous le prétexte que si le lecteur est au courant des questions traitées, ces indications lui seraient superflues, et que si au contraire il n'est pas au courant, elles ne lui offriraient aucun renseignement qu'il ne puisse trouver dans tout livre d'étude détaillé. Dans tous les cas, en présence du développement considérable de leur ouvrage, on est tenté d'appliquer aux deux économistes autrichiens le reproche que M. Edgeworth adressa à un auteur qui avait pourtant le mérite d'apporter des innovations extrêmement importantes : « *It is true that we find in him rather* multum *that* multa ; *that his principal achievement is the copious exposition of the one fondamental theorem to which we are referred* [à savoir que la valeur d'échange est égale à la valeur d'usage de la dernière parcelle échangée] ». Or, d'une part, il est incontestable qu'il n'est pas dénué de danger de multiplier sans nécessité les développements mathématiques car, selon l'heureuse comparaison du professeur d'Oxford, ce mode de culture de la science, au lieu de favoriser la croissance des fruits de la vérité économique, a plutôt pour effet de fournir, à leurs dépens, un exubérant feuillage mathématique susceptible de les masquer, le cas échéant. D'autre part, il est fort à craindre que des applications trop laborieuses de la méthode mathématique ne soient préjudiciables à son emploi en économie politique, du fait qu'elles peuvent jeter le doute dans l'esprit de ceux à qui ce mode de raisonnement n'est pas familier en leur donnant à penser que les économistes mathématiciens ont pris pour devise : *Odi profanum vulgus et arceo.* Il suffit pour s'en convaincre de se reporter au grand traité de M. Paul Leroy-Beaulieu, dans lequel, après avoir systématiquement critiqué l'usage des mathématiques en économie politique, l'auteur ajoute à titre de justification : « En écrivant ces lignes, nous avons sous les yeux deux tentatives d'applications de ce genre. La première consiste en un très volumineux et superbe traité allemand : *Untersuchungen über die Theorie des Preises* (Recherches sur la théorie des prix) par MM. Rudolf Auspitz et Richard Lieben [Leipsig verlag von Duncker et Humblot, 1889]. Il y a étonnamment d'ingéniosité et de science dépensées dans ce gros volume qui foisonne de figures géométriques et algébriques très compliquées. On y étudie successivement la courbe de l'utilité, celle des frais de production (die Kurven der Nützlichkeit, der Herstellungs kosten, etc.), leur concavité, leur convexité (Konvexität jeder Kurve, Konkavität jeder Kurve) les contre-courbures, etc, (Gegenkrümmungen) : tout cela et toutes ces combinaisons se poursuivent pendant 555 pages.

« Nous rendons justice à toute la patience et à toute la subtilité des auteurs qui se réfèrent pour l'établissement de leur théorie à Jevons, à Walras et aussi à l'école psychologique autrichienne. Nous sommes fâché d'être obligé de dire que, à notre sens, il n'y a aucun enseignement à tirer de semblables grimoires » (1).

Pour en terminer avec l'œuvre de MM. Auspitz et Lieben, il nous faut signaler une polémique qui s'est élevée à son occasion entre ses auteurs et Walras. Dans la préface de leur ouvrage, les deux économistes autrichiens, faute d'avoir prêté une attention suffisante à ce fait que la théorie géométrique de l'échange de Walras était limitée à un marché ne comportant que deux produits, n'ont pas craint de prétendre que le professeur de Lausanne faisait appel à des hypothèses contradictoires ; celui-ci leur répondit en publiant dans la

____

(1) *Traité...* [p. 33], t. I, ch. IV.

Revue d'Economie politique (1), sous forme de bulletin bibliographique, une série d' « *observations* » sur les *Untersuchungen* que MM. Auspitz et Lieben entreprirent de réfuter point par point en une longue lettre adressée également à la *Revue d'Economie politique* (2).

Le premier et même le second chef de cette discussion, relatifs à la supériorité de tel ou tel système de coordonnées et à l'opportunité de l'introduction plus ou moins rapide du numéraire dans la théorie de l'échange, ne sont guère que des disputes sur la pointe d'une aiguille, des *questioni di lana caprina*, selon l'expression de M. V. Pareto.

Le troisième et le cinquième chefs sont plus sérieux : ils ont trait à l'hypothèse de l'indépendance des prix, mais ils ont perdu beaucoup de leur importance depuis que Walras est parvenu à élaborer un exposé géométrique de toute la théorie économique indépendamment de cette hypothèse.

Le quatrième chef vise une accusation portée par Walras contre MM. Auspitz et Lieben d'être « tombés dans l'erreur de Dupuit » (**II, I, 2**), mais cette accusation semble être le résultat d'un simple malentendu de la part du professeur de Lausanne, qui n'a peut-être pas suffisamment tenu compte des conditions, qu'elles soient admissibles ou non, dans lesquelles se sont placés les deux économistes autrichiens.

Enfin, le sixième et le septième chefs portent sur le principe de l'égalité du coût de production et du prix de vente, qui fera l'objet d'un examen particulier dans la troisième partie de ce travail.

Nous ne nous occuperons pas davantage de cette po-

(1) Numéro de mai-juin 1890 (Cet article figure également à la fin de la 4ᵉ édition des *Eléments...* [p. 106]).
(2) Numéro de novembre-décembre 1890.

lémique parce que, ne présentant pas de caractères de généralité et n'ayant pas eu d'influence sensible sur l'évolution de la science, elle n'offre plus aujourd'hui qu'un intérêt relatif, et que d'ailleurs, à l'époque où elle était d'actualité, elle a été analysée avec le plus grand soin par M. V. Pareto en une étude (1) à laquelle il est toujours loisible de se reporter.

§ 4. — Irving Fisher.

Tant au point de vue de l'ordre chronologique qu'à celui de l'enchaînement des conceptions de l'économie mathématique, il convient de parler maintenant de la contribution que M. Irving Fisher, professeur à l'Université de Yale, a apportée à la science pure. Dans sa remarquable étude intitulée *Mathematical investigations in the theory of value and prices* (2), il a, en effet, tout en faisant état des travaux de ses prédécesseurs, notamment de ceux de Jevons et de MM. Auspitz et Lieben, posé les principes ou du moins fourni les germes des théories les plus récentes.

Dans la première partie de cet ouvrage, l'auteur a commencé par remarquer que les théories des économistes mathématiciens qui l'ont précédé présentent un point faible, car ces économistes « omettent d'indiquer en quoi que ce soit ce qu'ils entendent par le rapport de deux utilités » (3), alors que les graphiques auxquels

(1) *La teoria dei prezzi dei Signori Auspitz e Lieben e le osservazioni del Professore Walras* dans le numéro de mars 1892, du *Giornale degli economisti.*
(2) Extrait des *Transactions of the Connecticut Academy*, vol. IX, juillet 1892.
(3) *Mathematical investigations*, part. I, ch. i, § 5 note.

chacun d'eux a recours participent de cette notion. On reconnaît, sous une forme légèrement différente, la critique que nous avons développée à propos de Walras, attendu que mesurer une quantité c'est précisément chercher un rapport : le rapport entre cette quantité et une autre choisie pour unité. En dernière analyse, c'est toujours la question de l'unité de plaisir qui se pose ; il s'agit de définir un étalon qui permette de mesurer le plaisir. Nous avons montré précédemment que cette question a été abordée par M. Edgeworth dans le cas où les intérêts d'individus différents sont simultanément en jeu, parce qu'alors il n'est pas possible de la passer sous silence, mais il est clair qu'il y a également lieu de lui donner une solution lorsque ne sont en jeu que les intérêts d'un seul individu, dès l'instant où — ce qui n'est nullement indispensable (**III, V, 1**) — l'on prend en considération des quantités de plaisir.

Nous avons vu à propos des *Mathematical Psychics* que la définition *psychologique*, proposée par le professeur d'Oxford, n'était pas de nature à donner satisfaction à M. Irving Fisher. Il y a en effet lieu de faire une distinction essentielle entre la psychologie et l'économie politique : tandis que la première de ces deux sciences étudie des *sensations,* la seconde a pour objet des *phénomènes objectifs*, d'où il résulte qu'elle comporte des *définitions en relation avec des données positives.* Aussi estimant que si Gossen et Jevons avaient considéré le calcul du plaisir et de la peine comme une partie fondamentale de leurs théories, c'est qu'ils n'avaient pas trouvé le moyen d'échapper à son emploi, le professeur de Yale s'est-il efforcé de débarrasser l'économie pure de toute considération subjective.

Il a commencé par poser ce postulatum conforme à l'hypothèse hédonistique : « Chaque individu agit suivant ses goûts » (1), puis il a énoncé les trois définitions suivantes, afin de préciser le sens dans lequel l'utilité est une quantité :

I. — « Pour un *individu donné*, à un *instant donné*, l'utilité de *A* unités d'un produit ou d'un service (*a*) est égale à l'utilité de *B* unités d'un autre produit ou service (*b*), si l'individu ne *désire* pas l'un à l'exclusion de l'autre. »

II. — « Pour un individu donné, à un instant donné, l'utilité de *A* unités de (*a*) excède l'utilité de *B* unités de (*b*), si l'individu préfère (ou *désire*) *A* à l'exclusion de *B* plutôt que *B* à l'exclusion de *A*. Dans ce cas, l'utilité de *B* est dite *moindre* que l'utilité de *A*. »

III. — « Le rapport de deux utilités est mesuré par le *rapport de deux accroissements infiniment petits du produit dont il s'agit*, tels que leurs utilités soient respectivement égales à celles dont on cherche le rapport, pourvu que ces accroissements infiniment petits s'ajoutent à des quantités finies égales. »

« Cette définition s'applique non seulement aux utilités infinitésimales d'un même produit, mais aussi à celles de produits ou services différents. »

(M. Irving Fisher fait remarquer que cette dernière définition est absolument conforme aux autres définitions mathématiques.)

Dans ces conditions, l'utilité marginale (finale) d'un produit étant la limite du rapport de l'utilité d'un accroissement marginal à la grandeur de cet accroissement, on voit que le rapport de deux utilités marginales est le rapport des utilités de deux accroissements marginaux divisé par le rapport de ces accroissements. Dès lors « l'utilité marginale d'un produit, arbitrairement choisi, sur la limite (*margin*) d'une quantité arbitraire-

____

(1) *Op. cit.*, part. I, ch. I.

ment choisie de ce produit peut servir d'unité d'utilité pour un individu donné à un instant donné. Cette unité peut être appelée un *util* ».

Par suite, en partant de ces définitions, il est facile de justifier, en précisant sa signification, la courbe de l'utilité de Jevons et par conséquent les œuvres de divers auteurs qui l'ont, plus ou moins directement, prise en considération. Et en fait, dans le cas de la libre concurrence, le seul dont il se soit occupé, M. Irving Fisher est parvenu à des équations qui sont essentiellement celles de Walras. Les seules différences fondamentales que l'on constate entre elles proviennent de ce que le docteur Irving Fisher a constamment fait figurer dans ses relations l'utilité marginale considérée comme une fonction des quantités de produits, tandis que le professeur de Lausanne avait regardé la quantité de chaque produit comme une fonction du prix. — Notons en passant que ce fait « que des résultats similaires aient été obtenus séparément et par des voies différentes, constitue certainement un argument à faire entrer en ligne de compte pour ceux qui se montrent sceptiques au sujet de l'emploi de la méthode mathématique » (1).

Dans cette partie de ses *Mathematical investigations,* au lieu d'éclairer son exposé à l'aide de diagrammes, le professeur de Yale a préféré faire appel à des analogies mécaniques, parce que « ceux qui étudient l'économique sont naturellement portés à faire état de la mécanique plutôt que de la géométrie », et qu'ainsi « une illustration mécanique s'adapte plus parfaitement à leurs connaissances antérieures qu'une illustration graphique » (2). C'est ainsi qu'il a non seulement imaginé, mais encore fait construire un appareil (3) qui

(1) *Op. cit.*, préf., p. 4.
(2) *Ibid.*, part. I, ch. ii, § 1.
(3) Dont le professeur Edgeworth semble avoir eu également l'idée

rend en quelque sorte tangible la mutuelle dépendance des variables économiques, en montrant, grâce à un mécanisme ingénieux, le système économique en action, ainsi que l'a rappelé M. Pantaleoni au Congrès de Parme en septembre 1907 (1). « Cet appareil ne constitue pas une simple merveille scientifique ; ce n'est pas seulement un procédé pratique d'illustration des systèmes d'équations auxquels... recourt l'économie mathématique : c'est, à proprement parler, un véritable instrument d'investigation, qui est susceptible de faire voir avec une singulière netteté quels seraient, *cæteris paribus*, les effets de telle ou telle cause, et à en donner une *mesure* approximative » (2). Les *Mathematical investigations* — qui n'ont d'ailleurs malheureusement pas été traduites en français — étant devenues introuvables en librairie et ne figurant que dans un très petit nombre de bibliothèques, nous donnerons, avec des figures, dans la quatrième partie de notre étude, une description détaillée de cet appareil présentant l'immense avantage de faire saisir, pour ainsi dire sur le vif, la consistance générale de l'équilibre économique, qui peut, dans une certaine mesure, se trouver masquée par des abstractions qui ne sont pas toujours faciles à saisir pour ceux qui ne sont pas familiarisés avec l'emploi des mathématiques.

Tandis que dans la première partie de son ouvrage, M. Irving Fisher avait admis avec Jevons, Walras, etc., que l'utilité de chaque produit ne dépend que de la quantité de ce produit, dans la seconde, au contraire, il a considéré l'utilité de chaque produit comme une fonc-

à la même époque. Cf. *Revue d'Economie politique*, numéro de janvier 1891, p. 27.

(1) Cf. *Revue d'Economie politique*, numéro de mars 1908.

(2) E. BARONE, *Giornale degli Economisti*, numéro de mai 1894.

tion des quantités de tous les autres produits, par suite de l'existence de produits complémentaires (*completing commodities*) et de produits substituables — succédanés — (*competing commodities*).

Ainsi que nous l'avons mentionné, le professeur Edgeworth, puis MM. Auspitz et Lieben s'étaient déjà arrêtés à cette conception, mais il faut remarquer que, d'une part, M. Irving Fisher n'eut connaissance des *Mathematical Psychics* qu'après l'achèvement de la seconde partie de son travail (1), et que, d'autre part, il a donné à la théorie de la mutuelle dépendance des consommations un développement et une importance qu'elle n'avait pas dans l'œuvre du professeur d'Oxford, ainsi qu'il résulte du compte rendu des *Mathematical investigations* publié par ce dernier lui-même dans l'*Economic Journal* (2). Il est d'ailleurs digne d'être noté que M. Irving Fisher a reconnu (3), à la suite du professeur Marshall (4), que l'approximation obtenue grâce à l'hypothèse simplificatrice admise par ses prédécesseurs est en général suffisante, et qu'il n'a étudié le phénomène complexe qu'en tant que seconde approximation, de telle sorte qu'on ne serait pas fondé à lui reprocher d'avoir voulu aborder un problème trop compliqué dans l'état actuel de la science.

Dans cette seconde partie de son ouvrage, le professeur de Yale a été amené à faire une observation de la plus haute importance au point de vue des principes de l'économie pure. D'après ce que nous venons de voir, il avait fait reposer toutes ses recherches relatives à la théorie de la valeur et des prix sur trois définitions que nous avons rappelées. Or, il est évident que la défini-

(1) Voir *Mathematical Investigations*, préf., p. 4.
(2) Numéro de mars 1893.
(3) *Mathematical Investigations*, part. II, chap. I, § 5.
(4) *Principes...* [p. 100], t. II, App. A, n. XII *bis*, p. 589.

tion III du rapport de deux utilités n'aurait plus aucun sens dès l'instant où il s'agirait de comparer des utilités relatives à deux individus différents. Eh bien ! non seulement M. Irving Fisher a fait remarquer, pour la première fois croyons-nous, que « dans le but d'étudier les prix et la distribution, il n'est pas nécessaire de préciser la signification du rapport d'utilités relatives à deux individus différents », mais encore il a fait observer que la définition III n'est nullement requise par la recherche de l'équilibre économique, à la condition de ne pas avoir recours aux systèmes de coordonnées employés par Gossen, Jevons, MM. Launhardt et Marshall, mais de partir de la notion de courbe d'indifférence (Cf. **III, IV, 2**) introduite dans la science par M. Edgeworth. Et c'est là une observation que nous retrouverons à la base des plus objectifs, et, par suite, des plus scientifiques des travaux d'économie pure, dus au professeur Vilfredo Pareto.

En outre de ses *Mathematical Investigations* et de divers ouvrages, notamment ses *Elementary principles of economics* (1), contenant trop peu d'applications des procédés mathématiques pour que nous nous y arrêtions ici, on doit également à M. Irving Fisher *A brief introduction to the infinitesimal calculus, designed especially to aid in reading mathematical economics and statistics* (2), ainsi qu'un grand nombre d'articles portant principalement sur des questions monétaires (3).

(1) New-York, 1912, réimp., 1913.
(2) New-York, 1897; 3e édit., 1906.
(3) Voir en particulier : *Economic Journal*, 1894, vol. IV, pp. 527-237 ; *Publ. Amer. Econ. Assoc.*, 1896, vol. XI, n° 4 ; *American Economic Review*, mars 1913 ; *Quarterly Journal of Economics*, février 1913 ; *Annales of the American Academy of Political and Social science*, juillet 1913, pp. 133-139.

§ 5. — Vilfredo Pareto.

L'œuvre économique du professeur Vilfredo Pareto peut être divisée en deux parties assez nettement distinctes. Elle comprend, d'une part, l'ensemble de ses travaux antérieurs à 1898, parmi lesquels il faut citer en première ligne son *Cours d'économie politique* professé à l'Université de Lausanne (1), et, d'autre part, ses travaux postérieurs à 1898, principalement son *Manuale di economia politica con una introduzione alla scienza sociale* (2) et son *Manuel d'économie politique* (3) (4).

* *

Disciple de Walras et son successeur dans la chaire d'*Economie Nationale* de l'Université de Lausanne, M. Pareto a commencé par reprendre les théories de son prédécesseur pour en généraliser les conclusions, en complétant certaines données, et en étendre le domaine.

Il y a cependant entre les *Eléments* de Walras et le *Cours* de M. Pareto des différences profondes du fait que les deux auteurs ont eu en vue des objets tout différents.

Le premier poursuivait un but *pratique* : démontrer l'exellence de sa doctrine. Il n'a par suite fait l'étude

(1) I, Lausanne, 1896 ; II, *Id.*, 1897.
(2) Milan, 1906.
(3) Paris, 1909.
(4) M. Pareto a publié à partir de 1892 un très grand nombre d'articles dans le *Giornale degli Economisti*, dont la substance a été en grande partie incorporée à ses ouvrages.

que du seul régime économique qu'il avait dès lors à prendre en considération, celui de la libre concurrence. « L'économie politique pure est essentiellement la théorie de la détermination des prix sous un régime hypothétique de libre concurrence absolue » (1). Il a d'ailleurs été amené, pour atteindre son but, à faire intervenir certaines considérations métaphysiques.

Le second, au contraire, s'est proposé de traiter l'économique à un point de vue purement *scientifique*, de telle sorte qu'il a été naturellement conduit à examiner, à côté de la libre concurrence, les divers types de monopole, parmi lesquels il faut ranger les régimes socialistes. En outre, dégagé de tendances pratiques, il s'est efforcé de prendre une position aussi objective que possible pour faire de l'économie pure, débarrassée de toutes conceptions philosophiques, la première approximation dans l'étude du phénomène économique concret.

Le *Cours* de M. Pareto se compose de deux sections : l'économie pure et l'économie appliquée, deuxième approximation dans la recherche des conditions de l'équilibre économique. En effet, « deux conceptions dominent tout ce livre : celle des approximations successives et celle de la mutuelle dépendance, non seulement des phénomènes économiques, mais aussi des phénomènes sociaux » (2).

La première section (économie pure) comprend l'exposé des conditions générales de l'équilibre économique, non seulement dans le cas de la libre concurrence, dans lequel l'individu accepte les prix du marché sans essayer de les modifier *directement* et *volontairement*, mais aussi, d'après ce que nous venons de dire, dans le cas

(1) *Eléments...* [p. 106], p. xi.
(2) *Cours*, t. I, préf. p. iv.

où un individu ou une collectivité, jouissant à quelque titre que ce soit d'un monopole quelconque, — c'est-à-dire d'un avantage spécial sur les autres individus justifiant l'espoir du succès — s'efforce, en réglant son offre et sa demande, de dominer le phénomène économique pour modifier les prix dans son intérêt ou dans tout autre but, tout en faisant état des conditions du marché. Cette étude de l'équilibre économique, dans laquelle M. Pareto distingue des positions stables et des positions instables, se divise en deux parties : l'étude de l'échange correspondant aux *transformations économiques*, et l'étude de la production correspondant aux *transformations matérielles* (Cf. *infra* III, V, 3). Nous retrouvons ainsi les deux problèmes envisagés par Walras.

Bien que dans tout cet exposé, M. Pareto se soit, en général, placé dans les mêmes conditions restrictives que Walras, et qu'il ait admis les mêmes hypothèse-simplificatrices, il a néanmoins introduit certaines conceptions nouvelles qui ont assuré une plus grande généralité à sa théorie cependant que l'emploi de l'analyse (1) permettait de lui donner une plus grande extension. C'est ainsi que prenant en considération, avec les professeurs Edgeworth et Irving Fisher (Cf., *supra* §§ 2 et 4) ce fait que l'*ophélimité* (utilité) procurée par la consommation d'une marchandise *dépend* fréquemment de la consommation d'autres marchandises, il a été amené à distinguer plusieurs espèces de dépendances: d'une part, celles qui correspondent à l'existence de succédanés, et, d'autre part, celles qui proviennent de ce que certains biens nous procurent plus de plaisir réunis que séparés, soit parce qu'ils se complètent, soit parce que par suite de leur réunion nos dispositions se trouvent

(1) Walras n'avait eu recours qu'à l'algèbre et à la géométrie analytique plane.

modifiées, (si bien que le plaisir total procuré par plusieurs consommations peut être influencé par leur ordre (1)). Dans la même partie, après avoir montré mathématiquement la décroissance de la demande en fonction du prix, M. Pareto s'est de plus préoccupé des exceptions à cette décroissance provenant de l'existence de succédanés. Cette étude de la dépendance des consommations a d'ailleurs permis au professeur de Lausanne d'expliquer un phénomène qui semble *a priori* paradoxal : dans les années de famine, la demande du pain augmente au lieu de diminuer avec la cherté du prix. « Il semble », dit Malthus (2), « que l'on n'ait pas assez fait attention à une cause particulière de la cherté. Le prix du blé en temps de rareté dépend beaucoup moins du déficit réel que de l'espèce d'obstination avec laquelle on persiste à vouloir soutenir la consommation au même degré ». M. Pareto remarque (3) que cette prétendue obstination provient de ce que les classes pauvres sont peu à peu obligées, à mesure que les prix s'élèvent, de renoncer à certains aliments de qualité supérieure et de se contenter de pain, dont, par suite, la consommation augmente.

Dans cette première section du *Cours*, les démonstrations mathématiques ont une importance fondamentale, quoique, par suite des nécessités didactiques inhérentes à un cours destiné à des étudiants en droit, l'auteur ait dû les placer en notes. Dans la deuxième section (économie appliquée) l'emploi des mathématiques ne joue au contraire qu'un rôle très secondaire, sauf lorsque l'auteur traite de sujets particuliers tels que : la ques-

---

(1) C'est ainsi que dans un dîner, par exemple, il ne serait pas aussi agréable de commencer par le dessert et de terminer par le potage que de procéder dans l'ordre normal inverse.

(2) *Essai sur le principe de population*, l. III, ch. v.

(3) *Cours*, II, n° 978, p. 338.

tion de la répartition des revenus, la théorie de la monnaie (analogue à celle de Walras), la théorie de la rente, qui vient réfuter celle de Ricardo. M. Pareto, en effet, s'est servi, sans aucun parti pris, de tous les moyens qui lui ont semblé propres à la découverte de la vérité, et c'est à tort qu'on le considère parfois comme un auteur qui veut appliquer les mathématiques à l'économie politique de préférence à toute autre méthode. « Lorsque nous avons rencontré quelque fait historique intéressant l'économie politique, nous n'avons pas craint de nous livrer aux recherches critiques qui pouvaient donner à ce fait une vraie valeur. Enfin, lorsque nous avons eu à traiter de l'évolution, nous n'avons pas hésité à emprunter des notions de fait et des explications aux sciences biologiques » (1).

Nous sortirions de notre programme en nous arrêtant longuement sur cette seconde section, étant donné que l'emploi des mathématiques y est relégué au second plan. Qu'il nous suffise de dire que la théorie qui y est exposée se rapproche de la réalité en tenant compte de certains éléments perturbateurs négligés tout d'abord, en tenant compte, par exemple, dans l'étude de la production, de la variabilité des coefficients de fabrication (quantités des services producteurs qu'il est nécessaire d'employer pour obtenir une unité de produit) que Walras avait considérés comme constants. Mais ce n'est encore là qu'une seconde approximation, car il s'agit toujours d'états limites ; il ne saurait être question de faire une description du phénomène économique concret qui est du domaine de la sociologie (Cf. I, II, 3).

Tels sont, dans les grandes lignes, les caractères du *Cours*, qui est complété par de nombreuses études his-

(1) *Cours*, I, préf., p. III.

toriques et statistiques. « *No other work contains such a compact, varied and comprehensive collection of statistical data* » (IRVING FISHER, *Yale Review*). Nous n'insisterons pas davantage sur cet ouvrage, parce que nous aurons l'occasion d'en revoir les éléments à propos du *Manuel*, dans lequel nous trouverons les idées actuelles du Maître sur l'économie politique.

A partir de 1898 M. Pareto s'est avisé que pour déterminer l'équilibre économique, il n'est nullement besoin de connaître la mesure du plaisir, un indice du plaisir suffit. C'est là l'origine de la théorie qu'il a commencé à exposer dès cette époque, qu'il a ensuite développée dans son *Manuale*, et qu'il a enfin présentée dans toute sa généralité dans son *Manuel*. Graduellement (Cf. **III, V, 1** et **2**), se dégageant des conceptions de l'ancienne économie politique, à la notion d'*ophélimité* il a substitué celle de *fonction-indice*, assez analogue à la notion de température (Cf. p. 175 n.), et le *Manuel* a dans une certaine mesure pour objet d'édifier la théorie de l'équilibre économique indépendamment de l'hypothèse de Walras et de « la condition de satisfaction maximum », sur laquelle reposait encore le *Cours*. L'utilité des dernières parcelles échangées, la rareté, le plaisir, l'ophélimité qui, en toute rigueur, ne peuvent être considérés comme des quantités ni, par suite, être soumis à l'analyse mathématique, ne figurent plus dans les équations du *Manuel*.

Nous aurons, dans la III⁰ partie, l'occasion d'insister sur ce sujet, qui n'est d'ailleurs pas du domaine de l'histoire ; nous nous bornerons donc ici à exposer quelques-unes des idées directrices qui sont à la base des dernières œuvres de M. Pareto.

D'une façon générale, dans le *Manuale* et dans le *Manuel*, l'auteur s'est efforcé d'affirmer la position objective qu'il avait prise dans le *Cours* : tandis que dans les déductions pratiques qu'il tirait de la théorie du *Cours*, il ne cachait nullement ses tendances libérales, — sans que toutefois cette théorie ait pour objet de démontrer la supériorité de telle doctrine considérée comme orthodoxe — il s'est placé dans le *Manuel* au point de vue de la science pure, sans laisser aucune place à l'art. Par suite, il a cherché à accroître la généralité de ses théories en les débarrassant de tout ce qui était susceptible, en apparence ou en fait, de les rapprocher de réalités nécessairement particulières et subjectives, et en ne prenant en considération que des phénomènes moyens : « Nous étudierons les actions logiques (1), répétées, en grand nombre, qu'exécutent les hommes pour se procurer les choses qui satisfont leurs goûts » (2).

C'est ainsi que dans le *Manuale* et ensuite dans le *Manuel*, au lieu de commencer par prendre séparément en considération l'échange et la production, le professeur de Lausanne étudie immédiatement l'équilibre économique en général, en le regardant comme naissant dans son ensemble du contraste des *goûts* des hommes et des *obstacles* que rencontre leur satisfaction, et que, plus tard, dans l'*Encyclopédie des sciences mathématiques pures et appliquées* (3), il a été encore plus loin en faisant abstraction des obstacles eux-mêmes, pour ne tenir compte que des différents genres de *liaisons* qui peuvent en résulter, liaisons qui constituent, à pro-

---

(1) Par opposition à irraisonnées, ce qui ne veut pas dire nécessairement illogiques (Voir sur ce sujet un article de M. Pareto dans la *Rivista italiana di sociologia*, XIV, fasc iii-iv, mai-août 1910).

(2) *Manuel*, ch. iii, § 1.

(3) T. I, vol. 4, fasc. 4, Paris, 1911.

prement parler, les liens de mutuelle dépendance du système économique.

C'est ainsi également que dans le *Manuel*, au lieu de parler des phénomènes économiques des types concrets nécessairement un peu vagues : libre concurrence, monopoles, etc., M. Pareto considère les phénomènes de trois types abstraits à caractéristiques mathématiques rigoureusement déterminables. Si l'individu accepte les prix du marché en se laissant uniquement guider par ses goûts, on a le *type I* (libre concurrence). Si, au contraire, il cherche à modifier les conditions du marché, dans son intérêt ou dans tout autre but, on a le *type II* (monopole pouvant d'ailleurs être exercé par un groupement) (1). Enfin, le *type III* « est celui auquel on arrive quand on veut organiser tout l'ensemble du phénomène économique, de telle sorte qu'il procure le maximum de bien-être à tous ceux qui y participent... Le type III correspond à l'organisation collectiviste de la société » (2). Sous ces formes, les divers cas de monopole qui n'étaient abordés qu'accessoirement dans le *Cours* sont définitivement incorporés dans l'étude de l'équilibre économique au même titre que la libre concurrence.

Ajoutons que M. Pareto ne s'est pas borné à renouveler les dispositions d'ensemble de ses premiers travaux, il a aussi apporté sur certains points particuliers des modifications profondes, qui participent de la même tendance à généraliser en simplifiant. Dans ses derniers ouvrages, par exemple, il ne considère plus la notion de capital

(1) Les phénomènes du type II, sont ceux qui correspondent à l'exercice d'un monopole parce que la possibilité de modifier à leur profit les conditions d'un marché est évidemment réservée à ceux qui jouissent, par rapport aux autres individus, d'un avantage spécial, c'est-à-dire, d'un monopole.

(2) *Manuel*, ch. III, § 49.

comme fondamentale. « Au point de vue strictement mathématique de la détermination de l'équilibre, la capitalisation ne diffère pas de la fabrication de choses quelconques » (1), (elle constitue en somme les premiers échelons de la production.)

Le *Manuel* est complété par des études d'économie appliquée sur *la population* et sur *les capitaux fonciers et les capitaux mobiliers*, et enfin par un aperçu d'ensemble du *phénomène économique concret*. Ces derniers chapitres mettent nettement en évidence l'importance du rôle de l'économie pure, en offrant à une étude générale des bases réellement scientifiques, qui permettent de la soustraire aux influences éthico-métaphysiques.

Nous nous sommes efforcé dans ce qui précède de donner une idée d'ensemble de l'œuvre actuelle de M. Pareto. Nous essaierons dans la III⁰ partie de faire voir plus clairement les résultats qu'il a obtenus, mais nous croyons devoir dès à présent souligner que cette œuvre vaut non seulement par ces résultats, mais encore par ceux qu'elle permettra d'obtenir grâce aux éléments qu'elle a fournis à la science. Le savant professeur de Lausanne a commencé à frayer une voie nouvelle qui ne saurait manquer d'être féconde, car on y découvre dès à présent de nombreux problèmes, dont les ἀγεωμέτρητοι ne soupçonnaient même pas l'existence et dont la solution n'est encore actuellement qu'effleurée (Cf. Pareto, *passim*).

(1) *Encyclopédie*, § 48.

CHAPITRE IV

Indications bibliographiques.

Nous ne saurions avoir la prétention de passer en revue tous les auteurs qui se sont occupés peu ou beaucoup d'économie mathématique, car nombreux sont ceux qui, depuis une quarantaine d'années surtout, ont fait dans leurs recherches appel au puissant concours que l'emploi des mathématiques peut fournir à la logique ordinaire ou qui, du moins, ont contribué à vulgariser par leurs ouvrages théoriques, critiques ou historiques une science dont ils sont devenus les adeptes.

En outre des auteurs que nous avons rencontrés précédemment, nous nous bornerons donc à signaler dans la période contemporaine :

En Allemagne.

Julius Lehr (*Grundbegriffe und Grundlagen der Volkswirthschaft*, Leipzig, 1893, et de nombreux articles notamment dans le *Jahr. Nationalök. u. Statist.* et le *Vierteljahrschr. Volkswirth.*). — J. Schumpeter (*Das Wesen und das Hauphinhalt der theoretischen Nationalökonomie*, Leipzig, 1908).

En Angleterre.

PHILIP H. WICKSTEED (*The alphabet of economic science* Ire part. *Elements of the theory of value and worth*, Londres, 1888 et plusieurs articles du *Dictionary of political economy* de Palgrave, Londres, 1894-1896).

En Danemark.

HARALD WESTERGAARD (*Mathematiken i Nationalökonomiens Tjeneste* dans le volume *Smaaskrifter Tilegne* de A.-F. Krieger, Copenhague, 1887 ; *Indledning til Studiet of Nationalökonomien*, Copenhague, 1891).

En Hollande.

D'AULNIS DE BOUROUILL (*Het Inkomen der Maatschappij. Eene Præve van theoretische Staathuishoudkunde*, Leyde 1874). — A. BEAUJON (*Wiskunde in de Economie*, dans l'*Economist*, Amsterdam, oct. 1889. *A propos de la théorie des prix*, dans la *Revue d'économie politique*, Paris, fév. 1890). — A.-J. COHEN STUART (*Bijdraje tot de Theorie der progressieve Inkomstenbelasting*, La Haye. 1889). — MEES (JUNIOR).

En Italie.

E. BARONE, dont les travaux, notamment les *Principi di economia politica* (Rome, 1889), ont largement contribué à la vulgarisation des théories de l'économie pure, en mettant « à la disposition de ceux qu'avaient

rebutés les exposés souvent très ardus de ces auteurs
[Walras et Pareto] l'instrument le plus commode et le
plus maniable pour connaître et comprendre leurs théories » (CHARLES RIST). Il convient de citer également les
nombreux articles théoriques que M. Barone a publiés
dans le *Giornale degli Economisti* depuis 1894 — J.-B.
ANTONELLI (*Sulla teoria matematica della economia politica*, Pise, 1886). — G. ROSSI (*La matematica applicata alla
teoria della richezza sociale*, dans *Studi bibliog. storici e
critici e nuovi ricerce*, Reggio Emilia, 1889) — P. BONIN-
SEGNI (Articles dans le *Giornale degli economisti*) — LUIGI
AMOROSO — V. FURLAN — TULLIO MARTELLO — GUIDO
SENSINI et même M. PANTALEONI quoiqu'il appartienne
plutôt à l'Ecole Autrichienne. Ses *Principii di economia
pura* (Florence 1890, 2° éd., 1894), qui contiennent un
résumé des travaux sur l'utilité, rendirent « pour la première fois accessibles à tous les démonstrations profon-
dément originales et vigoureuses, quoique parfois abstraites, de Gossen » (A. MARSHALL).

En Suède.

KNUT WICKSELL (*Uber Wert, Kapital und Rente nach
den neueren nationalökonomischen Theorien*), Iéna, 1893.

Il existe d'ailleurs diverses bibliographies très riches,
quoique incomplètes, des œuvres des économistes qui
ont eu recours à l'emploi des mathématiques.

La plus ancienne date de 1878, elle a toute une histoire. Elle fut dressée par Jevons et Walras eux-mêmes
à la suite de la constatation de la coïncidence des résultats auxquels ils étaient parvenus chacun de son
côté. « Il est assez naturel », dit Walras (1), « que M. Je-

---

(1) *Journal des Economistes*, numéro d'avril 1885, p. 71.

vons et moi, mis en éveil par cette coïncidence singulière, nous ayons pris soin de nous enquérir des diverses
tentatives qui avaient précédé les nôtres, et que nous
ayons été ainsi amenés à dresser de compte à demi la
Bibliographie des ouvrages relatifs à l'application des
mathématiques à l'économie politique. » « Dans ce
but, » dit Jevons (1), « je dressai la liste chronologique
de tous les ouvrages mathématico-économiques que je
connaissais, alors au nombre d'environ 70 : cette liste
fut, grâce à l'obligeance de l'éditeur, M. Giffen, impri-
mée dans le numéro de juin 1878 du *Journal of the London
Statistical Society*, et adressée aux principaux économistes, aux fins d'additions et de corrections. Mon ami,
M. L. Walras, recteur de l'Académie de Lausanne, après y
avoir fait lui-même des additions considérables, la communiqua au *Journal des Economistes* (décembre 1878) ».
Cette bibliographie, améliorée grâce aux indications de
différentes personnes citées par l'auteur, fut insérée par
Jevons dans la deuxième édition de sa *Theory*, puis,
après son décès, elle fut complétée par les soins de
Mme Jevons telle qu'elle figure dans la troisième édition
(1888).

Depuis cette époque, le professeur Irving Fisher a
dressé successivement deux bibliographies.

La première constitue l'appendice IV de ses *Mathematical investigations* (1892) (2) ; elle comprend une liste
de publications choisies parmi celles qui sont citées
par W. St. Jevons (Selected from Jevons) et une
liste additionnelle (Extension of Jevons' bibliogra-
phy).

La seconde se trouve à la suite de la traduction
en langue anglaise des *Recherches* de A.-A. Cour-

____

(1) *Théorie...* [p. 91], préf. de la 2e éd., p. 15.
(2) Cf. p. 136.

not (1897) (1) ; elle est divisée en quatre périodes :

de Ceva à Cournot 1711-1837.

de Cournot à Jevons, 1838-1870.

de Jevons à Marshall, 1871-1889.

de Marshall à nos jours, 1890-1897.

et dans chaque période les différentes publications sont classées systématiquement.

L'examen de cette liste, qui comprend 327 publications réparties sur 187 années, est des plus encourageant pour les partisans de l'emploi des mathématiques en économie politique, car elle peut être résumée dans le tableau suivant :

	1re Période	2e Période	3e Période	4e Période
Durée en années........	127	33	19	8
Nombre des publications	27	44	114	142

qui permet de bien augurer de l'avenir.

Un extrait de cette dernière bibliographie figure dans l'*Introduzione alla economia matematica* de F. Virgilii et C. Garibaldi (2).

(1) Cf. p. 79.
(2) Cf. p. 259.

TROISIÈME PARTIE

Consistance de l'emploi des mathématiques en économie politique.

Quoi qu'il en soit des diverses considérations que nous avons développées dans la première partie de ce travail, il est incontestable que c'est à l'épreuve que l'on discerne le mieux les bonnes méthodes comme les bons ouvriers. C'est pourquoi, dans cette troisième partie, nous allons essayer de montrer en quoi consiste l'emploi des mathématiques en économie politique et les résultats que cet emploi permet d'obtenir. Mais du fait même de la concision qui fait adopter l'analyse mathématique pour traiter les questions trop complexes pour être abordées par la logique ordinaire, les théories établies par cette voie ne sont généralement pas de nature à être résumées comme des théories littéraires. Aussi, sans viser aucunement à rédiger un « abrégé » d'économie mathématique, laisserons-nous de côté tous les détails — qu'il est toujours loisible de retrouver dans les ouvrages auxquels nous nous référerons — pour nous borner à faire voir, dans les grandes lignes, comment les mathématiques ont permis d'apporter la lumière dans la théorie de l'échange, ainsi que dans sa filiale la théorie de la production, qui constitue la théorie centrale de l'économie pure. L'échange en effet est toujours, en dernière analyse, le seul phénomène objectif, c'est-à-dire susceptible d'être étudié scientifiquement, que l'on rencontre à la base des diverses questions qui font l'objet des quatre vieilles divisions de l'économie politique : la production, la distribution, la circulation et la consommation.

Dans cet exposé shématique nous n'envisagerons d'ailleurs pas *de plano* l'emploi des mathématiques en économie politique dans toute sa généralité. Nous commencerons par indiquer les solutions de problèmes simplifiés, qui ont été fournies par les fondateurs de l'économie pure ; nous montrerons ensuite comment la généralisation de ces solutions a permis aux économistes mathématiciens contemporains d'élucider progressivement des questions de plus en plus compliquées, conformément à ce que nous avons vu dans la seconde partie. Après avoir rappelé comment Jevons a donné la première expression rigoureuse de la valeur d'échange, nous dirons comment Walras a modifié cette expression de manière à pouvoir l'étendre à un marché quelconque de produits ou de services producteurs ; puis nous mentionnerons comment M. Edgeworth a introduit dans la science la notion d'indépendance des biens économiques; et enfin nous exposerons comment, après que MM. Irving Fisher et Pareto eurent affranchi l'économie pure de toute hypothèse métaphysique relative à la nature du plaisir, ce dernier est parvenu à établir dans son ensemble la théorie de l'équilibre économique sous les différents régimes que l'on peut envisager. Passant ainsi du simple au composé, nous pourrons rendre plus clairement compte de la structure des théories les plus générales, en montrant les améliorations qu'elles présentent sur celles qui les ont précédées, de même que l'on facilite la description des machines jouissant de tous les perfectionnements dus à l'industrie moderne en la faisant précéder de celle de machines de types primitifs dont l'économie est plus directement saisissable.

CHAPITRE PREMIER

Equilibre de l'échange de deux marchandises entre elles.

§ 1. — La théorie de l'échange de W. St. Jevons.

La « théorie de l'utilité finale » est trop connue aujourd'hui pour qu'il y ait lieu de la reproduire ici. Mais, comme elle est, la plupart du temps, exposée sous une forme purement littéraire, qui ne laisse pas apercevoir nettement la communauté de base des recherches de Jevons et des principaux travaux d'économie politique postérieurs, nous ne croyons pas superflu de rappeler comment cet éminent économiste a été amené à poser, pour la première fois, les conditions de l'équilibre de l'échange de deux marchandises, qui ont constitué, d'après ce que nous avons vu, l'embryon d'où sont sorties, par voie d'extension et de généralisation, les conditions générales de l'équilibre économique dont l'étude fait l'objet de l'économie pure.

Selon la définition de J.-B. Say, l'*utilité* c'est la faculté qu'ont les choses de pouvoir servir à l'homme (1).

(1) Le mot *utilité* pris dans ce sens — celui que les anciens économistes donnaient à l'expression *valeur d'usage* — présente l'inconvénient de prêter à confusion, certains biens, l'opium ou la morphine par exemple, pouvant être tout à la fois utiles au point de vue économique et nuisibles au point de vue pratique. Aussi, a-t-on proposé de lui substituer divers néologismes susceptibles, à ce titre, de recevoir telle signification qu'on entende leur donner, et dont deux seu-

Ce n'est donc pas une qualité absolue, mais une qualité relative qui dépend des besoins de l'homme : « L'utilité ne dénote pas une quali!é intrinsèque des choses que nous qualifions d'utiles ; elle exprime seulement leur rapport aux efforts et aux plaisirs de l'humanité » (SENIOR). Par suite, l'utilité d'une marchandise doit être considérée « comme mesurée ou même tout à fait identique » (1) à ce que la consommation de cette marchandise ajoute au bonheur de celui qui la consomme. Or, au fur et à mesure que se poursuit la consommation d'une quantité de marchandise déterminée, l'intensité de la jouissance produite et réciproquement le *degré d'utilité*, c'est-à-dire l'utilité « spécifique » de la marchandise considérée, sont des grandeurs variables, qui finissent en général par devenir constamment décroissantes (2), de telle sorte que chaque élément de marchandise successivement consommé est caractérisé par une utilité élémentaire différente de celles des autres

tement sont entrés dans le vocabulaire économique : *ophélimité*, imaginé par M. Pareto, à propos des travaux de qui nous avons déjà eu l'occasion de le citer, et *désirabilité*, proposé par M. Gide et employé par M. I. Fisher dans ses derniers ouvrages. Il est regrettable que ce dernier vocable n'ait pas été adopté par les auteurs de langue française parce qu'il aurait offert le double avantage de dissiper tout malentendu sur la notion d'utilité économique et de permettre la création, par la simple adjonction du préfixe *in*, d'une expression adéquate (*indésirabilité*) à cette utilité négative à laquelle Jevons a donné le nom de *disutility*, que les traducteurs se sont bornés à franciser ; mais il ne faut cependant pas attacher une importance exagérée à ces questions, car peu importe le mot pourvu que l'on soit fixé sur sa signification, ce qui est évidemment la condition primordiale de toute étude scientifique.

(1) *Théorie...* [p. 91], ch. III, p. 105.

(2) On a prétendu rattacher ce fait à la loi de Fechner, dont l'expression la plus élégante consiste à dire que les sensations sont proportionnelles aux logarithmes des excitations, mais il est bien plus simple de le considérer comme résultant directement de l'expérience, plutôt que de le faire dépendre d'une loi également expérimentale, dont l'exactitude est d'ailleurs loin d'être établie.

éléments. L'*utilité totale* correspondant à la totalité de
la quantité de marchandise envisagée est donc, non pas
proportionnelle à cette quantité totale, mais égale à la
somme des utilités élémentaires des éléments successivement consommés ou, en d'autres termes, à l'intégrale, entre des limites convenables, du degré d'utilité
de la marchandise en question considéré comme
fonction de la quantité consommée.

Cela étant, mettons en présence deux échangistes
porteurs l'un d'une quantité a d'une marchandise (**A**)
et l'autre d'une quanté b d'une marchandise (**B**), marchandises dont les degrés d'utilité sont respectivement
représentés par les fonctions φ_1 et ψ_1, pour le premier
individu, et φ_2 et ψ_2 pour le second.

Pour que, après échange d'une certaine quantité x
de la marchandise (**A**) contre une certaine quantité y
de la marchandise (**B**), chacun des échangistes puisse
se déclarer satisfait, il faut que l'échange supplémentaire d'un élément dx de la marchandise (**A**) contre un
élément dy de la marchandise (**B**) ne soit pas susceptible
de modifier l'utilité totale dont jouit chacun d'eux,
c'est-à-dire que l'on ait :

$$\varphi_1 (a - x).\, dx = \psi_1 (y).\, dy.$$

et

$$\psi_2 (b - y).\, dy = \varphi_2 (x).\, dx$$

ou

$$\frac{dy}{dx} = \frac{\varphi_1 (a - x)}{\psi_1 (y)} = \frac{\varphi_2 (x)}{\psi_2 (b - y)}$$

ce qui signifie que le rapport d'échange des deux derniers éléments échangés doit être égal, pour chacun
des échangistes, au rapport des degrés d'utilité de ces
derniers éléments, auxquels Jevons a donné le nom de
degrés finals d'utilité (ou, plus simplement, d'*utilités*

finales). Or, comme il ne saurait y avoir simultanément sur un marché régi par la libre concurrence plusieurs rapports d'échange différents pour deux marchandises données, le rapport d'échange des quantités totales est nécessairement égal au rapport d'échange des derniers éléments échangés. Il résulte donc des deux relations ci-dessus que les quantités échangées satisfont aux deux équations suivantes :

$$\frac{y}{x} = \frac{\varphi_1\,(a - x)}{\psi_1\,(y)} = \frac{\varphi_2\,(x)}{\psi_2\,(b - y)}$$

qui sont précisément l'expression de la proposition qui constitue, d'après Jevons, ainsi que nous l'avons dit (II, II, 2), « la clé de voûte de toute la Théorie de l'Echange et des principaux problèmes de l'Economique », à savoir que *Le rapport d'Echange de deux produits quelconques sera inversement proportionnel au rapport des degrés finals d'utilité des quantités de produits disponibles pour la consommation après que l'échange est achevé.* »

Ces équations — qui sont devenues célèbres sous le nom de « équations de Jevons » — étant en nombre égal à celui des inconnues x et y du problème d'échange envisagé, elles déterminent entièrement ce problème et offrent ainsi, dans un cas particulièrement simple il est vrai, le premier exemple d'une représentation mathématique des conditions d'un équilibre économique.

§ 2. — La théorie de l'échange de L. Walras.

Le principe de cette théorie ayant été exposé par Walras dans un mémoire lu à l'Académie des sciences morales et politiques, aux séances des 16 et 23 août 1873 (1), dont il envoya un exemplaire à Jevons, celui-

(1) Ce mémoire a paru dans la livraison de janvier 1874 des *Comptes*

ci adressa en retour au professeur de Lausanne un compte rendu de sa communication au Congrès de Cambridge de la British Association (1), qu'il accompagna des commentaires suivants, dans une lettre en date du 12 mai 1874 (2) :

« ... Vous trouverez, je pense, que votre théorie coïn-
« cide au fond avec la mienne et la confirme, quoique
« les notations soient choisies d'une autre manière et
« qu'il y ait des différences de détail. Vous verrez que la
« théorie tout entière repose sur l'idée (§ 8 du travail) que
« *l'utilité* d'une marchandise n'est pas proportionnelle à
« sa quantité ; ce que vous appelez *rareté* d'une mar-
« chandise apparaît comme étant exactement ce que
« j'ai appelé d'abord *coefficient d'utilité*, puis ensuite
« *degré d'utilité*, et qui, comme je l'ai expliqué aussi, est
« réellement le *coefficient différentiel* [dérivée] de l'utilité
« considérée comme une fonction de la quantité de
« marchandise.

« *La théorie de l'échange* est donnée au § 14 de mon
« travail, et peut être considérée comme étant contenue
« dans une seule proposition : « Une équation peut
« ainsi être établie de part et d'autre entre l'utilité obte-
« nue et sacrifiée, à la raison d'échange de la totalité
« des marchandises, sur les derniers incréments
« échangés. »

rendus des séances et travaux de cette Compagnie et dans le *Journal des Economistes*, numéro d'avril 1874. Il a été, en outre, publié par Walras dans sa *Théorie mathématique de la richesse sociale*, Lausanne, 1883.

(1) Voir ci-dessus II, II, 2.

(2) Cf. Walras, *op. cit.* ou *Journal des Economistes*, numéro de juin 1874. (Ces deux ouvrages contiennent la traduction de cette lettre, faite par Walras lui-même ; le texte original, en anglais, figure dans la *Mathematische Theorie der Preisbestimmung der wirthschaftli-chen Güter* de Ludwig von Winterfeld, Stuttgart, 1881.)

« Maintenant, dans mon livre de 1871 (1), je montre
« pleinement comment cette théorie peut être exprimée
« en notations. Soient deux personnes A et B, desquelles
« A détient la quantité a d'une marchandise, et B détient
« b d'une autre, alors je donne l'équation d'échange
« dans la forme :

$$\frac{\varphi_1\,(a - x)}{\psi_1\,(y)} = \frac{y}{x} = \frac{\varphi_2\,(x)}{\psi_2\,(b - y)}$$

« dans laquelle x est la quantité inconnue que A donne à
« B en échange de y. Il s'ensuit que $\frac{y}{x}$ est équivalent
« à votre p_a ou p_b, c'est-à-dire au prix courant ou à la
« raison d'échange. De plus $\varphi_1\,(a-x)$ représente le *degré*
« *d'utilité* de la première marchandise restant à A, et
« $\psi_1\,(y)$ représente le *degré d'utilité* de ce qu'il a reçu de
« B. D'ailleurs, ces degrés d'utilité sont exactement
« équivalents à vos *raretés*, et votre équation $p_a = \frac{r_{a,1}}{r_{b,1}}$ a
« identiquement le même sens que ma propre formule
« En effet, le sens des termes une fois expliqué, on voit
« que votre proposition : « Les prix courants du prix.
« d'équilibre sont égaux aux rapports des raretés, »
« coïncide précisément avec ma théorie ».

Or, Walras a reconnu avec la meilleur grâce du
monde le bien-fondé des revendications de Jevons : « Il
est évident », dit-il (2), « que votre *coefficient* ou *degré*
« *d'utilité*, qui est « le *coefficient différentiel* de l'*utilité*
« considérée comme une fonction de la *quantité* des
« *marchandises* », est identique à mon *intensité d'utilité*
« ou à ma *rareté*, qui est « la *dérivée* de l'*utilité effective*
« par rapport à la *quantité possédée* ; » que votre *rai-*

(1) *Theory of Political Economy.*
(2) Lettre à Jevons en date du 23 mai 1874 publiée avec la précédente.

« *son d'échange* n'est autre chose que mon *prix courant* ;
« et qu'enfin votre *équation d'échange* se confond avec
« mon *équation de satisfaction maximum* ».

Il semble donc qu'en nous référant, *mutatis mutandis*,
à notre exposé de la théorie de Jevons, nous n'ayons pas
lieu de nous arrêter longuement à l'exposé de celle de
Walras telle qu'elle est présentée dans la dernière édition des *Eléments*, étant donné que « ce volume... est
bien l'édition définitive du volume de 1874-1877 (1).
J'entends par là que ma doctrine d'aujourd'hui est bien
la même que ma doctrine d'alors » (2). Mais si la « condition de satisfaction maximum », qui est le point de départ de la théorie de Walras, est rigoureusement identique à l' « équation d'échange » de Jevons, cette relation n'est pas introduite de la même façon par les
deux auteurs, qui, en outre, ne l'utilisent pas de la
même manière. Or, bien que nous ayons cru devoir exposer d'abord la théorie de Jevons, parce qu'elle offre
un réel intérêt historique du fait qu'elle rattache en
quelque sorte l'économie mathématique à l'économie
littéraire, il n'en est pas moins vrai que c'est uniquement la théorie de Walras qui a donné naissance à
l'économie pure. C'est pourquoi, malgré son analogie
avec la précédente, nous croyons indispensable d'entrer
dans quelques détails au sujet de cette théorie, pour être
à même ultérieurement d'en suivre le développement et
aussi d'examiner les objections qu'elle a soulevées,
objections dont l'importance est accrue par la fécondité même des idées qui les ont provoquées.

Dans le problème de l'échange de deux marchandises
entre elles, Walras recourt à la méthode de réduction,

(1) La première édition avait paru en deux fascicules.
(2) *Eléments...* [p. 106], p. x.

la plus compatible avec l'emploi des figures géométriques, « qui, en représentant les grandeurs par des lignes et des surfaces, a l'immense avantage de peindre en quelque sorte l'enchaînement des phénomènes » (1).

Il suppose que sur un marché ne comportant que deux produits et entièrement soustrait aux influences étrangères une certaine quantité d'une marchandise (A) soit à échanger contre une certaine quantité d'une marchandise (B), et que chaque propriétaire de (A), se trouvant dans l'impossibilité de venir en personne, envoie un agent en lui indiquant ses dispositions à l'enchère, c'est-à-dire combien il serait disposé à acheter de (B) et à vendre de (A) à chacun des cours possibles. Les prix de (B) sont évalués en (A) pris comme numéraire, et ceux de (A) en (B), ce qui signifie que si dans un échange on obtient a de (A) contre b de (B), le prix de (A) en (B) est, $\frac{b}{a}$ et celui de (B) en (A), $\frac{a}{b}$; en d'autres termes, le prix d'une marchandise en une autre est représenté par le rapport inverse des quantités échangées (2). Ces dispositions à l'enchère, qui pourraient être également fournies sous la forme arithmétique d'un table   à double entrée ou sous la forme algébrique d'une équation $d = f(p)$, sont figurées par une courbe de demande dont les abscisses représentent les prix, et les ordonnées les quantités demandées à ces prix. Ces courbes de demande ont en général l'allure indiquée dans la figure 3, le point de rencontre avec l'axe des abscisses pouvant d'ailleurs être rejeté à l'infini, tandis que le

---

(1) Mémoire cité, *Compte rendu*, p. 105.
(2) Il est clair que le prix de (A) en (B) devient le prix tout court de (A), au sens vulgaire du mot, lorsque la marchandise (B) est la monnaie.

point, correspondant à la satiété, qui est situé sur l'axe des ordonnées est toujours à distance finie.

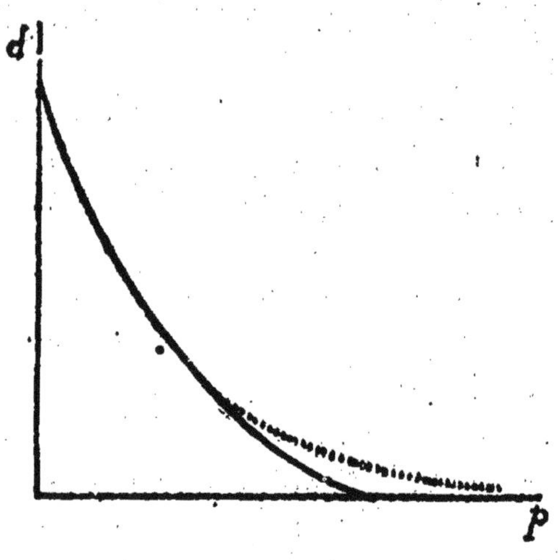

(Fig. 3).

La courbe de demande d'une marchandise **(A)** en fonction du prix p_a de **(A)** en **(B)** une fois connue, il est facile d'en déduire la courbe d'offre de la marchandise **(B)**. En effet, à un prix déterminé, l'offre o_b de **(B)** est, par définition, égale à la demande d_a de la marchandise **(A)** multipliée par le prix p_a de **(A)** en **(B)**,

$$o_b = d_a p_a$$

Si donc l'équation de la courbe de demande de **(A)** est :

$$d_a = f(p_a)$$

celle de la courbe d'offre de **(B)** sera :

$$o_b = f(p_a) \, p_a$$

ou bien, les prix des deux marchandises étant réciproques entre eux,

$$o_b = f\left(\frac{1}{p_b}\right) \frac{1}{p_b}$$

Il résulte d'ailleurs de la forme générale des courbes de

demande précédemment indiquée que les courbes d'offre, dont le point de départ est à l'origine quand le point de rencontre avec l'axe des abscisses de la courbe de demande corrélative est à l'infini, offrent habituellement les dispositions représentées sur la figure 4.

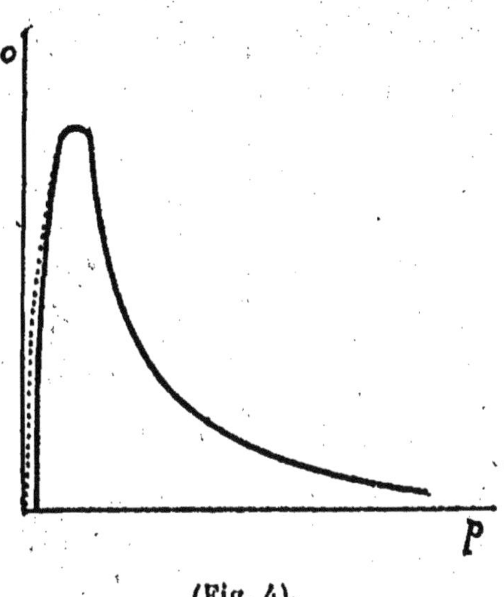

(Fig. 4).

Dès lors on a immédiatement la solution du problème suivant, qui est le problème fondamental au point de vue de l'échange de deux marchandises entre elles :

Etant donné deux marchandises (**A**) *et* (**B**) *et les courbes de demande de ces deux marchandises l'une en l'autre, déterminer les prix respectifs d'équilibre.*

En effet, un prix d'équilibre étant celui qui correspond au cas où la *demande totale* et *l'offre totale* de chacune des deux marchandises sont égales, on voit que pour déterminer un tel prix, il suffit de mesurer l'abscisse du point d'intersection de la *courbe de demande totale* et de la *courbe d'offre totale*, que l'on obtient en ajoutant respectivement les ordonnées des courbes individuelles de demande et d'offre. Il convient néanmoins d'observer que, en réalité, la solution du problème ne se présente pas toujours sous un aspect aussi simple que celui que nous venons d'envisager, car il arrive fréquemment que la courbe de demande totale et la courbe d'offre totale présentent, non pas un, mais plusieurs points d'intersection correspondant à des positions d'équilibre alternativement stables ou instables. Ces deux courbes peuvent effectivement offrir dans le voisinage d'un point d'intersection l'une des deux dispositions indiquées sur les figures 5 et 6 :

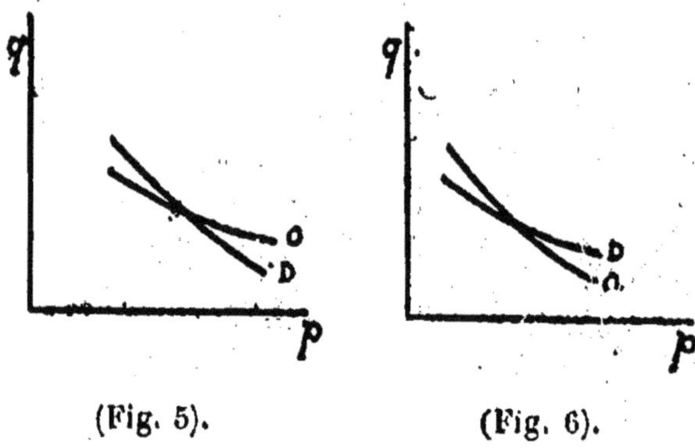

(Fig. 5).   (Fig. 6).

Or, il suffit d'examiner ces deux figures pour se rendre compte que, dans le premier cas, l'équilibre légèrement troublé tend à se rétablir, tandis que dans le second il se détruit complètement. En général les points d'intersection ne sont d'ailleurs pas en nombre supérieur à trois, deux d'entre eux correspondant à des positions d'équilibre stable, et le troisième à une position d'équilibre instable séparant les deux positions d'équilibre stable (1).

Quoi qu'il en soit, après avoir ainsi établi comment les prix résultent des courbes de demande, qui ne sont en réalité que des données auxiliaires, L. Walras reprend, en quelque sorte en sous œuvre, son étude pour

(1) Cf. *Eléments*, 7e leç.

rechercher le substratum hédonique de ces courbes de demande.

Pour que dans l'échange précédemment étudié les divers trafiquants réalisent le maximum de satisfaction possible, il faut que pour chacun d'eux la somme des utilités totales (Walras dit *utilités effectives*), relatives à chacune des marchandises soit maximum. Cela étant, Walras pose en principe que l'intensité du dernier besoin satisfait par la consommation du dernier élément d'une quantité de marchandise donnée est une fonction décroissante de cette quantité, ce qui revient à admettre, avec Jevons, que l'utilité du dernier élément consommé, c'est-à-dire l'utilité finale (qu'il désigne sous le nom de *rareté*) de la marchandise considérée est une fonction décroissante de cette même quantité. Il est dès lors à peu près évident que le maximum d'utilité totale a lieu pour chaque échangiste lorsque le rapport des derniers besoins satisfaits ou le rapport des utilités finales est égal au prix. Tant en effet que cette égalité n'est pas atteinte, il y a avantage pour l'échangiste à vendre de la marchandise dont l'utilité finale est moindre que le produit de son prix par l'utilité finale de l'autre, pour acheter celle dont l'utilité finale est plus grande que le produit de son prix par l'utilité finale de la première. Analytiquement, en désignant par p_a le prix de (A) en (B), et par $r_{a,1}$ et $r_{b,1}$ les utilités finales (*raretés*) des marchandises (A) et (B) pour l'échangiste (I), la *condition de satisfaction maximum* que nous venons d'exposer, et dont Walras donne deux démonstrations qui semblent tout au moins superflues, s'exprime par la relation

$$p_a = \frac{r_{a,1}}{r_{b,1}}$$

qui peut s'écrire en remplaçant $r_{a,1}$ et $r_{b,1}$ par les valeurs correspondantes des fonctions d'utilité $\varphi_{a,1}$ et $\varphi_{b,1}$, et en désignant par q_b la quantité de marchandise (**B**) dont dispose au début l'individu considéré :

$$p_a = \frac{\varphi_{a,1}(d_a)}{\varphi_{b,1}(q_b - o_b)} \quad (1)$$

ou encore, en vertu de l'égalité :

$$o_b = p_a d_a$$

$$p_a = \frac{\varphi_{a,1}(d_a)}{\varphi_{b,1}(q_b - p_a d_a)}$$

Or cette dernière équation donne d_a en fonction de p_a. Si on la suppose résolue par rapport à la première de ces variables, elle prend la forme :

$$d_a = f_{a,1}(p_a)$$

c'est-à-dire qu'elle fournit l'équation de la courbe de demande de (**A**) en (**B**) pour l'échangiste (**I**). On voit ainsi que les courbes de demande pour deux marchandises (**A**) et (**B**) résultent de l'utilité de chacune de ces deux marchandises pour chacun des échangistes et de la quantité de chacune d'elles possédée par chacun d'eux. Les fonctions d'utilité, ou les courbes qui les représentent, sont donc, en dernière analyse, les seuls éléments qui sont nécessaires à la détermination des prix d'équilibre.

Il sortirait du cadre de notre travail d'entrer dans les détails de constructions géométriques et de discuter les divers cas qui peuvent se produire.

Pour en terminer avec la *Théorie de l'échange de deux marchandises entre elles*, nous nous bornerons à dire quelques mots de la 10ᵉ leçon des *Eléments*, intitulée « de la rareté ou de la cause de la valeur d'échange », qui a donné lieu à bien des critiques. Dans cette leçon,

___

(1) Il suffit de remplacer dans cette relation p_a par $\dfrac{q_b - o_b}{d_a}$ pour retrouver l'équation de Jevons.

après avoir rappelé la définition qu'il avait donnée de la rareté au début de l'ouvrage, à savoir que les choses rares sont celles qui sont *utiles* (ent. propres à un usage quelconque même nuisible) et *limitées en quantités*, puis montré que cette définition est compatible avec celle qui consiste à désigner sous ce nom l'intensité du dernier besoin satisfait par la consommation d'un bien ou, ce qui revient au même, l'utilité finale de ce bien, Walras énonce (1) cette proposition quelque peu surprenante : « Il est certain que la rareté est la cause de la valeur d'échange ». Or on ne comprend guère, à première vue, que le professeur de Lausanne — qui est justement celui qui a le plus concouru à dissiper les idées erronées des anciens économistes, qui voulaient voir des rapports de cause à effet là où il n'y a que des rapports d'interdépendance — prétende lui-même avoir découvert la cause de la valeur, d'autant plus qu'il déclare explicitement par ailleurs (2) que « théoriquement toutes les inconnues du problème économique dépendent de toutes les équations de l'équilibre économique. » Pour s'expliquer une telle contradiction, il faut admettre, avec M. Pareto (3), « que Walras s'est laissé tromper par les notations accessoires du mot *rareté*. Dans ses formules, comme il l'accorde lui-même, c'est le *Grenznutzen* des Allemands, le *final degree of utility* des Anglais, ou bien notre ophélimité élémentaire ; mais dans le texte, de-ci, de-là, il s'y ajoute de façon peu précise, cette idée que la marchandise est rare pour les besoins à satisfaire, par suite des obstacles à surmonter pour l'obtenir. On entrevoit aussi vaguement une notion des obstacles (4), et cette proposition que « la rareté

<hr>

(1) *Eléments*, 10e leç., § 101.
(2) *Ibid.*, 25e leç., § 266.
(3) *Manuel...* [p. 148], ch. III, § 227 n.
(4) Cf. II, III, 5.

est la cause de la valeur d'échange » en devient moins inexacte. La faute de ces confusions n'est pas à ce savant éminent ; elle appartient entièrement au mode de raisonnement en usage dans la science économique ; mode de raisonnement que les travaux de M. Walras ont précisément contribué à rectifier ».

Ayant ainsi terminé l'exposé des conceptions de Walras dans le cas particulièrement simple que nous venons d'envisager, nous croyons opportun, avant de montrer comment le professeur de Lausanne a généralisé les principes que nous venons de rencontrer, d'examiner au préalable quelques polémiques qui se sont élevées à leur sujet. C'est ce que nous allons faire dans le paragraphe suivant.

§ 3. — Une objection de principe à la théorie de l'échange de Walras.

D'après ce que nous venons de voir, Walras a fait reposer toute sa théorie sur l'existence d'une « courbe d'utilité » ou « courbe de rareté », dont la notion procède directement de ce fait expérimental que le plaisir procuré par la consommation d'un produit donné décroît *en fonction* de la quantité déjà consommée, et ce de moins en moins rapidement au fur et à mesure que cette quantité augmente. Si le professeur de Lausanne, se contentant d'une représentation en quelque sorte shématique de ce phénomène, s'en était tenu à une conception générale de la courbe d'utilité, il n'y aurait rien à objecter ; mais il a cru devoir apporter plus de précision dans son exposé de la question. « Cette analyse », dit-il (1), « est incomplète, et, au premier abord,

(1) *Eléments*, 7e leç., § 74.

il semble qu'il soit impossible de la pousser plus loin, à cause de ce fait que l'utilité absolue d'intensité [point de vue subjectif] nous échappe parce qu'elle n'est ni avec le temps ni avec l'espace dans un rapport direct et mesurable comme l'utilité d'extension [point de vue objectif] et comme la quantité possédée. Eh bien ! cette difficulté n'est pas insurmontable. Supposons que ce rapport existe, et nous allons pouvoir nous rendre un compte exact et mathématique de l'influence respective de l'utilité d'extension, de l'utilité d'intensité et de la quantité possédée sur les prix ».

« *Je suppose donc qu'il existe un étalon de mesure de l'intensité des besoins ou de l'utilité intensive*, commun non seulement aux unités similaires d'une même espèce de la richesse mais aux unités différentes des espèces diverses de la richesse. »

En raisonnant ainsi, l'auteur a attribué à « la courbe de rareté » la signification d'une représentation *quantitative* des variations de l'utilité (ou de la satisfaction) en fonction des quantités consommées. Or, il faut reconnaître, avec certains critiques et à la suite du professeur Irving Fisher, qui semble être le premier à en avoir suggéré l'observation (1), qu'il est purement gratuit de considérer l'utilité (ou la satisfaction) comme une grandeur *mesurable*. En effet, s'il est certain que la satisfaction est une grandeur, puisque l'expérience journalière nous montre qu'elle est susceptible de plus ou de moins, il n'en est pas moins vrai qu'en l'état actuel de la science on n'a pas encore réussi à montrer qu'on peut la mesurer et encore moins à trouver comment on pourrait s'y prendre pour le faire.

Rien ne saurait donc justifier l'hypothèse de Walras, et l'œuvre du savant professeur de Lausanne présente

(1) Cf. **II, III, 4.**

ainsi un point faible. Mais il ne faut pas exagérer l'importance de l'objection que nous venons de signaler, car, bien qu'elle semble toucher à une question de principe, elle ne porte en réalité que sur le mode d'exposition. Ce point faible n'aurait constitué un défaut fondamental que si l'auteur des *Principes* s'était proposé de résoudre un problème *pratique* tel que le suivant :

Etant donné deux marchandises et leurs courbes d'utilité (ou les équations de ces dernières) pour chaque échangiste, ainsi que les quantités possédées par chacun d'eux, déterminer les courbes de demande (ou leurs équations).

Or, telle n'a pas été l'intention de Walras, ainsi qu'il a pris le soin de le spécifier lui-même (1) : « Ce serait nous faire une objection bien mal fondée que de nous parler de la difficulté d'établir les courbes d'échange ou leurs équations. L'avantage qu'il pourrait y avoir, dans certains cas, à dresser en totalité ou en partie la courbe de demande ou d'offre d'une marchandise déterminée, et la possibilité ou l'impossibilité de le faire, est une question que nous réservons tout entière. Pour le moment, nous étudions le problème de l'échange en général, et la *conception pure et simple* des courbes d'échange qui nous est à la fois *suffisante* et indispensable ». Qu'importe dès lors, au point de vue de la substance même de la doctrine, que la satisfaction ne constitue pas une grandeur mesurable ! Une grandeur non-mesurable n'est nullement par cela seul exclue de toute spéculation mathématique, ainsi que Henri Poincaré l'expose nettement dans une lettre qu'il écrivit à Walras à propos de la question qui nous occupe (2) : « La température par exemple (au moins jusqu'à l'avènement de la thermody-

(1) *Eléments*, 6ᵉ leç., *in fine*.
(2) Cf. L. WALRAS, *Economique et Mécanique* [p. 6].

namique qui a donné un sens au mot température absolue) (1), était une grandeur non-mesurable. C'est arbitrairement qu'on la définissait et la mesurait par la dilatation du mercure. On aurait pu tout aussi légitimement
la définir par la dilatation de tout autre corps et la
mesurer par une fonction quelconque de cette dilatation
pourvu que *cette fonction fût constamment croissante.*
« De même ici, vous pouvez définir la satisfaction par
une fonction arbitraire, pourvu que cette fonction croisse
toujours en même temps que la satisfaction qu'elle représente ». Ainsi donc, il importe fort peu, au point de
vue exclusivement théorique, que le plaisir ne soit pas
une grandeur mesurable et que par conséquent les
courbes d'utilité ne soient pas déterminables mathématiquement, pourvu, ce qui se produit en fait, que l'on
soit suffisamment renseigné sur la forme de ces courbes
pour être à même de discuter les résultats susceptibles
d'en être déduits. Par suite, la seule chose que l'on
puisse être fondé à reprocher à Walras, c'est l'introduction dans son exposé d'une hypothèse douteuse dont il
aurait pu se dispenser sans faire subir de modifications
essentielles à sa théorie, comme l'a récemment montré
M. Antonio Osorio (2). Du reste, rien ne s'oppose —
— tout au moins dans une première approximation —
à ce que l'on considère l'hypothèse de Walras comme un
postulatum (3), qui se trouve justifié par ses conséquences, car, conformément à ce que nous avons dit,

(1) Ce n'est qu'en 1848 que la première définition d'une température multiple d'une autre fut donnée par W. Thomson, et ce ne fut
que 65 ans plus tard, en octobre 1913, qu'une « Conférence internationale du mètre », siégeant à Paris, songea à l'emploi des tempéra-
tures thermodynamiques comme bases thermométriques.

(2) *Théorie mathématique de l'échange*, Paris, 1913, ch. VIII, § 203.

(3) Cpr. l'axiome beaucoup plus hardi posé par le professeur Edgeworth, p. 127 n.

M. Irving Fisher a obtenu, à l'abri de toute objection, des résultats concordants avec ceux du professeur de Lausanne, et M. Pareto est arrivé, ainsi que nous le verrons, avec un point de départ tout différent, à des conclusions foncièrement identiques. On peut donc dire, avec M. Osorio, que la vieille méthode de Jevons et de Walras estencore debout.

§. 4. — Quelques critiques formulées par Joseph Bertrand (1).

Parmi les critiques soulevées par les théories de Walras, les plus fameuses sont, sans conteste, celles que formula Joseph Bertrand, car elles n'ont pas tardé à servir de *leit-motiv* à tous ceux qui, pour jeter le discrédit sur l'économie mathématique, qu'ils n'étaient pas susceptibles d'apprécier, n'ont trouvé rien de mieux que d'étayer leurs prétentions du nom d'un mathématicien illustre, dont les objections sont au demeurant d'ordre presque exclusivement économique et en quelque sorte étrangères aux mathématiques, ce qui donne toute liberté de les censurer à loisir sans s'exposer à être pour cela taxé de présomption.

Les critiques formulées par Bertrand peuvent être divisées en deux catégories comprenant, d'une part, celles qui portent sur la détermination du prix d'équilibre en tant qu'abscisse du point d'intersection d'une courbe de demande totale et d'une courbe d'offre totale, d'autre part, celles qui sont relatives à la théorie de l'utilité.

Les premières sont absolument dénuées de fondement, car leur auteur n'a été conduit à les présenter que parce qu'il s'est placé à un point de vue entière-

(1) *Journal des savants*, numéro de septembre 1883 et aussi *Bulletin des sciences mathématiques* de la même année.

ment différent de celui de Walras. Non seulement il a substitué des questions pratiques, basées sur des hypothèses plus ou moins réalisables, au problème d'économie pure dont Walras avait, comme s'il se fût agi de mécanique rationnelle, le droit d'assujettir la solution à telles conditions qu'il jugeait convenables, mais encore et surtout il a envisagé des questions de dynamique, tandis que le professeur de Lausanne s'était borné à étudier le problème économique dans le voisinage de ses positions d'équilibre.

C'est ainsi qu'il commence l'exposé de ses objections en prenant en considération le cas où la demande excéderait l'offre, ou inversement, alors que sur le marché théorique il ne saurait y avoir lieu de se préoccuper d'un tel état de choses, étant donné que le libre jeu de la hausse et de la baisse doit nécessairement avoir pour conséquence d'y amener l'égalité entre ces deux quantités (1). C'est ainsi qu'ensuite il s'attache à faire ressortir que les courbes d'offre et de demande sont susceptibles de déformations *au cours* d'un même marché, et qu'il ajoute, craignant de n'avoir pas mis suffisamment en évidence ce fait et l'importance qu'il lui attribue : « Un dernier argument, s'il subsistait des doutes, les fera disparaître complètement. Supposons que, d'après les intentions connues des acheteurs et des vendeurs, le cours d'équilibre calculé une heure avant l'ouverture du marché, à l'aide du théorème discuté, soit 25 francs l'hectolitre. [Bertrand suppose que les deux marchandises échangées sont de l'argent et du blé.] Un nouvel acheteur se présente : au-dessous de 25 francs il veut acheter sans limite, et ne rien prendre ni à ce cours ni *a fortiori* au-dessus. Sa présence, si on

____

(1) Cf. L. WALRAS, *Journal des Economistes*, numéro d'avril 1885, p. 69 n.

en croit la règle de M. Walras, n'exercerait aucune influence ; elle relève en effet jusqu'à l'infini la courbe des demandes pour les points dont l'abscisse est inférieure à 25, sans la changer en rien pour les autres ; l'intersection, dont on a fait dépendre le résultat, restera la même et correspondra toujours à l'abscisse 25. Peut-on admettre une telle conclusion ? Le cours de 25 francs, en supposant qu'il tende à s'établir, ne sera ni le seul, ni le premier ; les prix oscilleront autour de lui ; chaque fois qu'ils lui seront inférieurs, l'acheteur nouveau se présentera, et ceux qui lui vendront, ayant écoulé tout ou partie de leur marchandise, n'offriront plus au cours de 25 francs ce qu'ils avaient offert au début... » Et tout cela sans s'apercevoir qu'il a ainsi simplement découvert que, en général, la statique n'est pas appropriée à la solution de problèmes de dynamique. « Les objections de J. Bertrand », fait observer judicieusement M. Pareto (1), « s'appliquent mot à mot à la détermination de l'équilibre mécanique. Un point matériel est posé sur un plan ; des forces lui sont appliquées, dont la résultante, normale au plan, presse le point contre ce plan. La statique nous dit qu'il demeurera en équilibre. Ce n'est pas vrai, répondrons-nous avec J. Bertrand. Supposons qu'on ait pratiqué une coupure dans le plan à une très petite distance du point (c'est l'acheteur qui achète sans limite au-dessous de 25 francs, et qui n'achète rien au-dessus). L'équilibre du point ne s'établira pas immédiatement ; il oscillera autour de sa position d'équilibre, et quand il arrivera à la coupure (quand les prix seront inférieurs à 25 francs) il quittera le plan, et l'équilibre sur ce plan n'aura plus lieu. Ce qu'il y a de vrai dans les observations de Bertrand, autant pour l'économie pure que pour la méca-

(1) *Encyclopédie...* [p. 149], note 54.

nique rationnelle, c'est qu'on ne peut pas transporter *ipso facto* aux cas pratiques les résultats de ces théories ».

Quant aux critiques qui sont relatives à la théorie de l'utilité, il est à peine besoin de s'y arrêter, car Bertrand est tombé à leur propos dans de graves erreurs matérielles, qui ne peuvent s'expliquer de la part d'un mathématicien aussi éminent que par une connaissance extrêmement superficielle de l'œuvre de Walras. Il commence en effet par déclarer que, d'après Walras, lorsque la quantité d'une marchandise possédée par un individu passe de x à $x + dx$, l'avantage qui en résulte pour lui est représenté par $\varphi(x)\,dx$, φ étant une fonction qui varie d'un individu à l'autre, et il ajoute : « Si l'on nomme p le prix de chaque unité achetée ou vendue, il est clair qu'en payant pdx l'accroissement dx, qui, pour lui, représente une satisfaction mesurée par $\varphi(x)\,dx$, celui dont nous parlons fera une bonne affaire, si $\varphi(x)$ est $> p$, et une mauvaise si $\varphi(x)$ est $<$ que p ; il devra acheter ou vendre une certaine quantité de la marchandise qu'il possède selon que l'une ou l'autre de ces conditions sera remplie, et cesser ses achats ou ses ventes quand on aura $\varphi(x) = p$. Si $x = \alpha$ est la racine de cette équation, α est ce que M. Walras nomme la rareté de la marchandise pour la personne considérée. » Or, il résulte à l'évidence de la simple lecture du début de la *Théorie mathématique de la richesse sociale*, que Walras n'a jamais professé une telle hérésie, et que c'est au contraire la valeur finale de la fonction $\varphi(x)$, qu'il désigne sous le nom de rareté, cependant que l'équation d'équilibre de Bertrand est une pure fantaisie qui ne peut s'expliquer qu'en supposant qu'il s'est cru autorisé à considérer comme constante l'utilité de la monnaie, ce qui ne saurait être admis.

Quant à la dernière critique de Bertrand, à savoir que si la considération de l'utilité des marchandises peut

servir à expliquer la demande des produits par les consommateurs, elle ne peut pas servir à expliquer leur demande par les commerçants qui n'en ont pas besoin
pour leur usage personnel, elle disparaît instantanément dès que l'on prend en considération toute l'œuvre
de Walras, au lieu de se borner à n'examiner que sa
théorie de l'échange (1).

Telles sont les plus importantes critiques adressées
aux éléments mêmes de la théorie de Walras; nous en
examinerons plus loin d'autres qui portent sur l'ensemble de cette théorie.

(1) Cf. L. WALRAS, *Journal des Economistes*, numéro d'avril 1885,
p. 69 n.

CHAPITRE II

Théorie générale, d'après Walras, de l'équilibre économique.

§ 1. — L'échange.

Après avoir étudié la théorie de l'échange de deux marchandises entre elles, en supposant, ainsi que nous l'avons fait précédemment, que chaque échangiste n'était porteur que d'une seule marchandise, Walras a cru, vraisemblablement dans un but didactique, devoir prendre en considération un certain nombre d'autres cas particuliers avant d'aborder la théorie générale. Mais comme l'analyse de l'œuvre du professeur de Lausanne dans tous ses détails nous entraînerait trop loin, et que nous désirons simplement en indiquer les grandes lignes, nous nous abstiendrons de nous arrêter à ces cas spéciaux, pour exposer immédiatement la solution du problème le plus général. Nous ne continuerons d'ailleurs pas à suivre dans cet exposé l'ordre choisi par Walras dans ses *Eléments*, parce qu'il nous semble préférable, pour un exposé synthétique, de procéder dans l'ordre inverse, qui est du reste celui que le professeur de Lausanne adopta dans le mémoire (1) qu'il communiqua

(1) Publié dans le numéro 76 du *Bulletin* de cette Société et dans la *Théorie mathématique de la richesse sociale* [p. 163].

en décembre 1875 à la *Société vaudoise des sciences naturelles* (de Lausanne), sans doute parce que se croyant alors (1) obligé de renoncer à la représentation géométrique des dispositions à l'enchère de chaque échangiste, dès que le nombre des marchandises est supérieur à trois, il estima la méthode de déduction plus appropriée à un exposé algébrique que la méthode de réduction.

Considérons donc *n* échangistes sur un marché régi par la libre concurrence absolue comportant *m* produits (A), (B), (C),... et proposons-nous de déterminer les conditions susceptibles d'assurer à chacun de ces individus le maximum de satisfaction possible, en fonction de l'utilité de chacune de ces marchandises pour chacun des échangistes et des quantités primitivement possédées par chacun d'eux.

Supposons que tous les prix soient évalués en fonction d'une seule marchandise (A), par exemple, choisie comme *numéraire*, ce qui ne restreint en aucune mesure la généralité de la question étant donné que sur un marché en état d'équilibre, le prix de l'une des marchandises en l'une quelconque des autres est unique et égal au rapport des prix de ces deux marchandises en une troisième. Pour qu'un échangiste (I), porteur à l'ouverture du marché des quantités $q_{a,i}$ de (A), $q_{b,i}$ de (B),... réalise le maximum de satisfaction possible en faisant varier ces quantités respectivement de x_i, y_i,... (positifs ou négatifs suivant qu'il s'agit d'achats ou de ventes), il faut évidemment, comme dans le cas de deux marchandises, que les prix soient proportionnels aux raretés, c'est-à-dire que l'on ait :

$$\text{(I)} \quad \frac{1}{\varphi_{a,i}\,(q_{a,i} + x_i)} = \frac{p_b}{\varphi_{b,i}\,(q_{b,i} + y_i)} = \frac{p_c}{\varphi_{c,i}\,(q_{c,i} + z_i)} = \dots$$

(1) Ce n'est qu'ultérieurement, en 1890-1892, qu'il est parvenu à donner à sa théorie générale la forme géométrique qu'elle revêt dans l'appendice II des *Eléments*.

en désignant par $\varphi_{a,i}, \varphi_{b,i}, \varphi_{c,i}, \ldots$ les fonctions d'utilité des marchandises **(A)**, **(B)**, **(C)**,.. pour l'individu **(I)**.

Les quantités demandées ou offertes par chaque échangiste tel que **(I)** doivent d'ailleurs être liées par une relation de la forme :

$$(\text{II}) \qquad x_i + p_b y_i + p_c z_i + \ldots = 0$$

étant donné qu'un échangiste ne peut demander de certaines marchandises qu'à la condition d'offrir de certaines autres en quantités équivalentes et réciproquement.

D'autre part, les quantités des marchandises étant invariables, pour que l'équilibre puisse s'établir, il faut que pour chacune d'elles les demandes et les offres individuelles se balancent exactement, c'est-à-dire que la somme de ces demandes et de ces offres soit nulle, que l'on ait :

$$(\text{III}) \qquad \begin{cases} \Sigma x_i = 0 \\ \Sigma y_i = 0 \\ \Sigma z_i = 0 \\ \ldots \ldots \end{cases}$$

Cela étant, Walras, qui avait uniquement en vue la détermination des prix d'équilibre, s'est attaché à faire ressortir que, dans le cas général, comme dans le cas particulier précédemment envisagé, ces prix sont la conséquence des dispositions à l'enchère de tous les échangistes, dispositions qui résultent elles-mêmes de l'utilité des diverses marchandises pour chacun de ceux-ci et de la quantité de ces marchandises possédées par chacun d'eux. En effet, d'après ce que nous venons de voir, on dispose pour chaque individu tel que **(I)** de m équations (les $m-1$ équations du système **(I)** et l'équation **(II)**) d'où l'on peut tirer les valeurs des quantités demandées ou offertes) par l'individu considéré en fonction des prix, *id est* les équations de demande (ou d'offre) partielle qui, dans le cas particulier où le nombre des marchandises se réduit à deux, sont représentées par les courbes de demande (ou d'offre) partielle. Or, ces dispositions à l'enchère une fois connues, il suffit de remplacer dans les m relations du système (III) (dont $m-1$ seulement sont indépendantes car la $m^{ième}$ est la conséquence des $m-1$ autres et des diverses équations analogues à l'équation (III),) les lettres par leurs expressions en fonction des prix précédemment déterminés pour obtenir $m-1$ équations d'où l'on puisse déduire les prix.

Sans entrer dans des détails de calcul, il est d'ailleurs évident *a priori* que les trois systèmes d'équations analogues aux équations (I), (II) et (III)) déterminent l'équilibre de l'échange d'un nombre quelconque de marchandises entre elles, puisqu'ils comportent un nombre d'équations égal à celui des inconnues. Aussi, eu égard à l'importance primordiale des problèmes d'échange, ces systèmes d'équations peuvent-ils être considérés comme fondamentaux en économie pure.

Après avoir développé la solution théorique du problème de l'échange, le professeur de Lausanne, sous l'influence de ses tendances pratiques, s'est attaché à montrer que le jeu de l'offre et de la demande, qui conduit à la détermination des cours sur un marché réel, constitue un véritable mode de résolution par tâtonnements des équations précédentes.

Mais quelque intérêt qu'il puisse y avoir à faire voir que, malgré leur apparente abstraction, les théories mathématiques sont souvent très voisines de la pratique, nous n'aurions pas cru devoir nous arrêter à cette question, qui ne présente au point de vue de la science pure qu'une importance subsidiaire, si elle n'avait donné lieu à des controverses que nous ne saurions passer sous silence. Elle constitue en effet un des principaux chefs de la polémique, dont nous avons déjà eu l'occasion de parler, qui s'est élevée entre M. Edgeworth et M. Bortkevitch à la suite de la publication par le premier, dans la revue anglaise *Nature* (1), d'une analyse critique de la deuxième édition des *Éléments*, intitulée *The mathematical theory of political economy*.

Dans cette étude M. Edgeworth déclarait que « après tout ce n'est pas une très bonne idée », que de prétendre établir une corrélation entre la résolution des équations de l'échange et le barguignage (*higgling*) qui aboutit sur un marché à la détermination des prix, parce que « comme Jevons le montre lui-même, les équations de l'échange ont un caractère non pas dynamique, mais statique ». M. Bortkevitch lui répondit (2) que le mode de résolution des équations d'équilibre étudié par Walras est absolument conforme à l'idée que Jevons s'est faite (3) de la nature de ces équations, attendu que Walras a envisagé le problème de l'échange au point de vue purement statique, en ce sens qu'il suppose que les quantités de produits possédées sont des quantités constantes et que les courbes de rareté ne varient pas, et qu'il maintient ces suppositions en traitant de la résolution des équations de l'échange par la hausse ou par la baisse des prix. Eh bien ! il est facile de se rendre compte, en examinant la question sans parti pris, que les deux auteurs ont également raison. Il est incontestable que Walras s'est placé à un point de vue exclusivement statique pour poser les équations de l'équilibre ; mais il semble que ce fait vient précisément justifier la critique de M. Edgeworth. En effet, dès l'instant où les équations de Walras sont uniquement l'expression des

(1) Numéro du 5 septembre 1889.
(2) *Revue d'Economie politique*, numéro de janv.-févr. 1890.
(3) *Théorie...* [p. 91], ch. IV, pp. 161-162.

conditions qui se trouvent satisfaites quand l'équilibre est réalisé, abstraction faite des circonstances susceptibles d'aboutir à cet équilibre, les variations — des inconnues — au jeu desquelles fait appel la méthode de résolution par tâtonnements ne peuvent guère être considérées que comme des variations virtuelles sans lien nécessaire avec la réalité. On peut donc dire avec M. Edgeworth que si la méthode préconisée par Walras fournit bien *un* moyen de parvenir à l'équilibre, elle n'indique pas nécessairement, — ainsi que l'a montré le professeur d'Oxford (1) — le moyen qui permet effectivement à l'équilibre de s'établir. Cette observation purement théorique n'a d'ailleurs qu'une portée pratique extrêmement limitée, car, comme l'a fait observer à juste titre M. Pareto (2), le moyen indiqué par Walras représente incontestablement « la partie principale du phénomène économique ».

Cette question ne présente du reste pas un intérêt capital. On conçoit bien en effet que le professeur de Lausanne, qui se proposait de déterminer des prix d'équilibre et subséquemment des quantités de produits échangées, ait envisagé la résolution du système résultant de la mise en équation du problème. Mais, au point de vue de la science pure, il n'y a pas lieu de se préoccuper de cette résolution, étant donné que ce qui constitue l'importance fondamentale des équations de Walras c'est qu'elles représentent les conditions générales de l'équilibre de l'échange, en fonction des diverses variables dont il dépend, sans qu'il y ait lieu de considérer comme inconnues telles ou telles de ces variables.

(1) *Revue d'Economie politique*, numéro de janvier 1891.
(2) *Cours...* [p. 143], t. I, n° 60.

§ 2. — La production.

Jusqu'à présent nous avons considéré les quantités échangées comme des données, mais il est clair qu'en réalité ce sont des variables de même que tous les facteurs de l'équilibre économique, il convient donc maintenant d'examiner quelles sont les liaisons préexistant entre ces quantités. Cet examen fait l'objet de la IV° section des *Éléments* intitulée « Théorie de la production ».

L'étude de la production repose en dernière analyse sur la conception du rôle de l'entrepreneur. Or, ce rôle a souvent prêté à des confusions résultant de ce fait que l'on a toujours tendance, même lorsqu'on se place à un point de vue purement spéculatif, à prendre en considération des phénomènes concrets, et que dans la réalité l'entrepreneur, le directeur de l'entreprise et le capitaliste se confondent fréquemment en un seul et même individu. Aussi est-il indispensable pour élaborer correctement la théorie de la production, de se faire une idée exacte de la fonction d'entrepreneur, abstraction faite de l'individu qui la remplit. Eh bien ! le professeur Walras a compris l'un des premiers (1) que cette fonction consiste essentiellement à acheter les moyens de productions et à vendre les produits fabriqués : « L'entrepreneur est donc le personnage (individu ou société) qui achète des matières premières à d'autres entrepreneurs, puis loue moyennant un fermage la terre du propriétaire foncier, moyennant un salaire les facultés personnelles du travailleur, moyennant un intérêt le capital du capitaliste, et, finalement, ayant appliqué des services producteurs aux matières premières, vend à

(1) Cf. F.-Y. Edgeworth, numéro du 5 septembre 1889 de la revue anglaise *Nature.*

son compte les produits obtenus » (1). Il lui a été dès lors très facile de déterminer les conditions de l'équilibre de la production en distinguant nettement, d'une part, le marché des moyens de production, et, d'autre part, le marché des produits fabriqués.

Soit en effet (T),... (P),... (K),... les différents services producteurs (rente des terres, travail des personnes, profit des capitaux), que nous supposerons être au nombre de n, et (A), (B), (C)... les produits, que nous supposerons au nombre de m.

En conservant les mêmes notations que dans la théorie de l'échange et en désignant en outre par u,... v,... w,... les quantités de services producteurs qui entrent en jeu, la condition de satisfaction maximum se traduit pour chaque individu (I), ainsi que nous l'avons vu précédemment, par les relations :

$$(I) \begin{cases} \dfrac{1}{\varphi_{a,i}(x_i)} = \dfrac{p_t}{\varphi_{t,i}(q_{t,i}-u_i)} = ... = \dfrac{p_p}{\varphi_{p,i}(q_{p,i}-v_{,i})} = ... = \\[2ex] = \dfrac{p_k}{\varphi_{k,i}(q_{k,i}-w_i)} = ... = \dfrac{p_b}{\varphi_{b,i}(y_i)} = \dfrac{p_c}{\varphi_{c,i}(z_i)} = ... \end{cases}$$

D'autre part, pour que l'individu considéré puisse équilibrer son budget, il faut que ses recettes balancent ses dépenses, c'est-à-dire que l'on ait :

$$(II) \quad u_i p_t + ... + v_i p_p + ... w_i p_k + ... = x_i + y_i p_b + z_i p_c + ...$$

Cela étant, si a_t,... a_p,... a_k,... b_t,... b_p,... b_k,... c_t,... c_p,... c_k,... sont les *coefficients de fabrication*, c'est-à-dire les quantités respectives de chacun des services producteurs (T),... (P),... (K),... qui entrent dans la confection d'une unité de chacun des produits (A), (B), (C)..., pour que l'équilibre s'établisse sur le marché des services, il faut que les quantités de services producteurs

(1) *Eléments*, 19ᵉ leç., § 189.

employées soient égales aux quantités offertes, d'où les équations :

$$(\text{III}) \quad \begin{cases} a_i \Sigma x_i + b_i \Sigma y_i + c_i \Sigma z_i + \ldots = \Sigma u_i \\ \cdot \quad \cdot \quad \cdot \quad \cdot \quad \cdot \quad \cdot \quad \cdot \quad \cdot \\ a_p \Sigma x_i + \ldots \qquad\qquad = \Sigma v_i \\ \cdot \quad \cdot \quad \cdot \quad \cdot \quad \cdot \quad \cdot \quad \cdot \quad \cdot \\ a_k \Sigma x_i + \ldots \qquad\qquad = \Sigma w_i \\ \cdot \quad \cdot \quad \cdot \quad \cdot \quad \cdot \quad \cdot \quad \cdot \quad \cdot \end{cases}$$

et pour que l'équilibre s'établisse sur le marché des produits, il faut que les prix de vente des produits soient égaux à leur prix de revient en services producteurs, c'est-à-dire que l'on ait :

$$(\text{IV}) \quad \begin{cases} a_i p_i + \ldots + a_p p_p + \ldots + a_k p_k + \ldots = 1 \\ b_i p_i + \ldots + b_p p_p + \ldots + b_k p_k + \ldots = p_b \\ c_i p_i + \ldots + c_p p_p + \ldots + c_k p_k + \ldots = p_c \\ \cdot \quad \cdot \quad \cdot \quad \cdot \quad \cdot \quad \cdot \quad \cdot \quad \cdot \quad \cdot \end{cases}$$

Il suffit maintenant de compter, d'une part, le nombre des inconnues, et, d'autre part, celui des relations auxquelles elles doivent satisfaire, pour se rendre compte que le problème de la production est entièrement déterminé par les relations précédentes. En effet, en supposant que le nombre des individus tels que (I), qui opèrent sur le marché soit égal à N, les inconnues — qui comprennent les Nm quantités de produits, les Nn quantités de services et les $m + n - 1$ prix — sont au nombre de $(N + 1)(m + n) - 1$. Or, d'après ce que nous venons de voir, ces inconnues sont assujetties à vérifier $N(m + n - 1)$ équations (I), N équations (II), n équations (III), et enfin m équations (IV), soit en tout $(N + 1)(m + n)$ équations qui se réduisent en réalité à $(N + 1)(m + n) - 1$, car l'une quelconque des relations (II) est la conséquence des $(N - 1)$ autres et des systèmes (III) et (IV). Le nombre des équations est donc bien égal à celui des inconnues (1).

La théorie de l'équilibre de la production, dont nous venons d'indiquer les grandes lignes, a soulevé de nombreuses critiques. Il serait oiseux d'essayer de les passer toutes en revue, mais en outre de celle, due au professeur Edgeworth, que nous avons déjà eu (II), III, 2) l'occasion d'examiner, il en est une autre dont il nous faut dire quelques mots parce qu'elle a été souvent reproduite (2) et qu'elle peut sembler être fondée à un lecteur non prévenu.

Bien que nous n'ayons pas insisté sur ce fait dans notre exposé, on peut dire que la théorie de la production, due à l'éminent professeur de Lausanne, repose tout entière sur cette hypothèse que l'entrepreneur ne réalise ni gain ni perte (son salaire comme directeur de l'entreprise étant compris dans les frais de production). Or, il est incontestable que cette hypothèse paraît quelque peu paradoxale, et par suite de nature à vicier radicalement toute la théorie. Eh bien ! non seulement elle est justifiable au point de vue purement théorique, mais encore elle est beaucoup plus voisine de la vérité qu'on ne se l'imagine *a priori*.

Si, en effet, il est incontestable que les entrepreneurs s'efforcent de revendre les produits à un prix supérieur au prix de revient, il n'en est pas moins vrai que la

(1) De même que pour les équations de l'échange, Walras a entrepris de mettre en évidence que le marchandage, qui aboutit sur le marché à la fixation des cours, constitue un mode de résolution automatique des équations de la production ; mais nous n'avons pas lieu de revenir sur cette question que nous avons examinée précédemment dans toute sa généralité.

(2) Cf. notam. F.-Y. EDGEWORTH, Revue anglaise *Nature*, numéro du 5 septembre 1889 et *Revue d'Economie politique*, numéro de janvier 1891 ; A. BEAUJON, *Revue d'Economie politique*, numéro de janvier 1890 ; R. AUSPITZ et R. LIEBEN, *Revue d'Economie politique*, numéro de novembre 1890.

concurrence tend sans cesse à ramener le prix de vente au voisinage du prix de revient. On voit donc que l'égalité des prix de revient et de vente constitue la position limite autour de laquelle oscille l'équilibre de la production. Or, étant donné que Walras s'est placé à un point de vue exclusivement statique pour étudier les conditions de l'équilibre économique, il est bien légitime qu'il n'ait pris en considération que le phénomène moyen sans se préoccuper de ses modifications accidentelles. D'ailleurs les oscillations autour de cette position moyenne sont d'une amplitude suffisamment petite, pour que l'erreur commise en les négligeant ne crée pas *ipso facto* un fossé infranchissable entre la théorie et la réalité. L'expérience montre en effet que le seul revenu normal de l'entrepreneur est celui qu'il touche à titre de travailleur (comme directeur de son entreprise) ou comme capitaliste, et que le surplus, le *profit*, n'est qu'une bonne fortune accidentelle (1). M. Pareto a mis nettement ce fait en évidence en montrant qu'en tenant compte de toutes les circonstances accidentelles (risques, etc.), les dividendes des sociétés anonymes se capitalisent finalement à un taux à peu près équivalent à celui des valeurs à revenu fixe.

Il y a cependant deux sources de profits susceptibles d'être permanents dont on ne saurait nier l'existence. La première consiste en ce que certains entrepreneurs jouissent d'une situation privilégiée qui leur permet de produire à des conditions plus avantageuses que leurs concurrents, sans que leur production soit suffisante pour alimenter le marché, de telle sorte que ces concurrents peuvent subsister à leur côté. Dans cette occurrence, en effet, le prix de vente, qui est nécessairement égal au prix de revient le plus élevé, laisse un bé-

(1) Cf. Ch. GIDE, *Cours...* [p. 102], l. III, part. II, ch. IV, sect. II.

néfice supplémentaire aux entrepreneurs les plus avantagés. La seconde source de profits permanents — sensiblement de même nature que la première tout en différant notamment en ce que *tous* les entrepreneurs peuvent en jouir simultanément — découle de ce que, en général, les frais de production ne sont pas proportionnels aux quantités produites et que néanmoins les diverses unités produites sont vendues à un même prix : le prix de revient des unités dont le coût de production est le plus élevé. Walras n'ignorait pas l'existence de ces deux sources de bénéfice. S'il n'en a pas fait état, c'est sans doute que, d'une part, la jouissance d'une situation privilégiée à quelque titre que ce soit constitue un monopole complètement incompatible avec le régime de libre concurrence absolue qu'il entendait exclusivement étudier, et que, d'autre part, il s'est cru autorisé à considérer les coefficients de fabrication non comme des variables, mais comme des constantes (1). Les conditions restrictives dans lesquelles s'est placé le professeur de Lausanne sont d'ailleurs parfaitement acceptables en tant que première approximation, étant donné que les bénéfices différentiels (2), analogues à la rente de la terre, tels que ceux que nous venons de signaler, n'agissent pas *directement* sur la détermination des prix, ainsi que le reconnaît (il est curieux de le remarquer) l'un de ceux-là mêmes qui ont fait un grief à

---

(1) Cf. *Eléments*, 20ᵉ leç., § 203.

(2) Ces bénéfices différentiels ont reçu de H. v. MANGOLDT (*Die Lehre vom Unternehmergewinn*, Leipzig, 1885), qui semble avoir été le premier à les mettre clairement en évidence, le nom de *rente d'entrepreneur* (*Unternehmerrente*) généralement adopté aujourd'hui (cpr. la *rente du consommateur*, II, II, 3). Certains auteurs néanmoins, à la suite de M. N.-G. Pierson, préfèrent l'expression de *prime d'entrepreneur* (*Ondernemerspremie*).

Walras de n'avoir pas tenu compte de la réalisation de ces bénéfices (1).

* *

Telle est la consistance générale de la théorie de l'échange et de la production due à Walras. Après avoir exposé cette théorie, le savant professeur de Lausanne a complété son étude scientifique de l'équilibre économique en traitant le problème de la *capitalisation*. Mais, ainsi que nous l'avons dit, au point de vue strictement mathémathique, la détermination de l'équilibre de la capitalisation ne diffère pas de celle de l'équilibre de la production, qui englobe d'ailleurs l'équilibre de l'échange. Les équations des quatre groupes que nous avons rencontrés en dernier lieu représentent donc les conditions générales de l'équilibre économique sous le régime de propriété privée et de libre concurrence absolue envisagé par l'auteur des *Eléments*, aussi ont-elles reçu le nom de « Equations de Walras ».

(1) A. BEAUJON, *loc. cit.*, p. 37. Il convient d'ailleurs de noter que cet auteur a modifié les données des problèmes étudiés par Walras, en supposant préfixées les dispositions de chaque individu (pp. 18 et s.). Cpr. le cas cité par F.-Y. Edgeworth (Discours [p. 120], note *m.*).

CHAPITRE III

Appareil imaginé par le professeur Irving Fisher.

Ainsi que nous l'avons indiqué dans la première partie de ce travail, le professeur Irving Fisher a imaginé un dispositif qui permet de mettre en évidence l'interdépendance des phénomènes économiques, en montrant le processus de la réalisation de l'équilibre de l'échange sur un marché. L'appareil, dont nous allons donner la description, a été établi en supposant, pour plus de simplicité, le marché limité à trois individus et à trois biens, mais nous verrons que les principes sur lesquels repose sa construction sont absolument généraux.

Cet appareil, représenté en perspective sur la figure 7, se compose essentiellement d'une grande cuve remplie d'eau sur laquelle flottent, comme des bateaux sur un bassin, des récipients auxquels le professeur de Yale a donné le nom de *citernes d'utilité*. Ces récipients (*fig.* 8) en forme de prisme droit, sont divisés en deux compartiments. L'un de ces compartiments est entièrement rigide et d'une largeur égale à l'unité. L'autre au contraire a des parois latérales mobiles « à soufflet », de telle sorte que l'on peut en faire varier la capacité à volonté, comme s'il s'agissait d'un accordéon

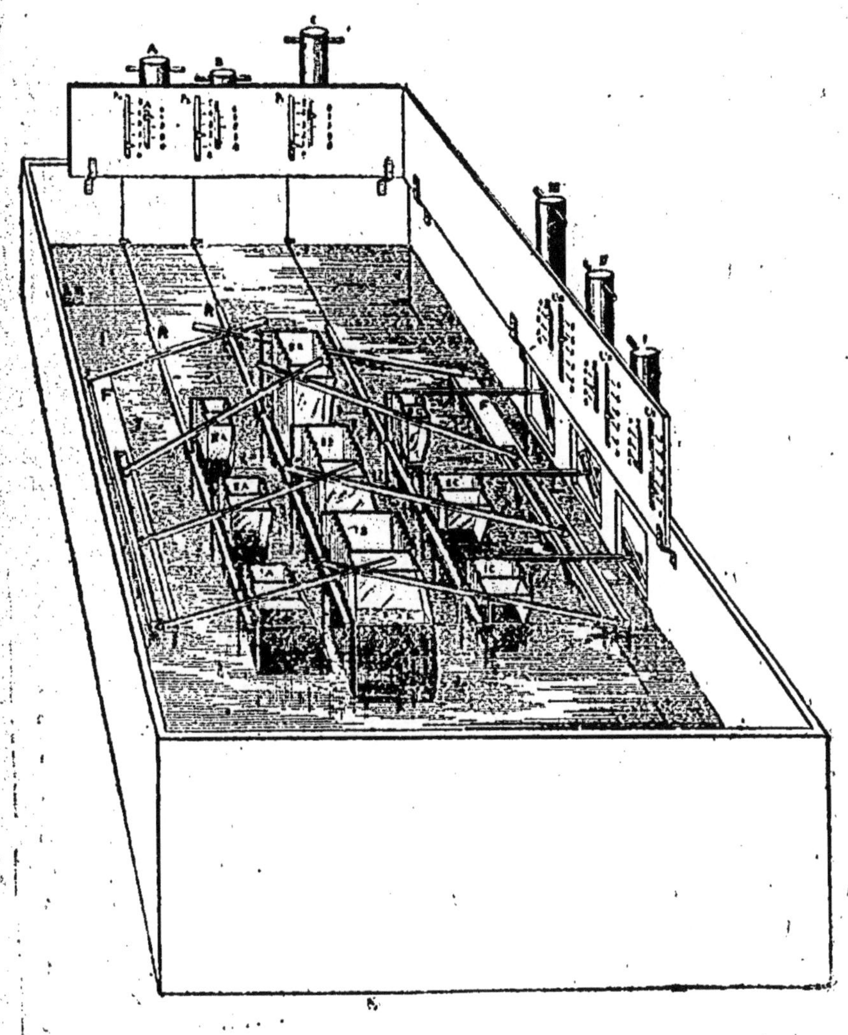

(Fig. 7).

Ces deux compartiments présentent d'ailleurs un profil commun déterminé de telle sorte que la différence de cote (ON $= Y$) entre le bord supérieur du compartiment rigide et le niveau auquel le liquide s'arrête dans ce compartiment représente le degré final d'utilité

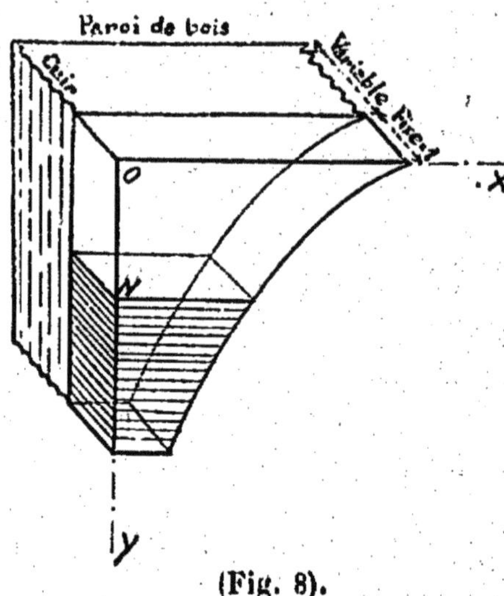

(Fig. 8).

d'autant d'unités du produit considéré qu'il y a d'unités de volume de liquide dans ce même compartiment. Il est du reste bien facile de calculer les coordonnées X, Y de ce profil en fonction de l'abscisse x de la courbe d'utilité du produit en question. On voit tout d'abord immédiatement que :

$$Y = y = f(x)$$

D'autre part, le compartiment rigide ayant l'unité pour épaisseur, le volume d'une tranche infinitésimale horizontale de ce compartiment est numériquement égal à la surface de la portion correspondante de sa paroi mixtiligne, on a donc :

$$X\,dY = dx$$

ou :

$$X\,dy = dx$$

c'est-à-dire :

$$X = \frac{dx}{dy} = \frac{1}{f'(x)}$$

L'appareil comporte 9 citernes de ce type, soit une par produit pour chaque individu, disposées de telle manière que les trois citernes d'une même file (telles que IA, IIA, IIIA), dont les compartiments antérieurs rigides communiquent entre eux et avec une pompe(A), correspondent à un même produit (**A**), et que les trois citernes d'une même rangée (telles que IA, IB, IC), dont les compartiments postérieurs extensibles communiquent entre eux et avec une pompe (I), correspondent à un même individu (**I**). Ces diverses citernes sont assujetties, par des dispositifs télescopiques, invisibles sur la figure, à ne se déplacer que dans le sens vertical cependant que leurs mouvements sont solidaires du jeu d'un système de leviers dont nous allons montrer la consistance.

Cet ensemble de leviers comporte :

En premier lieu, des leviers obliques (F12, etc., *fig.* 9) pouvant se mouvoir librement dans un plan vertical, rattachés, au moyen de pivots à coulisse, aux bords supérieurs des citernes et dont les extrémités inférieures sont fixées, par l'intermédiaire de charnières placées au niveau de l'eau, à des flotteurs F disposés de manière à ne pouvoir se déplacer que parallèlement à eux-mêmes dans une direction latérale.

En second lieu, des leviers horizontaux (F 34, etc., *fig.* 10) placés sur la surface de l'eau, reliés, d'une part, au moyen de pivots ordinaires, aux flotteurs F, et, d'autre part, au moyen de pivots à coulisse, à des règles R, parallèles aux supports F, et flottantes également ; ces règles commandent, par l'intermédiaire de petites tiges verticales, l'extension des soufflets, de telle sorte

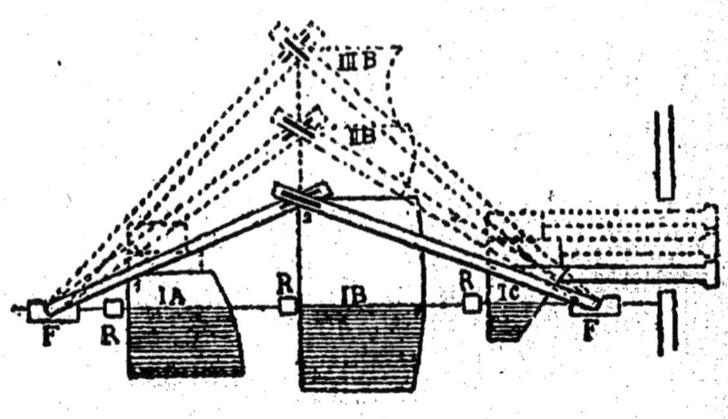

(Fig. 9).

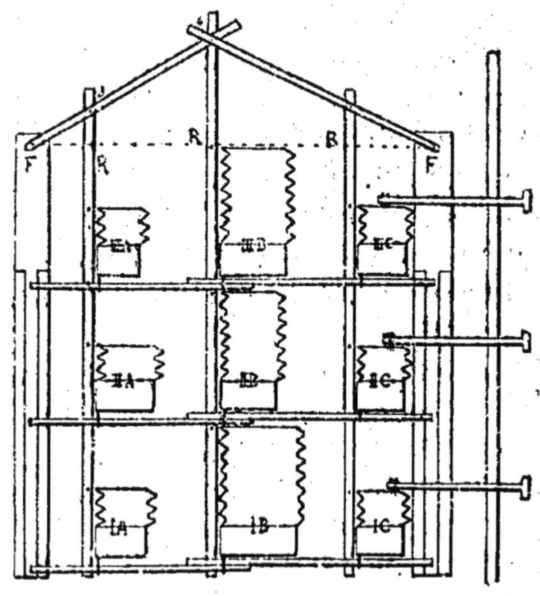

(Fig. 10).

que les parois mobiles des trois citernes d'une même file subissent simultanément des déplacements de même amplitude. Les leviers horizontaux sont disposés de manière à être normaux aux règles R et aux flotteurs F lorsque les divers soufflets sont fermés.

L'appareil étant ainsi constitué, introduisons, à l'aide des pompes correspondantes, dans les compartiments antérieurs (rigides) des citernes de chaque file, autant d'unités de volume d'eau qu'il y a d'unités du produit correspondant sur le marché, et, dans les compartiments postérieurs (extensibles) des citernes de chaque rangée, autant d'unités de volume d'eau que l'individu correspondant possède d'unités de monnaie (1) destinées à ses acquisitions.

L'ensemble du système prendra *automatiquement* une position d'équilibre stable, dont la simple observation permettra d'obtenir les valeurs des inconnues des équations de l'échange, c'est-à-dire les quantités de chaque produit acquises par chaque individu et les prix de chacun de ces produits. Ces quantités sont effectivement représentées respectivement par les volumes d'eau inclus dans les compartiments rigides des diverses citernes et par les écartements, communs aux trois citernes de chaque file, des compartiments extensibles. Que les quantités de produit ainsi déterminées satisfassent au groupe III (conservation de la matière) des équations de Walras (Cf. II, 1), cela résulte immédiatement de ce fait que le volume d'eau total contenu dans les diverses citernes d'une même file est évidemment invariable. Il suffit donc de se rendre compte que ces

____

(1) Il est important de noter que dans toute cette théorie, la monnaie sert uniquement de commune mesure permettant de comparer les valeurs entre elles et qu'elle ne constitue en aucune façon l'un des produits figurant sur le marché.

quantités de produit et les prix correspondant aux écartements des compartiments extensibles satisfont également aux autres groupes d'équations. A cet effet, on observera d'abord que lorsque l'équilibre est établi, le niveau de l'eau dans les divers compartiments des citernes est le même que le niveau de l'eau de la cuve, sauf la petite dénivellation pouvant provenir de la différence entre le poids de la citerne et celui du volume d'eau déplacé par ses parois. L'existence d'un niveau commun à ces divers récipients provient de ce fait que les citernes étant libres de se déplacer dans le sens vertical, les compartiments rigides prennent une position telle, que la poussée qu'ils subissent soit équilibrée par leur propre poids, cependant que les parois mobiles des compartiments extensibles se placent aux distances des parois fixes qu'il convient pour que les pressions qui s'exercent sur les faces extérieures de ces compartiments soient contrebalancées par celles qui se produisent sur leurs faces intérieures. Or, si le niveau de l'eau est uniforme dans tout l'appareil, il est, en particulier, identique dans les deux compartiments d'une même citerne. Dès lors, l'épaisseur du compartiment rigide étant égale à l'unité, on voit que la dépense afférente à l'acquisition — au prix figuré par l'écartement du compartiment extensible adjacent — de la quantité de marchandise correspondant au volume d'eau inclus dans le compartiment rigide, est représentée par le volume d'eau contenu dans le compartiment extensible. Par suite, il résulte, de même que ci-dessus, de l'invariabilité du volume total d'eau renfermé dans les divers compartiments extensibles d'une même rangée, que les équations du budget (groupe II des équations de Walras) sont également vérifiées. Et il ne reste plus alors qu'à constater la proportionnalité des prix aux utilités marginales (groupe I des équations de Walras), c'est-à-dire des hauteurs des parties émergentes des citernes et des écartements des compartiments mobiles correspondants. Or, cette proportionnalité est en quelque sorte évidente, car il ressort immédiatement de la considération des triangles semblables des figures 9 et 10, que ces hauteurs et ces écartements sont les uns et les autres proportionnels aux distances des règles R aux flotteurs F. Il est essentiel de remarquer que la position d'équilibre de l'appareil est d'ailleurs parfaitement déterminée en fonction des données. En effet, les citernes ne peuvent subir que des déplacements verticaux, les règles R (et les parois mobiles des citernes) que des déplacements longitudinaux, les flotteurs F que des déplacements transversaux. Par suite, il suffit, pour immobiliser l'ensemble de l'appareil supposé placé dans une position d'équilibre stable, de rendre invariables : 1° les hauteurs des sommets des trois couples de leviers transversaux ; 2° la distance séparant de la paroi postérieure de la cuve l'extrémité de l'une quelconque des trois règles R, qui sont solidaires ; 3° les distances entre les faces longitudinales des flotteurs F et les parois latérales de la cuve.

L'appareil, dont nous venons d'indiquer dans les grandes lignes la constitution et le fonctionnement, est complété, en vue des déterminations quantitatives, par des échelles graduées devant lesquelles se déplacent des index (Voir *fig.* 7).

Tout d'abord, à chacune des pompes correspond une échelle, telle que A ou I, sur laquelle un index solidaire du piston indique le volume d'eau refoulé dans les compartiments correspondants des citernes.

D'autre part, les déplacements de chacune des règles R, c'est-à-dire les prix, sont enregistrés, par l'intermédiaire d'un fil et d'une poulie, sur des graduations désignées par les lettres p_a, p_b, p_c.

Enfin, trois échelles U_1, U_2, U_3, permettent de repérer pour chaque individu, la valeur commune des rapports entre l'utilité marginale et le prix des divers produits, c'est-à-dire la valeur de l'utilité marginale correspondant, pour l'individu considéré, à la quantité de monnaie dont il dispose. La commande des index se déplaçant devant ces échelles est relativement très simple. A la partie postérieure mobile de chacune des citernes de la file de droite, est fixée une traverse dont l'extrémité peut glisser dans une fente pratiquée dans une tige de bois placée contre la paroi externe de la cuve (*fig.* 7).

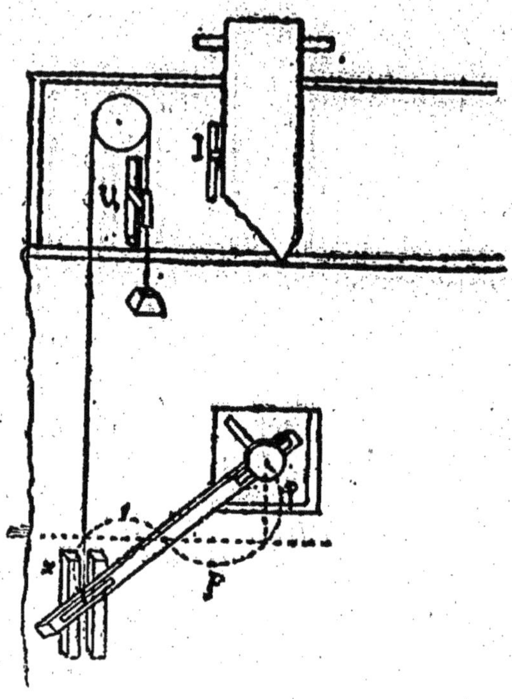

(Fig. 11).

Cette tige — que l'on aperçoit à travers la fenêtre ménagée pour livrer passage à la traverse — pivote autour d'un point fixe correspondant à la position qu'occuperait l'extrémité de la traverse si la cuve était comp ète ment immergée et le compartiment extensible entièrement fermé. Par suite (fig. 11), quand la citerne émerge d'une certaine hauteur φ (utilité marginale) et que le compartiment extensible présente une certaine ouverture p (prix), la tige fait avec la position horizontale — qu'elle occuperait si la citerne était immergée jusqu'à l'ouverture — un angle dont la tangente trigonométrique x est égale à la quantité qu'il s'agit de mesurer. Il suffit donc de transmettre les variations de cette tangente à l'index correspondant à l'aide d'un fil dont le guidage vertical est assuré au moyen de glissières. Toutes ces dispositions de détail n'ont d'ailleurs, cela se conçoit, rien d'absolu. C'est ainsi que M. Irving Fisher lui-même fit exécuter un appareil légèrement différent de celui que nous venons de décrire, et dont la figure 12 est la reproduction d'une photographie que nous devons à la bienveillance du professeur de Yale.

Quoi qu'il en soit, « l'appareil de Fisher est », ainsi que nous l'avons dit, « tout autre chose qu'une simple curiosité scientifique. Non seulement il place sous les yeux un marché tel que la théorie en suppose, en montrant à l'évidence la mutuelle dépendance des divers éléments qui déterminent les raisons d'échange lorsqu'on limite le problème en considérant ces éléments comme donnés, — c'est-à-dire lorsqu'on limite le problème à l'étude de la consommation indépendamment des causes qui déterminent la quantité produite de chaque bien et les revenus individuels — mais encore il constitue un véritable instrument d'investigation, qui permet l'étude de nombre de phénomènes compliqués, déjà difficiles à suivre par ceux qui ont è leur disposition le puissant appareil de l'analyse mathématique, et à peu près impossibles à suivre avec une précision même très relative par ceux qui ne veulent pas recourir à l'analyse mathématique. »

(Fig. 12).

« Quelques exemples de recherches pour lesquelles l'appareil est d'un grand secours ont été cités par Fisher lui-même... D'autres plus complexes peuvent être imaginés par le lecteur, en songeant qu'il suffit d'augmenter ou de diminuer la pression exercée par un ou plusieurs pistons pour composer les données du problème, et pour déduire de la lecture de quelques index quels sont les effets de telles variations soit sur les prix, soit sur la distribution des différents biens entre les divers individus, soit sur le degré final d'utilité de la monnaie à l'égard de chacun d'eux. D'ailleurs il n'est pas difficile de concevoir comment il serait possible, avec des connaissances mécaniques très élémentaires, de disposer l'appareil de telle sorte que les données ou les inconnues satisfassent à telles relations que l'on voudrait — de même qu'en analyse on les soumet à des *équations de condition* — et comment, par suite, on pourrait, en étudiant les effets de leurs variations, jeter la lumière sur des problèmes de plus en plus complexes. Et il n'est pas trop hardi de prévoir que les recherches dans cette voie faisant épi,... on pourra, en mettant en communication deux appareils différents, parvenir à rendre tangible à ceux qui ne veulent pas entendre raison la fausseté de certaines théories sur le commerce international » (1).

Ajoutons, pour terminer, qu'après avoir présenté l'appareil précédent, M. Irving Fischer a montré qu'il était également possible de recourir à des dispositifs mécaniques pour représenter l'équilibre de la production.

(1) E. Barone, *Giornale degli Economisti*, numéro de mai 1894.

CHAPITRE IV

Etude de l'équilibre économique en tenant compte de la mutuelle dépendance des biens.

§ 1. — La mutuelle dépendance des biens.

D'après ce que nous venons de voir, Jevons et Walras ont admis que l'utilité de chaque produit ne dépend que de la quantité de ce produit. Or, ce n'est là qu'une hypothèse simplificatrice qui permet d'ailleurs d'obtenir en général des résultats d'une suffisante approximation. En réalité, un grand nombre de biens sont interdépendants, ainsi que les économistes littéraires l'ont reconnu depuis longtemps, soit parce que réunis ils donnent plus de plaisir qu'isolés (biens complémentaires), soit parce qu'ils peuvent se substituer les uns aux autres pour la consommation (biens concurrents). L'utilité finale d'un bien (X) n'est donc pas fonction uniquement de la quantité x de ce bien, elle dépend également des quantités y, z,... des autres biens (Y), (Z),... et l'on peut par suite se proposer de déterminer des « conditions de satisfaction maximum » plus complètes que celles que nous avons rencontrées précédemment.

§ 2. — Les courbes d'indifférence et la courbe de contrat du professeur F.-Y. Edgeworth.

Étant donné un individu dont l'intérêt dépend de deux variables x et y — par exemple la quantité du *quid* et celle du *pro quo* dans l'échange — les considérations précédentes ont amené le professeur Edgeworth à représenter par $F(x,y)$ l'utilité totale P correspondant aux valeurs x et y des variables, au lieu de la représenter, comme le faisait Jevons, par $\Phi(x) + \Psi(y)$. Dès lors, on voit que cet individu n'aura pas intérêt à passer d'une combinaison (x,y) à la combinaison $(x+dx, y+dy)$ si :

$$(1) \qquad dP = \frac{\partial F}{\partial x}\, dx + \frac{\partial F}{\partial y}\, dy = 0$$

puisqu'il n'en résultera pour lui aucune modification de l'utilité totale. Par suite, un groupe déterminé de valeurs de x et de y correspond à une position où l'équilibre est réalisable s'il satisfait à l'équation précédente.

Introduisons maintenant un second individu dont l'intérêt II est également une fonction de x et de y, $\Phi(x,y)$. Pour qu'une transaction entre ces deux individus soit acceptable, il faut évidemment que x et y satisfassent simultanément à l'équation ci-dessus :

$$(I) \qquad \frac{\partial F}{\partial x}\, dx + \frac{\partial F}{\partial y}\, dy = 0$$

et à l'équation analogue relative au second individu :

$$(II) \qquad \frac{\partial \Phi}{\partial x}\, dx + \frac{\partial \Phi}{\partial y}\, dy = 0$$

c'est-à-dire que l'on ait :

$$(\text{III}) \qquad \begin{vmatrix} \dfrac{\partial F}{\partial x} & \dfrac{\partial F}{\partial y} \\[2mm] \dfrac{\partial \Phi}{\partial x} & \dfrac{\partial \Phi}{\partial y} \end{vmatrix} = 0$$

Cette relation (III) constitue donc, dans l'hypothèse envisagée, la « condition de satisfaction maximum ». Du reste, dans le cas particulier de l'échange de deux produits dont les utilités sont considérées comme indépendantes, cette condition se réduit à l'*équation de Jevons* :

$$\frac{\varphi_1(a - x)}{\psi_1(y)} = \frac{\varphi_2(x)}{\psi_2(b - y)}$$

ou :

$$\begin{vmatrix} \varphi_1(a - x) & \psi_1(y) \\ \varphi_2(x) & \psi_2(b - y) \end{vmatrix} = 0$$

car on a alors :

$$F(x, y) = \int_0^x \varphi_1(a - x)dx + \int_0^y \psi_1(y)dy$$

et

$$\Phi(x, y) = \int_0^x \varphi_2(x)dx + \int_0^y \psi_2(b - y)dy$$

La courbe représentée par le déterminant (III) ci-dessus étant le lieu des points où les transactions entre les deux individus considérés sont possibles, M. Edgeworth lui a donné le nom de *courbe de contrat* (1). Il est d'ailleurs possible de parvenir à la notion de courbe de contrat

(1) *Mathematical psychics* [p. 119], p. 21. — Il est intéressant de noter que des économistes de l'École autrichienne ont eu recours à des tableaux numériques équivalant à des courbes de contrat rudimentaires (Cf. K. Menger, *Grundsätze der Volkswirthschaftlehre*, Vienne, 1871, pp. 176-178).

par une voie légèrement différente de celle que nous
avons suivie. On peut en effet considérer la relation (1)
comme l'équation différentielle de la « famille » des
courbes représentatives des valeurs conjuguées de x et
de y, qui laissent identique à elle-même la situation du
premier individu, et que, pour cette raison, le professeur d'Oxford a désignées sous le nom de *courbes d'indifférence* (1) ou *de satisfaction constante* (2). Chacune
de ces courbes correspond à une quantité de plaisir P
déterminée par la forme de la fonction F.

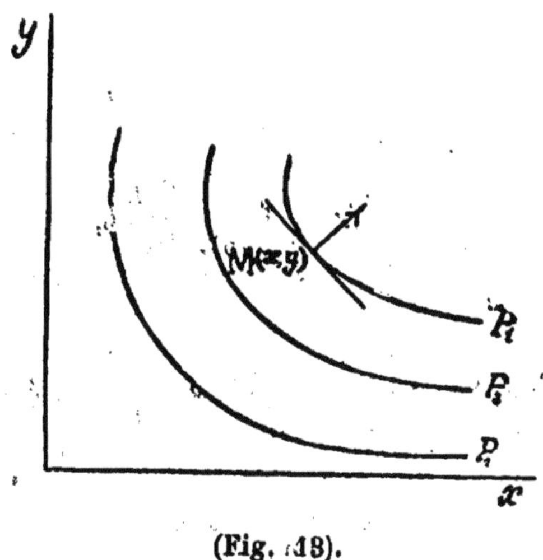

(Fig. 13).

On voit donc (*fig.* 13) qu'en chaque point M (x,y) il y a
une *ligne de force* ou de *préférence* normale à la
courbe d'indifférence passant par ce point, suivant
laquelle on peut dire, d'une façon elliptique, que l'individu a le plus grand intérêt à essayer de se déplacer,
tandis qu'il lui importe peu de se mouvoir ou non per-
pendiculairement à cette direction, le long d'une *ligne*

---

(1) *Mathematical psychics* [p. 119], pp. 21 et 22.
(2) *Discours* [p. 120], note *l.*

d'indifférence. Les mêmes considérations sont évidemment applicables au second individu. Or, une position d'équilibre des transactions entre les deux individus est nécessairement telle que l'un d'eux ne puisse pas accroître la quantité de plaisir dont il jouit sans diminuer celle de l'autre. Par suite, pour qu'un point corresponde à une position d'équilibre, il faut qu'en ce point la ligne d'indifférence du premier individu coïncide avec celle du second (et que leurs lignes de préférence non seulement coïncident, mais encore soient dirigées en sens inverse), c'est-à-dire que ce point doit être un point de contact d'une courbe d'indifférence du premier individu avec une courbe d'indifférence du second, d'où la condition :

$$\frac{\dfrac{\delta F}{\delta x}}{\dfrac{\delta F}{\delta y}} = \frac{\dfrac{\delta \Phi}{\delta x}}{\dfrac{\delta \Phi}{\delta y}}$$

Nous retrouvons ainsi la courbe de contrat comme lieu des points de contact des deux familles de courbes d'indifférence.

Remarquons en passant qu'au lieu de regarder l'équation

$$P = F(x, y)$$

comme l'équation d'une famille de courbes, on peut la considérer comme l'équation d'une surface, *colline du plaisir*, telle que la cote P de l'un de ses points au-dessus du plan des x, y (soit le plan du papier) soit égale à l'utilité (totale) ou, ce qui revient au même, au plaisir correspondant à la combinaison (x, y). Dès lors, les lignes de niveau de cette surface sont des lignes d'égale utilité — de *satisfaction constante*, — de telle sorte que sa représentation topographique est fournie par l'ensemble des

lignes d'indifférence, précédemment prises en considération, en assimilant à des cotes les quantités de plaisir
qui les caractérisent. Cela étant, en disant, pour abré-
ger, qu'un individu occupe sur la colline du plaisir la
position (x, y) lorsqu'il jouit de la combinaison correspondant à ce point, il est clair que cet individu doit, en
vue d'améliorer sa situation, chercher à élever sa position le plus possible sur cette colline en s'efforçant de
suivre une *ligne de plus grande pente* (1). Or, une ligne
de plus grande pente ayant précisément pour projec-
tion une ligne de préférence, on se rend ainsi un compte
exact de ce que nous avons précédemment exposé.

§ 3. — Généralisation de la théorie précédente. — Les idées du professeur Irving Fisher.

Ainsi que nous l'avons signalé dans la seconde partie
de ce travail, dix ans après la publication des *Mathematical Psychics*, qu'il ne connaissait pas, le professeur
Irving Fisher a eu aussi recours à la conception de la
ligne d'indifférence. Mais il s'est placé à un point de
vue légèrement différent, ce qui lui a permis de généraliser ses conclusions, tandis que M. Edgeworth s'était,
après avoir étudié le cas que nous venons d'examiner,
borné à esquisser l'application de sa théorie au cas où
trois individus sont en présence et à indiquer seulement
la possibilité de l'étendre à un marché moins restreint
en ayant recours à la notion d'hyperespace (2).

(1) Notons à ce propos que, par suite de la décroissance de l'utilité
finale en fonction de la quantité considérée, la déclivité de la surface
du plaisir va en diminuant de la base au sommet, ce qui vient justifier
le nom de colline qui lui a été donné.
(2) *Mathematical psychics* [p. 119], p. 27.

Au lieu d'étudier de prime abord l'équilibre d'un marché, fut-il limité à deux individus, le professeur de Yale commence par examiner un problème d'économie individuelle.

Imaginons un individu en présence d'une quantité de numéraire déterminée avec laquelle il lui est loisible de se procurer une certaine quantité de deux produits (**A**) et (**B**), dans la proportion qui lui semblera la plus avantageuse, et proposons-nous de déterminer à quelle combinaison il s'arrêtera (1).

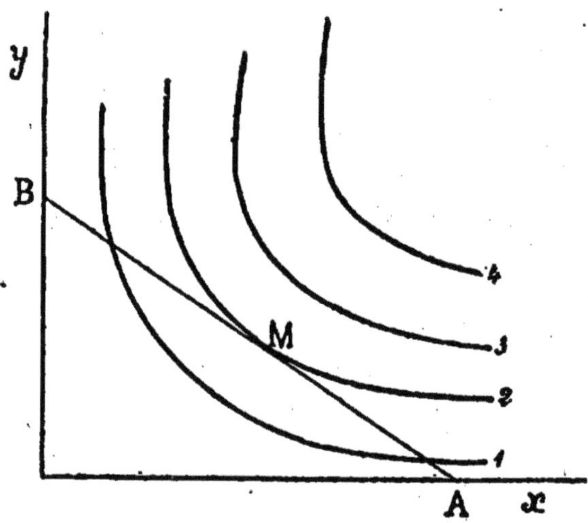

(Fig. 14).

Si nous traçons deux axes Ox et Oy, et que nous portions sur Ox, en OA, une longueur représentant la quantité de produit (**A**) que cet individu obtiendrait s'il n'achetait que de ce produit, puis sur Oy, en OB, une longueur représentant la quantité de produit (**B**) qu'il obtiendrait dans les mêmes conditions, il est clair — en

(1) L'un des deux biens (A) et (B) pourrait évidemment être pris comme numéraire.

admettant, comme nous l'avons fait jusqu'à présent,
que les prix sont constants pour les portions successives
d'un même produit — que les diverses combinaisons
qui lui sont offertes, étant données ses ressources,
sont représentées par les différents point de la droite AB.
On voit donc que si l'on a tracé d'autre part les courbes
d'indifférence de cet individu pour les deux produits (A)
et (B), le point d'équilibre cherché sera sur le point de
contact M de la droite A B avec l'une de ces courbes,
puisque, en deçà comme au delà de M, l'individu joui-
rait d'une quantité de plaisir moindre qu'en M.

La position de satisfaction maximum d'un premier
individu ainsi déterminée, introduisons un second individu, et désignons par OA' et OB' les segments analogues à OA et OB et par M' le point correspondant au
point M. Les segments OA et OA' étant proportionnels
au prix p_a de (A) (en admettant qu'il n'y ait sur le
marché qu'un seul prix pour chaque article) et les
segments OB et OB' au prix p_b de (B), on a :

$$\frac{OA}{OB} = \frac{OA'}{OB'} \left(= \frac{p_a}{p_b} \right)$$

Par suite les droites AB et A'B' (*fig.* 15) sont parallèles,

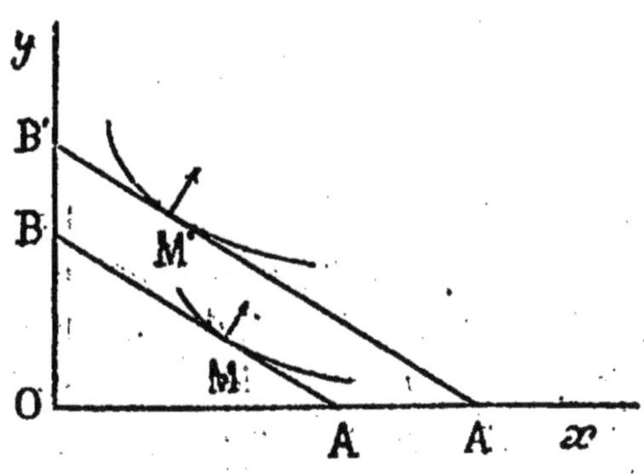

(Fig. 15).

c'est-à-dire que la courbe d'indifférence relative au

premier individu passant par M et la courbe d'indifférence du second individu passant par M′ ont des tangentes et, par suite, des normales parallèles. M. Irving Fisher a donné à ces normales — que nous avons précédemment appelées, avec le professeur F.-Y. Edgeworth, des lignes de préférence — le nom de *directions maxima*. On peut donc dire que pour que deux individus en présence de deux produits puissent participer à un même équilibre économique, il faut que leurs directions maxima soient parallèles.

Nous ne nous sommes implicitement préoccupé dans ce qui précède que des consommateurs, mais les mêmes considérations sont applicables à des producteurs, pour lesquels il y a également des courbes d'indifférence, encore qu'elles n'aient pas la même allure générale que celles des consommateurs (1). D'ailleurs, de même que pour la consommation, on rencontre, au point de vue de la production, des biens concurrents et des biens complémentaires, tels que les « produits secondaires ».

Quoiqu'il en soit, il n'y a évidemment aucune différence essentielle entre la conclusion à laquelle nous venons de parvenir et celle à laquelle était précédemment arrivé M. Edgeworth (Cf. *sup.*, § 2) dans le cas particulier que nous avons examiné, mais la voie suivie par le professeur de Yale offre l'avantage de permettre une généralisation facile, car la condition de parallélisme des directions maxima subsiste quel que soit le nombre des individus, ainsi que cela résulte immédiatement de l'exposé précédent, et aussi quel que soit le nombre des produits.

En effet, si au lieu de limiter le marché à deux pro-

____

(1) Signalons à ce propos que M. Irving Fisher a étudié dans un certain nombre de cas particuliers la forme des courbes d'indifférence (*Mathematical Investigations...* [p. 136], part. II, ch. I).

duits (**A**) et (**B**), nous en ajoutons un troisième (**C**), et que nous traçions trois axes rectangulaires Ox, Oy, Oz, les points A, B et C étant respectivement déterminés de la même manière que les points A et B l'ont été dans le premier cas, les nécessités afférentes aux ressources de l'individu l'obligeront à se maintenir dans le plan ABC (*Partial income plane*). Or, dans le cas où l'individu a le choix entre trois produits, les courbes d'indifférence devenant des *surfaces d'indifférence*, le point correspondant à la combinaison *optima* est le point de contact de ce plan avec une surface d'indifférence, et la direction maximum la normale à cette surface en ce point. Par suite, les divers plans, tels que ABC, étant, pour les mêmes raisons que ci-dessus, parallèles entre eux, les directions maxima sont encore parallèles entre elles.

Plus généralement, si le marché comporte m produits, chaque point d'équilibre individuel est, dans l'*hyperespace* à m dimensions, un point de contact d'une « variété » linéaire (*flat*) — analogue à un plan — correspondant aux ressources de l'individu considéré (*Partial income flat*) avec une *variété d'indifférence* du même individu. Et l'on voit, de la même manière que précédemment, que les directions maxima, normales aux variétés d'indifférence relatives aux différents individus, sont toujours parallèles entre elles (1).

(1) Cette conception de l'hyperespace, à laquelle a précisément donné naissance le désir de représenter des fonctions de plus de trois variables, semble quelque peu diabolique ; mais, en réalité, elle ne nous est pas aussi étrangère qu'elle paraît l'être. « This space is simply the « economic world » in which we live. We often speak of spending an income in this or that « direction », to express the relative amounts o commodities. When one speaks of the « point » which a consumer or producer reaches, to use of the word is a natural attempt to group in thought m different magnitudes. This is accomplished by regarding them as coördinates of a « point » in the « economic world ». (I. FISHER, *op. cit.*, part. II, ch. II, § 6).

Or, les composantes suivant les axes de coordonnées d'une direction maximum sont les utilités finales $\frac{dU}{dA_i}$, $\frac{dU}{dB_i}$,.... des divers produits (**A**), (**B**),... pour l'individu (**I**) considéré. La condition de parallélisme des directions maxima relatives aux différents individus se traduit analytiquement par les relations :

$$\frac{dU}{dA_1} : \frac{dU}{dB_1} : \dots$$

$$= \frac{dU}{dA_2} : \frac{dU}{dB_2} : \dots$$

$$\cdot \quad \cdot \quad \cdot \quad \cdot \quad \cdot$$

$$= \left(p_a : p_b : \dots\right)$$

Et on a ainsi $n\,(m\text{-}1)$ équations qu'il suffit de substituer au groupe I des équations de Walras (Cf. *supra* II) pour obtenir, en tenant compte de l'interdépendance des biens, les équations générales de l'équilibre économique sous un régime de libre concurrence, car il est évident que les autres relations qui conditionnent cet équilibre ne subissent aucune modification. — Nous allons néanmoins revenir sur ces autres relations, pour indiquer l'expression élégante, en connexion directe avec l'exposé géométrique précédent, que M. Irving Fisher leur a donnée en faisant appel à la théorie des quaternions.

§ 4. — Expression générale des conditions de l'équilibre économique sous un régime de libre concurrence en tenant compte de l'interdépendance des biens.

Considérons un marché comprenant m produits (**A**), (**B**),... (**M**), n individus tout à la fois consommateurs et producteurs, conformément à la réalité. Il est bien entendu que regardant comme positives les quantités consommées et comme négatives les quantités produites, on ne doit, pour chaque individu, faire état que de sa consommation *nette*, lorsqu'il est en même temps consommateur et producteur de la même marchandise.

Pour que l'équilibre s'établisse sur ce marché, il faut :

1° Que, conformément à ce que nous avons vu, les directions maxima relatives aux différents individus soient identiques aussi bien pour la production que pour la consommation ;

2° Que les revenus et les dépenses de chaque individu se balancent exactement, c'est-à-dire que les diverses variétés linéaires correspondant aux budgets individuels (*Total income and expenditure flats*) passent par l'origine (ces diverses variétés devant déjà avoir (1°) la même orientation, on voit qu'elles se confondront) ;

3° Que la quantité produite de chaque marchandise soit égale à la quantité consommée, c'est-à-dire que l'origine soit le centre de gravité des points d'équilibre individuels — points d'utilité maximum — I, II,... N.

Cela étant, désignons par I, III,... N les vecteurs des points I, II,... N ; par U_1, U_2, etc., l'utilité totale correspondant aux points I, II, etc. ; et par ∇U_1, ∇U_2, etc., les vecteurs représentant en grandeur et direction le taux maximum d'accroissement de l'utilité en chacun de ces points, c'est-à-dire les directions maxima. Les conditions d'équilibre précédemment exprimées se traduisent alors par les relations suivantes :

$$(1) \qquad \nabla U_1 \infty \nabla U_2 \infty \nabla U_3 \infty \dots \infty \nabla U_n .$$

$$(2) \qquad I + II + III + \dots + N = 0$$

$$(3) \qquad I\nabla U_1 = II\nabla U_2 = \dots = N\nabla U_n = 0 .$$

auxquelles il faut ajouter les équations indiquant dans chaque cas la distribution de l'utilité :

$$(4) \qquad \nabla U_1 = F(I) ; \quad \nabla U_2 = F(II) ; \ldots$$
$$\nabla U_n = F(N)$$

On peut (1) immédiatement déduire des relations précédentes les équations canoniques de l'équilibre économique telles que nous les avons rencontrées jusqu'à présent. Or, il est essentiel de remarquer, ainsi que le fait observer le professeur Irving Fisher, que pour établir ces relations on ne fait entrer en ligne de compte que les directions maxima tangentes aux lignes de préférence normales aux lieux (courbes, surfaces, variétés) d'indifférence. Ainsi, les conditions générales de l'équilibre économique ne dépendent que de ces lignes de préférence, et elles sont absolument indépendantes de la quantité d'utilité résultant d'une combinaison quelconque, *id est* de la *densité* (2) de l'utilité au point (du plan, de l'espace ou de l'hyperespace) correspondant à cette combinaison. Dès lors, puisqu'il suffit en chaque point de connaître les directions maxima sans avoir à faire état des quantités d'utilité totale — dont l'inté-

(1) Voir *op. cit.*, part. II, ch. II, § 9, note p. 85.

(2) Voici comment M. Irving Fisher a été conduit à la notion de *densité* d'utilité. Nous avons vu précédemment (**III, IV, 2**) que M. Edgeworth a pris en considération une surface, comparable en quelque sorte à la surface limite d'une *couche* d'utilité, dont les cotes, à partir de chacun des points du plan des x, y, représentent les quantités d'utilité (totale) provenant des combinaisons de deux produits figurées par ces points. Cette conception n'étant guère susceptible de généralisation dans les cas où le nombre des produits est supérieur à deux, le professeur de Yale a imaginé de réduire indéfiniment l'unité de mesure des cotes de la surface dont nous venons de rappeler le mode de génération, de telle sorte qu'aux différents points du plan la couche d'utilité soit caractérisée non plus par son épaisseur, mais par sa *densité*, à l'instar des quantités d'électricité déposées sur les diverses parties d'un conducteur. Or, il est clair que la notion de densité d'utilité en un point d'un plan peut être immédiatement étendue à l'espace et à l'hyperespace. Les courbes, surfaces, variétés d'indifférence sont les lieux des points où l'utilité a une densité donnée. (*Op. cit.*, part. II, ch. I, § 10.)

gration est d'ailleurs impossible en général — on voit, conformément à ce que nous avons annoncé (**II, III, 4**), qu'il n'y a pas lieu de se préoccuper de la définition du rapport de deux utilités (Définition III du passage cité). Nous aurons d'ailleurs l'occasion de revenir dans le chapitre suivant sur ces considérations, qui ont eu une très grande influence sur l'évolution de l'économie pure.

CHAPITRE V

Les derniers travaux de M. Vilfredo Pareto.

1. — Les indices de l'ophélimité.

M. Vilfredo Pareto a repris la notion d'indifférence sur laquelle nous venons de nous étendre assez longuement, mais observant que pour déterminer l'équilibre économique, il n'est nullement besoin de mesurer le plaisir (ou l'utilité), qu'il suffit d'en repérer les divers degrés au moyen d'*indices* (1), il est parvenu, ainsi que nous l'avons indiqué (**II, III, 5**), à établir sur cette base une théorie de l'équilibre économique entièrement débarrassée de toute hypothèse métaphysique sur la nature de l'utilité et, par là, entièrement à l'abri de la critique formulée par M. Irving Fisher.

Dans cette théorie, au lieu de partir de la notion d'utilité, d'ophélimité suivant son expression, pour en déduire celle de ligne d'indifférence, l'éminent professeur de Lausanne, renversant le problème, considère les lignes d'indifférence comme des données de fait pouvant être obtenues expérimentalement par « la détermination dès quantités de biens qui constituent des combinaisons indifférentes pour l'individu ». Puis,

(1) Cpr. le passage de la lettre de HENRI POINCARÉ, cité ci-dessus (III, I, 3).

pour distinguer les diverses lignes d'indifférence qui dès lors ne correspondent plus à des quantités de plaisir déterminées, il les affecte d'*indices* satisfaisant aux conditions suivantes :

1° Deux combinaisons entre lesquelles le choix est indifférent doivent avoir le même indice ;

2° De deux combinaisons, celle qui est préférée à l'autre doit avoir un indice plus élevé ;

3° Enfin, mais ce n'est pas indispensable, parmi les systèmes d'indices, en nombre infini, que l'on peut avoir, il convient de retenir seulement ceux qui jouissent de la propriété suivante : que si en passant de la combinaison I à la combinaison II, l'homme éprouve plus de plaisir qu'en passant de la combinaison II à la combinaison III, la différence des indices de I et II soit plus grande que celle des indices de II et de III.

Ainsi, ces indices ne sont nullement des cotes, ils sont absolument arbitraires, d'où il résulte qu'il y a une infinité de collines des indices du plaisir, tandis que la colline du plaisir dont nous avons parlé ci-dessus était unique, et que, par suite, pour représenter une certaine combinaison (x, y) par un point d'une colline des indices du plaisir, il faut commencer par faire choix d'un système d'indices déterminé ; mais quel que soit le système choisi, pourvu qu'il satisfasse aux conditions précédentes, l'individu éprouve un plaisir d'autant plus grand que le point figuratif de la combinaison dont il jouit est situé à une plus grande hauteur sur la colline correspondant à ce système, et de deux combinaisons il préfère toujours celle qui est représentée par le point le plus élevé de cette colline.

Cela étant, si l'on désigne sous le nom de *sentier* ou de *chemin* le lieu géométrique des points figuratifs des diverses combinaisons dont jouit successivement un individu, on voit que cet individu s'arrêtera, c'est-à-dire qu'il sera parvenu à une position d'équilibre lorsque le sentier qu'il parcourt aura atteint soit un *point terminal* que les « obstacles » (II, III, 5) rendent infranchissable, soit un point de tangence avec une ligne d'indifférence, à partir duquel, ce sentier cessant de monter pour commencer à descendre, il serait contraire aux intérêts de l'individu de continuer à le suivre. Et dès lors on conçoit immédiatement que par la seule considération des lignes d'indifférence telles que nous venons de les définir, on peut obtenir les éléments de la détermination d'équilibres économiques.

Voici d'ailleurs, à titre d'exemple, comment on peut déterminer l'équilibre de l'échange de deux marchandises entre elles.

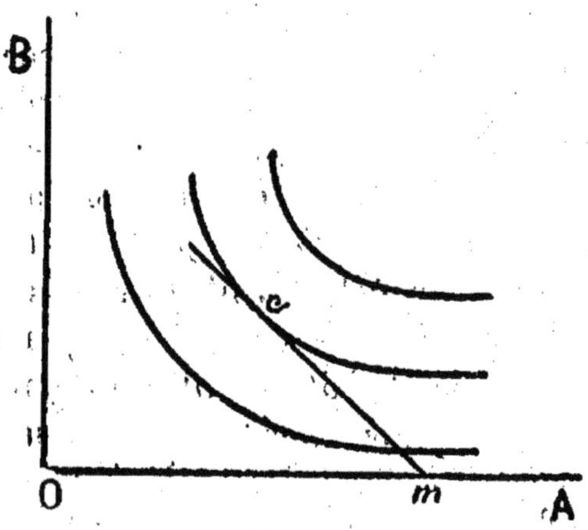

(Fig. 16).

Considérons un individu possédant une certaine quantité représentée par le segment Om (*fig.* 16) d'une marchandise (**A**) dont il est disposé à échanger une partie ou même la totalité contre de la marchandise (**B**), et traçons les lignes d'indifférence de ces deux marchandises pour cet individu.

En admettant que l'échange de la marchandise (**A**)

contre de la marchandise (**B**) se fasse à prix constant,
l'individu considéré, pour transformer de l' (**A**) en (**B**),
se déplacera le long d'un sentier rectiligne issu du
point *m* et s'arrêtera au point de contact *c* de ce sentier
avec une ligne d'indifférence, et, par suite, la position
d'équilibre de cet individu se trouvera, quand l'échange
sera terminé, sur le lieu des points de contact des tangentes issues de *m* aux diverses lignes d'indifférence,
auquel M. Pareto a donné le nom de *ligne des
échanges* (1). Or il en va évidemment de même pour
l'individu qui fait la contre-partie. Il apparaît donc que
pour trouver la position d'équilibre de l'échange des
marchandises (**A**) et (**B**) entre ces individus, il suffit de
déterminer le point d'intersection de leurs lignes des
échanges.

L'équilibre économique est considéré par M. Pareto,
ainsi que nous l'avons déjà dit, comme naissant du contraste des goûts et des obstacles. Or, nous n'avons indiqué jusqu'à présent que la manière de parvenir à la
connaissance de l'équilibre des goûts d'un individu ou
d'une collectivité, — cet équilibre se trouvant réalisé
sur la ligne des échanges — et s'il nous a été possible
de déterminer entièrement l'équilibre du marché particulièrement simple que nous avons envisagé, c'est que

---

(1) La ligne des échanges ainsi définie n'est autre que la courbe
de l'offre de (**A**) en fonction du prix de (**A**) en (**B**), et la courbe de
demande de (**B**) en fonction du prix de (**B**) en (**A**), les prix étant mesurés
par les inclinaisons des sentiers aboutissant aux points de la courbe
relatifs aux quantités envisagées (de telle sorte que ce mode de représentation ne nécessite qu'une seule courbe là où Walras en emploie
deux). C'est là une remarque qui ne laisse pas d'offrir un certain intérêt, car, en rattachant les unes aux autres des études qui, à première
vue, paraissent disparates, elle permet de constater les divergences
entre les diverses théories ainsi que les points où elles se corroborent
mutuellement (Voir V. PARETO, *Encyclopédie...* [p. 149], §§ 19 et s.,
et *Manuel...* [p. 143], ch. III, §§ 180 et s., et A. OSORIO, *Théorie...*
[p. 176], ch. VIII).

le seul obstacle rencontré par chaque individu était constitué par la satisfaction des goûts de l'autre.

Pour être à même d'étudier l'équilibre économique dans toute sa généralité, à l'aide de procédés analogues aux précédents, il nous faudrait donc maintenant nous préoccuper de la détermination de l'équilibre des obstacles, ce qui nous amènerait à parler des *lignes d'indifférence des obstacles*, qui présentent de grandes analogies avec les lignes d'indifférence des goûts tout en s'en distinguant cependant très nettement (1). Mais nous ne nous engagerons pas dans cette voie, parce que, si tant est qu'il soit possible de résumer une œuvre aussi concise que celle de M. Pareto, cela nous obligerait à entrer dans des détails qui nous feraient sortir des limites que nous nous sommes fixées, puisque cette étude n'a nullement pour objet de faire un exposé des théories des économistes mathématiciens, mais seulement d'essayer de donner une idée générale de l'application des mathématiques à l'économie politique en en montrant les évolutions successives.

D'ailleurs, ainsi que nous avons déjà eu l'occasion de le noter, les procédés graphiques ne constituent pas essentiellement des procédés mathématiques, et, dans le cas actuel, nous saurions d'autant moins les considérer comme tels, que M. Pareto s'est assujetti à reléguer dans un *Appendice* toute la partie purement mathématique de son œuvre, dont l'ensemble, rédigé à un point de vue exclusivement objectif, n'en reste pas moins imprégné d'un esprit hautement scientifique. En outre, les procédés graphiques ne sont guère appropriés aux généralisations, et, eu égard au haut degré d'abstraction des conceptions qui la constituent dans ce qu'elle a de plus rigoureux, la théorie la plus

____

(1) Cf. *Manuel*, ch. iii, §§ 77 et s.

Moret   15

récente du savant professeur de Lausanne — telle qu'elle est exposée notamment dans l'*Encyclopédie* — n'est, dans toute sa généralité, guère accessible qu'au moyen de l'analyse mathématique. C'est pourquoi nous nous bornerons aux quelques notions précédentes, qui nous sont seules nécessaires pour l'exposition des paragraphes suivants que nous allons consacrer à l'étude strictement analytique de l'équilibre économique.

§ 2. — Les fondements de la théorie de l'équilibre économique de M. V. Pareto.

Soit, en désignant par I l'*indice* de la ligne correspondant à la combinaison (x, y),

$$I = \Psi(x, y)$$

l'équation d'une famille de lignes d'indifférence, telles que nous les avons définies au paragraphe précédent, et plus généralement, les mêmes considérations s'appliquant évidemment à un nombre quelconque de variables,

$$(1) \qquad I = \Psi(x, y, z, \ldots)$$

l'équation d'une famille de « variétés » d'indifférence définies de la même façon. Tout système d'indices pouvant être substitué au système représenté par l'équation (1) est compris dans l'équation :

$$(2) \qquad I = F(\Psi)$$

(F étant une fonction arbitraire dont le choix est néanmoins un peu restreint par la condition que à l'accrois-

---

(1) Dans ce paragraphe et dans les suivants nous ferons, cela va sans dire, de nombreux emprunts au *Manuel...* [p. 143], de M. V. PARETO et à son article dans l'*Encyclopédie...* [p. 149].

sement positif d'une variable indépendante corresponde un accroissement également positif de l'indice 1) et cette équation se réduit par différentiation à l'équation :

$$\Psi'_x dx + \Psi'_y dy + \Psi'_z dz + \ldots = 0$$

ou bien, en posant $\psi_x = \Psi'_x$, $\psi_y = \Psi'_y$, ... :

$$(3) \qquad \psi_x dx + \psi_y dy + \psi_z dz + \ldots = 0$$

qui est la seule à laquelle M. Pareto ait fait appel pour établir sa théorie de l'équilibre économique.

Or, on pourrait obtenir directement par l'expérience, théoriquement du moins, une relation équivalente à cette équation (3). Il suffirait de rechercher de quelle quantité positive $\Delta_1 x$ il faut augmenter x pour compenser la diminution représentée par la quantité négative Δy (c'est-à-dire pour qu'il soit indifférent de jouir de l'une ou de l'autre des deux combinaisons $(x, y, z, \ldots)$ et $(x + \Delta_1 x, y + \Delta y, z, \ldots)$), puis de rechercher quel $\Delta_2 x$ correspond à Δz, et ainsi de suite, et enfin de sommer les résultats obtenus, ce qui conduirait, en posant $\Delta x = \Delta_1 x + \Delta_2 x + \ldots$, à une relation de la forme.

$$p_x \Delta x + p_y \Delta y + \ldots = 0$$

d'où, à la limite :

$$(4) \qquad q_x dx + q_y dy + \ldots = 0$$

L'équation (3) et, par suite, une théorie de l'équilibre économique établie à partir de cette équation peuvent donc être considérées comme tout à fait indépendantes de la notion d'ophélimité et même de celle d'indice d'ophélimité. Et l'on voit ainsi comment M. Pareto, se dégageant graduellement des anciennes conceptions métaphysiques de l'économie politique, est parvenu à asseoir sa théorie sur des données purement positives, dont la détermination n'implique que la comparaison

ce certaines quantités de marchandises ou de biens économiques (1).

La théorie de l'équilibre économique de M. Pareto ne
dépendant, comme nous venons de le dire, que de
l'équation (3) ou, plutôt, de l'équation (4) obtenue expérimentalement, nous pourrions en aborder immédiatement l'exposé ; mais, afin de la rattacher aussi étroite-
ment que possible à celles que nous avons rencontrées
précédemment, nous ne croyons pas inutile de faire
une digression pour montrer la corrélation entre l'équation (4) et les données auxquelles nous avons fait appel
antérieurement.

Lorsque l'équation (4) correspond à un *cycle fermé*,
c'est-à-dire lorsque le degré de jouissance de l'individu
ne dépend que des coordonnées de son point figuratif,
ce qui se produit, d'une part, quand l'ordre des consommations est indifférent (Cf. II, III, 5), et, d'autre part,
quand ne l'étant pas, il est fixé à l'avance (ce qui a toujours lieu en pratique), cette équation a un facteur in-
tégrant et alors elle est équivalente à l'équation (3).

Soit : $1 = F(\Psi)$ son intégrale.

« En restreignant un peu [comme ci-dessus] la forme
arbitraire de F, on peut faire en sorte que la fonction
[F] jouisse des propriétés suivantes : si l'on fait croître
d'une quantité positive dy une des variables indépen-

_____

(1) « La différence entre la méthode de Walras et la nouvelle méthode de M. Pareto est la même que celle qui existe entre la méthode
qui, de l'étude de la *force*, comme cause du mouvement, déduit la
théorie de la mécanique pure, et celle qui de l'étude du mouvement
en soi, parvient aux mêmes principes fondamentaux indépendamment
de l'idée de *force*. Walras part de l'idée de *force*, Pareto ne regarde
que le *mouvement*. Les deux savants doivent être dans le vrai puisqu'ils arrivent au même but. » A. Osorio, *Théorie...* [p. 176], ch. v,
§ 93.

dantes y, et que l'on considère la différentielle $d\,F$ résultant de cet accroissement, l'individu se mouvra dans le sens des y positifs [*id est* agira de manière à faire croître y], si $d\,F$ est positive ; il se mouvra en sens contraire si $d\,F$ est négative ; il s'arrêtera si $d\,F = o$. La fonction F est ainsi un indice des mouvements de l'individu » (1). Aussi M. Pareto désigne-t-il cette fonction sous le nom de fonction indice (2), tout en faisant observer qu'au point de vue exclusivement mathématique on pourrait se passer de donner un nom aux fonctions indices et les désigner simplement par la lettre I sans chercher dans quel rapport la quantité I se trouve avec les faits de l'expérience. Mais quelles que soient les restrictions apportées au choix de F, il n'en reste pas moins que la détermination des fonctions indices à partir des conditions de l'équilibre n'est pas univoque. On voit donc qu'en général I ne peut pas être pris comme *mesure* de l'ophélimité (abstraction faite de l'unité de mesure), en ce sens qu'à une ophélimité déterminée ne correspondrait qu'une valeur de I, et que, par suite, cette quantité n'est qu'un *indice* de l'ophélimité.

Il y a cependant un cas où la correspondance entre la fonction indice et l'ophélimité est univoque : c'est celui où les consommations sont indépendantes ; et alors la fonction F représente ce que M. Pareto désigne sous le nom d'*ophélimité totale*, tandis qu'il appelle les dérivées partielles de cette fonction les *ophélimités*

---

(1) *Encyclopédie*, § 3.

(2) Il serait d'ailleurs possible de partir de ces considérations pour définir fonction-indice toute fonction jouissant des propriétés ci-dessus (Voir V. PARETO, *Encyclopédie*, § 3, *in fine*). C'est ainsi qu'une expression (obtenue par un procédé quelconque) du bénéfice d'un négociant ou d'un fabricant, qui s'efforce évidemment de rendre ce bénéfice maximum, pourrait servir de fonction-indice pour connaître le sens dans lequel il agira.

élémentaires des divers biens envisagés. Or, cette ophélimité totale n'est pas autre chose que l'utilité totale de Jevons ou l'utilité effective de Walras, et les ophélimités élémentaires correspondent exactement aux utilités finales et aux raretés des mêmes auteurs. Nous retrouvons donc ainsi la fonction d'utilité tant critiquée, qui était à la base des travaux des premiers économistes mathématiciens, sous la forme d'une fonction-indice dont M. Pareto a réussi à faire abstraction dans toute son étude de l'équilibre économique, de telle sorte qu'il a pu dire de l'œuvre de ses prédécesseurs : « Il y a dans cette théorie quelque chose de superflu pour le but que nous nous proposons : la détermination de l'équilibre économique ; et ce quelque chose est précisément ce qu'il y a de douteux dans la théorie » (1) (2).

§ 3. — Les liaisons économiques.

Nous venons de voir quelle est en dernière analyse pour chaque individu l'équation à laquelle doivent satisfaire les variables économiques, pour que cet individu ne cherche pas à modifier les valeurs prises par ces va-

(1) *Encyclopédie*, § 15.

(2) Avant d'en terminer avec ces considérations générales, il convient de noter qu'au lieu de laisser systématiquement de côté la notion de prix, comme nous l'avons fait jusqu'ici, il est possible au contraire de partir de cette notion pour établir la théorie de l'équilibre économique sur les bases adoptées par M. Pareto. On peut, par exemple, regarder l'équation d'une variété d'indifférence comme le résultat de l'élimination des prix entre des fonctions d'offre et des fonctions de demande, ou bien déduire une équation analogue à l'équation (4) de la considération des quantités de biens échangées à certains prix. Mais, bien que M. Barone se soit engagé avec succès dans cette voie (Cf. *Il ministero della produzione nello stato collettivista*, dans le *Giornale degli economisti*, numéros de septembre et d'octobre 1908), il ne semble pas qu'il soit très indiqué de la suivre en l'état actuel de la science.

riables, c'est-à-dire pour qu'il se considère comme réalisant le maximum de bonheur compatible avec les circonstances. Mais les équations de satisfaction maximum ne conditionnent pas à elles seules l'équilibre économique : les variables économiques ne sont pas des variables indépendantes, elles sont assujetties à certaines relations qui constituent les *liaisons* de mutuelle dépendance du *système économique* auquel appartient l'individu considéré. Il nous faut donc dire quelques mots de ces liaisons auxquelles M. Pareto, se plaçant à un point de vue moins abstrait, moins purement mathématique, si l'on peut dire, avait primitivement donné le nom d'*équations des obstacles* parce qu'elles constituent effectivement l'expression des circonstances (dont nous parlions tout à l'heure) auxquelles l'individu est obligé de se plier quand il s'efforce de satisfaire ses goûts.

Les liaisons sont de deux genres nettement différents.

Les liaisons du premier genre sont les plus faciles à observer, et, comme telles, elles ont été connues de tout temps par les économistes littéraires. Ce sont celles qui se traduisent par les équations auxquelles doivent satisfaire les valeurs prises par les variables au point d'équilibre, étant donnés les goûts des personnes avec lesquelles on contracte, les obstacles créés par l'organisation sociale, et enfin les nécessités afférentes à toutes les transformations : transformations matérielles proprement dites, transformations dans l'espace (transports), transformations dans le temps (mises en réserves et emprunts). Elles comprennent notamment toutes les relations qui résultent des conditions imposées à un système économique isolé — et l'on peut toujours regarder comme isolé le système que l'on étudie en tenant compte par ailleurs des échanges qui se pro-

duisent entre la collectivité considérée et les autres
collectivités — par le grand principe de la conservation de la matière, telles que la condition de l'équilibre
des budgets individuels et celle de la compensation des
quantités de chaque marchandise offertes et demandées sur le marché de l'échange (Voir ci-dessus **III**,
II, **1**).

Les liaisons du second genre n'ont au contraire été
prises en considération que récemment, par les fondateurs de l'économie pure. « L'origine de cette théorie »,
dit M. Pareto (1), « peut se voir dans le fameux problème du *basket* de A. Marshall (2) » ; ce problème a été
étudié aussi par F.-Y. Edgeworth (3). Mais ces auteurs
ne paraissent pas s'être rendu compte de la généralité
et de l'importance de la question. F.-Y. Edgeworth dit
même en note : « Molte sottigliezze che sono necessarie
per rifinire logicamente (le dottrine economiche) nella
loro forma più generale ed astratta, hanno una ristret-
tissima portata pratica ». Aussi a-t-il été réservé au savant professeur de Lausanne de faire, pour la première
fois, l'étude des liaisons de ce genre, et il en a donné la
définition suivante : « Elles sont données par des équations se rapportant au chemin suivi pour passer de la
position initiale à la position d'équilibre, c'est-à-dire
par les opérations de la transformation de certaines
quantités en certaines autres » (4). Il faut donc entendre
par liaisons du second genre toutes celles qui sont l'expression de restrictions au libre jeu de l'activité indi-

(1) *Encyclopédie*, note 34, p. 622.
(2) *Principles of economics*, 5e éd., Londres, 1907, B. V, ch. iv, § 7
(*Principes...* [p. 100], l. V, ch. ii, § 4).
(3) *Osservazioni sulla teoria matematica dell' economia con riguardo
speciale ai principii di economia di Alfredo Marshall*, dans le *Giornale
degli economisti*, numéro de février 1891.
(4) *Encyclopédie*, § 10.

viduelle, restrictions dont on rencontre un exemple typique lorsqu'on se trouve en présence d'un échangiste contraint d'acquérir à un prix unique la totalité d'une quantité de marchandise dont les diverses portions ne présentent pas pour lui la même utilité. C'est là, il est vrai, une indication un peu vague ; mais « il est tout aussi impossible d'énumérer toutes les liaisons des systèmes économiques, qu'il le serait d'énumérer toutes celles des systèmes mécaniques » (1), de telle sorte que ce n'est qu'à propos des cas concrets que nous allons recontrer par la suite qu'il nous sera permis de préciser les notions précédentes.

Ayant successivement rappelé, comme nous venons de le faire, d'une part, à quelles conditions les goûts d'individus constituant un groupement économique peuvent être satisfaits, et, d'autre part, par quelles espèces de relations sont rattachés les uns aux autres les différents facteurs d'un système économique, nous sommes désormais en possession des divers éléments qui concourent à la formation de l'équilibre économique, tel qu'il « résulte de l'opposition qui existe entre les goûts des hommes et les obstacles à leur satisfaction » (2). Nous allons donc pouvoir indiquer maintenant comment se présentent, sur les bases établies par M. Pareto, la théorie de l'équilibre de l'échange ainsi que la théorie de l'équilibre de l'échange et de la production — qui n'est autre chose que la théorie générale de l'équilibre économique — sous les différents régimes qui correspondent aux trois types de phénomènes que nous avons définis dans la seconde partie (**II, III, 5**).

(1) *Encyclopædie*, § 25.
(2) *Manuel*, ch. III, § 14.

§ 1. — Détermination de l'équilibre de l'échange.

TYPE 1

(*Libre concurrence*).

Considérons un marché composé de $(\theta + 1)$ individus en présence de m biens (**X**), (**Y**), (**Z**),... et désignons par $y_{i,o}$ la quantité d'une marchandise quelconque (**Y**), dont est porteur à l'ouverture du marché un individu également quelconque (**I**).

Lorsque les goûts de l'individu (**I**), sont satisfaits dans la mesure où le permettent les liaisons, les quantités x_i, y_i, z_i, ... des divers biens dont il dispose vérifient, d'après ce que nous avons vu au paragraphe 3, une relation telle que :

$$\psi_{i,x}dx_i + \psi_{i,y}dy_i + \psi_{i,z}dz_i + ... = 0$$

D'un autre côté, les seules liaisons qui rattachent les unes aux autres les variables du système économique que nous envisageons, sont les liaisons du premier genre qui correspondent, d'une part, aux nécessités afférentes à l'équilibre des budgets individuels, et, d'autre part, à l'impossibilité de modifier la quantité totale de chaque marchandise (Voir **III**, II, 1).

Or, en introduisant les prix à titre de variables *auxiliaires* (1) et en désignant, conformément à la définition de Walras, par $p_y = -\dfrac{\partial x_i}{\partial y_i}$ le prix de (**Y**) en (**X**), la relation précédente peut être remplacée au point d'équilibre par les équations ci-après :

(1) Toutes les théories de l'économie mathématique peuvent, en effet, être exposées en laissant totalement de côté la notion de prix, ainsi que nous l'avons dit précédemment.

$$(A) \qquad \psi_{i,x} = \frac{1}{p_y} \, \psi_{i,y} = \frac{1}{p_z} \, p_{i,z} = \cdots$$

et les liaisons se traduisent par des équations des deux types suivants :

$$(B) \qquad (x_i - \varpi_{i,0}) + p_y(y_i - y_{i,0}) + p_z(z_i - z_{i,0}) + \cdots = 0$$

et

$$(C) \qquad \sum_{i=1}^{i=\theta+1} (x_i - \varpi_{i,0}) = 0$$

L'ensemble des trois systèmes d'équations analogues aux équations (A), à l'équation (B) et à l'équation (C) doit donc constituer en dernière analyse les conditions générales de l'équilibre de l'échange sur le marché considéré. Et effectivement, en remarquant que les équations (B) sont au nombre de θ seulement, car la $(\theta + 1)^{ième}$ est la conséquence des autres et des équations (C), on voit que l'on dispose de :

$$
\begin{array}{cl}
(m - 1) \;\; (\theta + 1) & \text{équations (A)} \\
\theta & \text{équations (B)} \\
m & \text{équations (C)}
\end{array}
$$

soit au total, $m\,\theta + 2\,m - 1$ équations, pour calculer :

$$m - 1 \quad \text{prix}$$

et
$$m\theta + m \quad \text{quantités } x_i, \, y_i, \, z_i, \, \cdots$$

soit en tout, $m\,\theta + 2\,m - 1$ inconnues, de telle sorte que le problème est parfaitement déterminé.

C'est du reste là une conclusion bien facile à prévoir car, si la méthode suivie par M. Pareto diffère complétement de celle de Walras, sur laquelle elle offre le double avantage d'être bien plus générale et de n'introduire aucun élément métaphysique, il n'en reste pas moins que les trois systèmes d'équations auxquels nous venons de parvenir sont foncièrement identiques aux trois premiers groupes des « équations de Walras » ce qui est, comme nous avons déjà eu l'occasion de le noter, la meilleure preuve de l'exactitude des résultats obtenus par les deux professeurs de Lausanne.

Dans ce qui précède, nous avons implicitement supposé que le prix des diverses portions de chaque bien successivement échangées était constant, c'est-à-dire que nous avons établi entre les quantités des différents biens des liaisons du second genre de la forme $\frac{\partial x_i}{\partial y_i}$ = Cte (dont l'*équation du budget* (B) est d'ailleurs la conséquence, ce qui montre qu'un groupe de liaisons du premier genre peut se déduire des liaisons du second genre). Mais si cette hypothèse, dont Walras ne s'est pas écarté, est le plus souvent conforme à la réalité, il y a cependant certains phénomènes, tels que les opérations de spéculation, dans l'étude desquels on ne saurait faire abstraction des variations des prix. Aussi, tout en estimant qu'il n'y a pas lieu, pour le moment du moins, d'aborder l'étude du cas général où les prix dépendraient de toutes les variables, M. Pareto a-t-il jugé à propos de prendre en considération le cas particulier où le prix de chaque bien est fonction de la quantité de ce bien sur laquelle porte la transaction. Et voici, à titre d'indication, un exemple permettant de se rendre compte des modifications à faire subir aux équations de l'échange pour tenir compte de la substitution de liaisons de la forme $\frac{\partial x_i}{\partial y_i} = f_i\,(y_i)$ aux liaisons de la forme $\frac{\partial x_i}{\partial y_i} = $ Cte :

Imaginons que sur un marché analogue à celui que nous venons d'envisager, tout en n'étant plus néanmoins entièrement du type I, le vendeur du bien (Y) (ou un groupement des vendeurs du bien (**Y**)) ait établi pour chaque client (**I**) un prix $p_{y,i}$ variable avec la quantité y_i acquise par ce client, et supposons que ce vendeur, n'usant pas du bien (**Y**) pour la satisfaction de ses goûts personnels, désire en céder la quantité totale y_0 dont il dispose.

Pour adapter à ces nouvelles données les équations de l'échange telles que nous les avons précédemment formulées, il suffira de supprimer parmi les équations (A) l'équation en ψ_y relative au vendeur du bien (**Y**) et de faire subir aux équations (B) les changements résultant de ce fait, que le prix de la quantité totale y_i du bien (**Y**) acquise par chaque individu (**I**), au lieu d'être représenté par le produit du prix unitaire de (**Y**) par cette quantité y_i, est égal à l'intégrale de ce prix unitaire prise entre les limites o et y_i.

En représentant par des lettres sans indice inférieur les quantités se rapportant au vendeur du bien (**Y**), et en affectant de l'indice supérieur 0 les prix d'équilibre, les conditions de l'équilibre sur le marché que nous considérons maintenant seront donc représentées par les trois systèmes d'équations suivants :

$$(A') \quad \begin{cases} \psi_x = \dfrac{1}{p_x^0} \, \psi_z = \ldots \\[2mm] \psi_{1,x} = \dfrac{1}{p_{1\,y}^0} \, \psi_{1,y} = \dfrac{1}{p_x^0} \, \psi_{1,z} = \ldots \\[2mm] \cdot\ \cdot\ \cdot\ \cdot\ \cdot\ \cdot\ \cdot\ \cdot\ \cdot\ \cdot\ \cdot\ \cdot \end{cases}$$

$$(B') \quad \begin{cases} x_0 - x + \displaystyle\int_0^{y_1} p_{1,y}\,dy_1 + \int_0^{y_2} p_{2,y}\,dy_2 + \ldots \\[2mm] \qquad\qquad + p_x^0(z_0 - z) + \ldots = 0 \\[3mm] x_{1,0} - x_1 - \displaystyle\int_0^{y_1} p_{1,y}\,dy_1 + p_x^0(z_{1,0} - z_1) + \ldots = 0 \\[3mm] x_{2,0} - x_2 - \displaystyle\int_0^{y_2} p_{2,y}\,dy_2 + p_x^0(z_{2,0} - z_2) + \ldots = 0 \\[3mm] \cdot\ \cdot\ \cdot\ \cdot\ \cdot\ \cdot\ \cdot\ \cdot\ \cdot\ \cdot\ \cdot\ \cdot \end{cases}$$

$$(C') \quad \begin{cases} x - x_0 + x_1 - x_{1,0} + x_2 - x_{2,0} + \ldots = 0 \\ \qquad\quad - y_0 + y_1 + y_2 + \ldots = 0 \\ z - z_0 + z_1 - z_{1,0} + z_2 - z_{2,0} + \ldots = 0 \\ \cdot\ \cdot\ \cdot\ \cdot\ \cdot\ \cdot\ \cdot\ \cdot\ \cdot\ \cdot\ \cdot\ \cdot\ \cdot\ \cdot \end{cases}$$

auxquels il convient d'ajouter les relations :

$$p_{1,y} = f_1(y_1), \quad p_{2,y} = f_2(y_2), \quad \ldots$$

TYPE II

(Monopole exercé dans l'intérêt de certains individus).

Lorsqu'un individu jouit du monopole de la vente d'un bien quelconque, il fait en général complètement abstraction de l'ophélimité de ce bien, pour ne se préoccuper que de tirer de l'exercice de son monopole le plus gros produit possible soit en numéraire, soit en ophélimité. On voit donc que si, sur le marché que nous avons pris en considération au début de ce paragraphe, certains biens viennent à être monopolisés par certains individus, il faut faire subir aux équations de l'équilibre de l'échange sur ce marché une double modification par suppression des équations du système (A) relatives à ces individus, et par adjonction des relations exprimant les conditions d'obtention des résultats visés par les monopoleurs.

Eh bien ! nous allons examiner maintenant ce qu'il advient de cette double modification dans les principaux cas de monopole qu'il semble y avoir lieu d'envisager,

(α). — *Monopole d'un individu et d'un ou de plusieurs biens.*

Supposons que l'individu (1) jouisse du monopole de la vente du bien (Y). L'équation en $\psi_{1,y}$ du système (A) supprimée, il reste $m\theta + 2m - 2$ équations qui permettent de déterminer $m\,\theta + 2\,m - 2$ des variables en fonction de la $(m\,\theta + 2\,m - 1)^{\text{ième}}$, p_y par exemple, et dès lors pour exprimer que le monopoleur entend profiter de son monopole soit pour réaliser la plus grande somme de numéraire possible, soit pour obtenir le maximum d'ophélimité, il suffit d'écrire que la dérivée par rapport à p_y de l'expression de l'une ou l'autre de ces grandeurs est nulle.

Soit :

$$\frac{d[p_y\,(y_{1,0} - y_1]}{dp_y} = 0$$

et

$$\frac{d\Psi_1}{dp_y} = \psi_{1,x}\,\frac{dx_1}{dp_y} + \psi_{1,y}\,\frac{dy_1}{dp_y} + \psi_{1,z}\,\frac{dz_1}{dp_y} + \dots = 0$$

les deux équations que l'on peut obtenir ainsi. En remplaçant l'équation manquante du système (A) par l'une ou l'autre de ces deux équations, on rétablira l'égalité entre le nombre des équations et celui des inconnues, et, par suite, on disposera d'un ensemble de relations déterminant parfaitement l'équilibre de l'échange dans les conditions envisagées.

Dans le cas où l'individu (1), outre le monopole du bien (Y), posséderait également celui d'un autre bien, (Z), on serait évidemment conduit à des résultats analogues aux précédents.

(β). — *Monopole de deux individus et d'un seul bien.*

Si deux individus, les individus (1) et (2) pour préciser, jouissaient du monopole de la vente d'un même bien (Y), les équations en $\psi_{1,y}$ et $\psi_{2,y}$ du système (A) disparaîtraient, et il resterait $m\,\theta + 2\,m - 3$ autres équations qui permettraient, théoriquement tout au moins, d'exprimer toutes les inconnues en fonction de deux variables auxiliaires, s_1 et s_2, représentant par exemple les quantités de numéraire obtenues par ces deux individus ou bien les indices d'ophélimité des combinaisons réalisées par eux. On pourrait donc en particulier établir entre le prix p_y du bien (**Y**) et les variables s_1 et s_2 une équation de la forme :

$$F(s_1, s_2, p_y) = 0$$

de telle sorte que pour que s_1 et s_2 soient maxima simultanément, il faudrait, en désignant par $f(s_1, s_2)$ le résultat de l'élimination de p_y entre la fonction F et sa dérivée par rapport à p_y, que l'on ait tout à la fois :

$$f(s_1, s_2) = 0 \qquad \frac{\partial f}{\partial s_1} = 0 \qquad \frac{\partial f}{\partial s_2} = 0$$

Or, trois équations telles que celles-ci sont en général incompatibles. L'hypothèse envisagée est par conséquent irréalisable : deux individus ne peuvent pas indépendamment l'un de l'autre monopoliser un seul et même bien (1).

(γ). — *Monopole de plusieurs individus et de plusieurs biens.*

Imaginons la présence sur le marché de plusieurs monopoleurs exerçant, nécessairement d'après ce que nous venons de voir, leurs monopoles sur des biens différents. Après suppression des équations du système (A) relatives à ces monopoleurs et aux biens monopolisés, les équations subsistantes permettent de considérer les diverses variables comme des fonctions des prix de ces biens, et dès lors l'introduction des condi-

_____

(1) C'est, semble-t-il, démontrer un truisme que d'établir qu'il ne saurait exister *deux monopoleurs* d'un même bien ; mais, en réalité, ce n'est cependant pas là une démonstration dépourvue d'intérêt, car faute de s'être rendu compte que deux individus *ne peuvent pas* se comporter simultanément en monopoleurs d'un même bien, certains économistes sont parvenus à cette conclusion que si la vente d'un bien venait à être accaparée par deux individus se concurrençant, le prix de ce bien serait indéterminé.

tions de satisfaction des monopoleurs a pour effet, comme dans le premier cas que nous avons examiné, de rétablir l'égalité entre le nombre des équations et celui des inconnues. La double modification des équations de l'échange, que nous avons indiquée au début, conduit donc dans les cas qui peuvent se présenter à la détermination de l'équilibre économique sur un marché où certains trafiquants agissent selon le type II.

TYPE III

(Monopole exercé dans l'intérêt de la collectivité).

Les phénomènes du type III étant ceux qui correspondraient à l'organisation collectiviste de la société, c'est bien plutôt à l'occasion de la détermination de l'équilibre de la production qu'à celle de l'équilibre de l'échange qu'il y a lieu de les prendre en considération. Aussi M. Pareto en a-t-il rejeté l'étude à la suite de l'exposé de sa théorie de l'équilibre de la production, dont nous allons par suite nous occuper immédiatement.

§ 5. — Détermination de l'équilibre de la production.

De même que Walras distinguait sur le marché de la production, d'un côté, le marché des services et, de l'autre, le marché des produits, M. Pareto considère l'équilibre de la production comme le résultat de la superposition de l'équilibre des consommateurs — qui sont aussi les fournisseurs des entreprises — d'une part, et de l'équilibre des entreprises, d'autre part. Nous allons donc tout d'abord examiner rapidement les conditions de ces deux équilibres, et ensuite nous indiquerons comment s'établissent les relations entre les entreprises et les consommateurs sous les différents régimes économiques.

Equilibre des consommateurs. — Cet équilibre ne diffère de celui de l'échange que par ce seul fait que la quantité totale de chaque bien apportée sur le marché, au lieu d'être une constante, est maintenant une variable dont la détermination doit assurer la jonction des deux équilibres dont l'ensemble constitue celui de la production. Pour obtenir les conditions de l'équilibre des consommateurs, il suffit donc de reprendre les équations (A) et (B) telles que nous les avons précédemment établies et de remplacer les équations (C) (qui auraient pu s'écrire

$$\sum_{i=1}^{i=\theta+1} x_i = X_o,\dots \quad \text{en posant} \quad \sum_{i=1}^{i=\theta+1} x_{i,o} = X_o)$$

par des équations de la forme :

$$(C_1) \qquad \sum_{i=1}^{i=\theta+1} x_i = X,$$

X étant une variable dépendant des autres équations de l'équilibre.

Equilibre des entreprises. — L'équilibre des entreprises c'est l'équilibre des transformations de la production ; aussi, avant de chercher à déterminer les conditions de cet équilibre, y a-t-il lieu de commencer par examiner le mode d'intervention des deux sortes d'éléments dont les variations influent le plus directement sur la ligne de conduite des producteurs : les coefficients de production ou de fabrication (Cf. **III**, II, 2) et les coûts de production.

Coefficients de fabrication. — En désignant par A', B', C',... les quantités des biens (**A**), (**B**), (**C**),... à partir desquels sont fabriqués les produits (**X**), (**Y**), (**Z**),... et par a_x, a_y, a_z,... b_x, b_y, b_z,... c_x, c_y, c_z,... les coefficients de fabrication de ces produits, les conditions techniques de la fabrication donnent naissance à des *liaisons du second genre* des types suivants :

$$dA' = a_x dx + a_y dy + a_z dz + ...$$
$$dB' = b_x dx + b_y dy + b_z dz + ...$$
$$dC' = c_x dx + c_y dy + c_z dz + ...$$

. . . .

Or, si l'on admet, conformément à la réalité, que les quantités de matières premières ou de services producteurs qui entrent dans la fabrication d'un produit sont indépendantes du *chemin* suivi pour parvenir au point envisagé, les équations ci-dessus sont intégrables et peuvent être remplacées par des relations en termes finis entre les valeurs prises par les variables en ce point (ce qui fournit un nouvel exemple de la possibilité de déduire un groupe de liaisons du premier genre d'un groupe de liaisons du second genre). Les conditions techniques de la fabrication peuvent donc être considérées en dernière analyse comme se traduisant par des équations telles que celles-ci :

$$A' = A'_0 + F_a(X, Y, Z, ...)$$
$$B' = B'_0 + F_b(X, Y, Z, ...)$$
$$C' = C'_0 + F_c(X, Y, Z, ...)$$

. . . .

A_o', B_o', C_o',... représentant les frais généraux et F_a, F_b, F_c,... étant des fonctions qui ne sauraient être déterminées *a priori* (car les coefficients de fabrication ne sont pas tous des constantes, ainsi que l'avait admis Walras (1) : il en est qui varient avec les quantités de

___

(1) En réalité, Walras n'a pas considéré les coefficients de fabrication tant comme des constantes que comme des variables indépendantes (Cf. *Eléments...* [p. 106], 36e leç.), mais si cette manière de

produits tandis que d'autres forment des groupes tels
que dans chacun de ces groupes, les variations de certains de ces coefficients sont compensées par celles des
autres) mais dont les formes peuvent cependant être
précisées. Et c'est ainsi que dans les cas où a_x, a_y, a_z....
ne sont fonction que de x, a_y, b_y, c_y,... de y, et ainsi de
suite, les quantités X, Y, Z, des produits (**X**), (**Y**), (**Z**),...
que l'on peut obtenir en employant des quantités A',
B', C',... des biens (**A**), (**B**), (**C**),... satisfont à des équations telles que :

$$A' = A'_0 + \int_0^X a_x dx + \int_0^Y a_y dy + \int_0^Z a_z dz + \ldots$$

$$B' = B'_0 + \int_0^X b_x dx + \int_0^Y b_y dy + \int_0^Z b_z dz + \ldots$$

$$C' = C'_0 + \int_0^X c_x dx + \int_0^Y c_y dy + \int_0^Z c_z dz + \ldots$$

Coûts de production. — Si (**X**), (**Y**), (**Z**),... sont des
marchandises dont les productions sont indépen-
dantes (1), et que l'on désigne par Π_x, Π_y, Π_z,.. les prix
de revient de ces marchandises et par p_a, p_b, p_c,.. les
prix courants des biens (**A**), (**B**), (**C**),... le coût de production dx est :

$$\pi_x dx = (p_a a_x + p_b b_x + p_c c_x + \ldots)dx$$

celui de dy :

$$\pi_y dy = (p_a a_y + p_b b_y + p_c c_y + \ldots)dy$$

et ainsi de suite.

voir est fort acceptable comme première approximation, elle n'en est
pas moins très éloignée d'une conception rigoureuse de la mutuelle
dépendance. (Voir V. PARETO, *Revue d'Economie politique*, numéro
de janvier 1902).

(1) Lorsqu'on se trouve en présence d'un groupe de marchandises
dont les productions sont dépendantes, on ne peut évidemment déterminer que le coût de production de l'ensemble de ces marchandises.

En supposant que les équations précédentes soient intégrables — ce qui implique que le résultat auquel on arrive soit indépendant de l'ordre, de la disposition des fabrications — et en admettant en outre que les prix des biens (**A**), (**B**), (**C**),... soient constants, les coûts de production Π_x, Π_y, Π_z,... de quantités X, Y, Z,... des produits (**X**), (**Y**), (**Z**),.. sont donc fournis, dans l'hypothèse déjà envisagée où chaque coefficient de fabrication ne dépend que de la quantité du produit auquel il se rapporte, par des équations de la forme :

$$\Pi_x = \Pi_{0,x} + \int_0^X \pi_x dx,$$

$$\Pi_y = \Pi_{0,y} + \int_0^Y \pi_y dy,$$

$$\Pi_z = \Pi_{0,z} + \int_0^Z \pi_z dz,$$

etc., $\Pi_{0,x}$ $\Pi_{0,y}$ $\Pi_{0,z}$... représentant les frais généraux indépendants de x, y, z,... et satisfaisant par suite à l'égalité :

$$\Pi_{0,x} + \Pi_{0,y} + \Pi_{0,z} + ... = A'_0 p_a + B'_0 p_b + C'_0 p_c + ...$$

Équilibre des entreprises. — Nous venons d'indiquer successivement les expressions des deux sortes de liaisons qui s'imposent aux entrepreneurs, tant du fait des nécessités techniques que du fait des nécessités financières. Or, pour que l'équilibre des entreprises s'établisse, il faut évidemment que la somme des coûts de production des produits obtenus soit égale à l'ensemble des dépenses de production. Pour achever la détermination de cet équilibre il suffit donc d'ajouter aux équations précédemment établies la relation :

$$A'p_a + B'p_b + C'p_c + ... = \Pi_x + \Pi_y + \Pi_z + ...$$

Equilibre de la production.

TYPE I

(*Libre concurrence*).

Les phénomènes du type I, lorsqu'il s'agit de la production, sont caractérisés par l'égalité du coût de production et du prix de vente de chaque marchandise, non seulement pour la totalité de cette marchandise, conformément à ce que nous avons vu à propos de la théorie de la production de Walras, mais aussi pour la dernière portion qui en est produite quand on arrive au point d'équilibre. Mais dès l'instant où l'on considère les prix comme constants, ainsi que nous l'avons fait jusqu'ici, ces deux égalités sont incompatibles, à moins que l'on ne suppose qu'il n'y ait pas de frais généraux, auquel cas la première entraîne la seconde (ce qui explique que Walras n'ait pas eu à se préoccuper de cette dernière). Aussi admettons-nous dans ce qui suit cette absence de frais généraux, en nous bornant, pour ne pas être entraîné trop loin, à faire observer que dans le cas où elle ne serait pas réalisée on se trouverait en présence de phénomènes de rente.

Dans ces conditions on dispose donc pour établir la jonction entre l'équilibre des consommateurs et celu des entreprises des équations suivantes :

$$(D) \qquad \begin{cases} X = \Pi_x, \\ p_y Y = \Pi_y, \\ p_z Z = \Pi_z \\ \cdots \cdots \end{cases}$$

d'où l'on déduit en ajoutant membre à membre :

$$X + p_y Y + p_z Z + \ldots = \Pi_x + \Pi_y + \Pi_z + \ldots$$

— 247 —

Mais si l'on suppose que les entreprises produisent exactement les quantités de (**X**), (**Y**), (**Z**),... qu'elles livrent aux consommateurs et que l'on désigne par A, B, C,... les quantités de matières premières ou de services producteurs qui leur sont fournies, l'équilibre des budgets des consommateurs, qui sont aussi les fournisseurs des entreprises, implique que l'on ait :

$$Ap_a + Bp_b + Cp_c + \ldots = X + p_y Y + p_z Z + \ldots$$

et d'autre part la condition d'équilibre des entreprises se traduit, comme nous l'avons vu, par la relation :

$$A'p_a + B'p_b + C'p_c + \ldots = \Pi_x + \Pi_y + \Pi_z + \ldots,$$

de telle sorte que l'égalité ci-dessus entraîne la suivante :

$$Ap_a + Bp_b + Cp_c + \ldots = A'p_a + B'p_b + C'p_c + \ldots$$

Or, étant donné que les quantités A, B, C,... pourraient être plus grandes que les quantités A', B', C',... mais ne sauraient être plus petites, l'égalité précédente est équivalente aux équations

(E) $$A' = A, \; B' = B, \; C' = C, \text{ etc.}$$

Ce sont donc ces dernières équations (1) qui constituent en définitive les points de soudure entre le système des équations qui représentent les conditions de l'équilibre des consommateurs, et le système des équations qui représentent les conditions de l'équilibre des entreprises, et, par suite, il ne nous reste plus, pour en terminer avec la question de la détermination de l'équilibre de

(1) Ces équations signifient que les entrepreneurs sont obligés de transformer tout ce qu'ils reçoivent pour assurer la production de ce qu'ils vendent, on voit qu'elles ne sont que l'expression du principe, posé par Walras, d'après lequel les entrepreneurs ne réalisent pas de bénéfices.

la production sous le régime de la libre concurrence, qu'à montrer que le nombre des variables dont dépend cet équilibre est égal à celui des équations qui composent les deux systèmes ainsi réunis.

Eh bien ! supposons que le marché comprenne $\theta + 1$ individus, n biens économiques (**A**), (**B**), (**C**),... et m produits (**X**), (**Y**), (**Z**),...

L'équilibre des consommateurs fournit (Cf. ci-dessus § 4).

$$(m + n - 1)(\theta + 1) \quad \text{équations (A)}$$
$$0 \quad \text{équations (B)}$$
$$m + n \quad \text{équations (C)}$$

soit au total $(m + n)\theta + 2(m + n)$ équations, et les inconnues qui figurent dans ces équations sont au nombre de $[(m + n)\theta + 2(m + n) - 1][m + n]$ puisque aux inconnues que nous avons rencontrées dans la théorie de l'échange il faut ajouter les n quantités A, B, C,... et les m quantités X, Y, Z,... (1).

Or, on a par ailleurs n équations (D) exprimant, pour chacun des n produits, l'égalité du coût de production et du prix de vente et m équations (E) exprimant, pour chacun des m matières premières ou services producteurs, l'égalité des quantités demandées pour les transformations et des quantités effectivement transformées, et ces $m + n$ équations n'introduisent pas de nouvelles inconnues, les quantités A', B', C',... étant

(1) En toute rigueur, il faudrait faire figurer également au nombre des inconnues ceux des coefficients de fabrication qui forment des groupes dans lesquels les variations des uns sont compensées par celles des autres, mais comme nous ne voulons pas sortir du domaine des généralités, nous nous bornerons à indiquer que ces coefficients sont entièrement déterminés par les conditions auxquelles ils doivent satisfaire pour que les coûts de production soient aussi faibles que possible, ce que les entrepreneurs s'efforcent toujours de réaliser sous un régime de libre concurrence.

fournies par les équations de fabrication. Il semblerait donc que le nombre des équations soit en définitive supérieur à celui des inconnues. Mais en réalité il n'en est rien, car les équations (E) dérivant de la relation :

$$A p_a + B p_b + C p_c + \dots = A' p_a + B' p_b + C' p_c + \dots$$

qui est elle-même la conséquence des systèmes (B) et (C), l'une de ces équations fait double emploi et doit être supprimée, de telle sorte que le nombre des équations est bien égal à celui des inconnues.

Remarquons pour terminer que lorsque les coefficients de fabrication sont constants, les systèmes (D) et (E) prennent respectivement les formes suivantes :

(D')
$$\begin{cases} 1 = a_x p_a + b_x p_b + c_x p_c + \dots \\ p_y = a_y p_a + b_y p_b + c_y p_c + \dots \\ p_z = a_z p_a + b_z p_b + c_z p_c + \dots \\ \cdot \quad \cdot \quad \cdot \quad \cdot \quad \cdot \quad \cdot \quad \cdot \quad \cdot \quad \cdot \end{cases}$$

(E')
$$\begin{cases} A = a_x X + a_y Y + a_z Z + \dots \\ B = b_x X + b_y Y + b_z Z + \dots \\ C = c_x X + c_y Y + c_z Z + \dots \\ \cdot \quad \cdot \quad \cdot \quad \cdot \quad \cdot \quad \cdot \quad \cdot \quad \cdot \quad \cdot \end{cases}$$

et qu'il suffit dès lors de fusionner les systèmes (C₁) et (E') pour retrouver les résultats auxquels était parvenu Walras en limitant son étude de la production à l'examen de ce cas particulier.

TYPE II

(Monopole exercé dans l'intérêt de certains individus).

En matière de production, les phénomènes du type II se différencient des phénomènes du type I par ce fait que les prix de vente sont supérieurs aux coûts de production au lieu de leur être égaux.

Par conséquent, si l'on suppose que le producteur du produit (**Y**), par exemple, agisse suivant le type II et que, ce faisant, il réalise un bénéfice dont l'expression en numéraire (**X**) soit ξ, l'équation

$$p_y \mathrm{Y} = \Pi_y$$

du système (D) devient :

$$p_y \mathrm{Y} = \Pi_y + \xi$$

cependant que X doit être remplacé par $\mathrm{X} - \xi$ dans la première équation du système (C,). Le nombre des variables dont dépend l'équilibre de la production se trouve donc accru d'une unité, et il manque par suite une équation pour assurer la détermination de cet équilibre. Mais pour obtenir cette équation il suffit, après avoir déterminé les diverses variables en fonction de l'une d'elles, d'écrire la condition requise pour que le producteur de (**Y**) recueille le plus gros bénéfice ξ possible (1) ; et comme cette manière de procéder pour passer de l'étude des phénomènes du type I à celle des phénomènes du type II, quand il s'agit de la production, est identique à celle que nous avons indiquée pour déduire les équations de l'équilibre de l'échange sous un régime de monopoles de celles qui avaient été établies dans le cas de la libre concurrence, nous ne croyons pas qu'il y ait lieu de reprendre ici l'examen des divers cas que nous avons pris en considération à l'occasion de l'échange, ce qui nous conduirait à formuler des conclusions en tous points analogues à celles que nous avons précédemment développées (2).

(1) Il n'y a pas lieu d'envisager ici, comme nous l'avons fait dans le cas de l'échange, l'éventualité où le producteur de (**Y**) entendrait user de son monopole pour réaliser, non pas la plus grande quantité de numéraire, mais le maximum d'ophélimité possible, car les entrepreneurs n'ont guère l'habitude de faire leurs comptes en ophélimité.

(2) Bien entendu, à la différence de ce qui a lieu pour les phéno-

TYPE III

(*Monopole exercé dans l'intérêt de la collectivité*).

Le type de phénomène économique que M. Pareto désigne sous le nom de type III est, ainsi que nous l'avons dit dans la deuxième partie, « celui auquel on arrive quand on veut organiser tout l'ensemble du phénomène économique, de telle sorte qu'il procure le maximum de bien-être à tous ceux qui y participent », c'est-à-dire celui qui correspondrait à l'organisation collectiviste de la société. Aussi, avant tout autre exposé, le savant professeur de Lausanne a-t-il dû se préoccuper de définir de façon précise ce bien-être (1), et voici en quels termes il le fait : « Il y a deux problèmes à résoudre pour procurer le maximum de bien-être à une collectivité. Il faut d'abord fixer les règles de distribution

mènes du type I (Cf. note p. 248), ce n'est pas par la condition de minimiser les coûts de production, mais par celle de rendre maxima les différences, telles que ξ, entre les prix de vente et les coûts de production, que sont déterminés les coefficients de fabrication lorsqu'il s'agit du phénomène du type II.

(1) La notion d'utilité sociale ne jouant aucun rôle dans les parties théoriques de leurs œuvres, Walras et les autres prédécesseurs de M. Pareto, sauf M. Edgeworth (Cf. II, III, 2), n'avaient pas eu lieu de préciser leurs conceptions à ce point de vue. Mais il semble cependant que l'auteur des *Éléments* était assez disposé à considérer l'utilité totale recueillie par une collectivité dans des circonstances déterminées comme la somme des quantités d'utilité réalisées dans ces circonstances par chacun des individus composant cette collectivité. Or, non seulement l'utilité sociale est souvent en opposition avec les intérêts individuels, mais encore on ne voit pas, même théoriquement, la possibilité d'ajouter des quantités d'utilité obtenues par des individus différents. « L'ophélimité, ou son indice, pour un individu et l'ophélimité, ou son indice, pour un autre individu, sont des quantités hétérogènes. On ne peut ni les sommer ensemble ni les comparer, *No bridge*, comme disent les anglais. Une somme d'ophélimité dont jouiraient des individus différents n'existe pas : c'est une expression qui n'a aucun sens. » (*Manuel*, ch. IV, § 32).

que l'on juge à propos d'établir. La solution de ce problème est principalement du domaine de la sociologie. Ces règles de distribution étant adoptées, on peut rechercher quelle position donne, toujours en suivant ces règles, le plus grand bien-être possible aux individus de la collectivité. »

« Considérons une position quelconque et supposons qu'on s'en éloigne d'une quantité très petite, compatiblement avec les liaisons. Si, en faisant cela, on augmente le bien-être de tous les individus de la collectivité, il est évident que la nouvelle position est plus avantageuse à chacun d'entre eux ; et *vice versa* elle l'est moins si on diminue le bien-être de tous les individus. Le bien-être de certains d'entre eux peut d'ailleurs demeurer constant sans que ces conclusions changent. Mais si, au contraire, ce petit mouvement fait augmenter le bien-être de certains individus et diminuer celui d'autres, on ne peut plus affirmer qu'il est avantageux à toute collectivité d'effectuer ce mouvement. »

« Ce sont ces considérations qui conduisent à définir comme position de maximum d'ophélimité, celle dont il est impossible de s'éloigner d'une quantité très petite, en sorte que toutes les ophélimités dont jouissent les individus, sauf celles qui demeurent constantes, reçoivent une augmentation ou une diminution. En d'autres termes, les fonctions indices ne doivent pas toutes augmenter, ni toutes diminuer, sauf celles qui demeurent constantes. »

« Soient pour les individus (1), (2). (3),... les fonctions indices totales Ψ_1, Ψ_2, Ψ_3,... et $\psi_{1,x}$, $\psi_{2,x}$, $\psi_{3,x}$.... les fonctions indices de (**X**). Considérons l'expression

$$\partial S = \frac{1}{\psi_{1,x}} \delta \Psi_1 + \frac{1}{\psi_{2,x}} \partial \Psi_2 + \frac{1}{\psi_{3,x}} \delta \Psi_3 + \dots$$

Si les $\partial \Psi_1$, $\partial \Psi_2$, $\partial \Psi_3$,.... sont nuls dans toutes les directions, les individus ont de tout à satiété. Sauf ce cas, qu'il est inutile de considérer, l'expression que l'on vient d'écrire ne peut devenir nulle que si une partie des $\partial \Psi$ est positive et une autre partie négative ; par conséquent :

$$\delta S = 0$$

caractérise, selon notre définition, le maximum d'ophélimité pour la collectivité considérée (1) » (2).

En partant de cette définition et en remarquant que ∂S représente une quantité de la marchandise (**X**), d'où il résulte que l'équation

$$\delta S = 0$$

est simplement l'expression de ce fait que pour que la position du maximum d'ophélimité soit atteinte, il faut qu'on ne puisse plus disposer d'un surcroît de marchandise susceptible d'être distribué entre les membres de la collectivité, on conçoit immédiatement que le maximum d'ophélimité doit se trouver réalisé lorsque l'entreprise agit selon le type I. Et, en effet, pour que ∂S soit nul, il faut et il suffit évidemment que, d'une part, la fabrication de chaque produit (**Y**) ne laisse aucun bénéfice et que, par suite, le prix de vente soit égal au coût de production :

$$\int_0^{\mathbf{Y}} p_y \, dy = \Pi_{0,y} + \int_0^{\mathbf{Y}} \pi_y \, dy$$

et que, d'autre part, cette fabrication ne soit pas susceptible d'en laisser, c'est-à-dire que l'on ait :

---

(1) Cette condition du maximum d'ophélimité pour une collectivité coïncide, ainsi qu'il convient, avec celle du maximum d'ophélimité pour un individu, quand la collectivité se réduit à un seul individu (Cf. *Manuel*, App., § 116).

(2) *Encyclopédie*, § 28.

$$\delta\left(\int_0^Y p_y\,dy - \Pi_{0,1} - \int_0^Y \pi_y\,dy\right) = 0$$

ou bien :

$$\left(p_y - \pi_y + \int_0^Y \left(\frac{dp_y}{dY} - \frac{d\pi_y}{dY}\right)dy\right)\delta Y = 0$$

ce qui, en supposant que l'on continue la fabrication sur la voie qui a permis d'arriver au point d'équilibre considéré, conduit à la relation :

$$p_y - \pi_y = 0$$

exprimant l'égalité du prix de vente et du prix de revient de la dernière portion produite. Or, la double égalité du prix de vente et du coût de production, tant pour la totalité de chaque marchandise que pour la dernière portion qui en est produite, est précisément d'après ce que nous avons dit au début de ce paragraphe, la caractéristique des phénomènes du type I. Le maximum d'ophélimité pour une collection tend donc à être réalisé par le régime de la libre concurrence, ce qui ne veut d'ailleurs pas dire qu'il faille nécessairement considérer ce régime comme préférable à tout autre, car, dans la pratique, les facteurs sociologiques peuvent exercer une influence considérable venant compenser la destruction de richesse inhérente à tout régime de monopole.

Dans ce qui précède nous avons essayé de montrer comment M. Pareto a réussi à faire une œuvre bien plus générale et, par là, bien plus scientifique que celles de ses prédécesseurs en groupant, sous les deux rubriques de *liaisons du premier genre* et de *liaisons du second genre*, les innombrables facteurs de l'équilibre économique et en ne faisant dépendre l'étude de cet équilibre que de la seule notion de *fonction-indice*, tout à la fois si compréhensive qu'elle subsisterait entièrement si à la théorie mathématique de l'utilitarisme on voulait substituer celle de l'altruisme ou celle de l'ascétisme, et si précise qu'elle permet de rattacher tous les phénomènes économiques à deux *types* (le *type III* n'est qu'un *genre* du *type II*), parfaitement déterminés par ce fait que pour les phénomènes du type I, les individus acceptant les conditions du marché, les paramètres dont dépendent les fonctions indices sont constants, tandis que pour ceux du type II, au contraire, les trafiquants s'efforçant de modifier ces conditions, les paramètres en question sont variables. Puis nous avons indiqué comment l'auteur du *Manuel* a établi tout d'abord les conditions de l'équilibre de l'échange, et ensuite celles de l'équilibre de la production sous les divers régimes correspondant aux trois types de phénomènes dont il a donné des définitions mathématiques, c'est-à-dire comment il a procédé à la mise en équation du problème de la détermination de l'équilibre économique, dans les diverses hypothèses scientifiques auxquelles il a jugé à propos de ramener l'étude des cas concrets. Pour achever de mettre en évidence toute l'importance des travaux du savant professeur de Lausanne, il nous faudrait donc faire voir maintenant quelles sont les conséquences qu'il a su déduire des équations qu'il a ainsi obtenues. Nous serions de la sorte amenés à parler notamment de ses découvertes relatives à la loi de l'offre et de la demande, que nous avons rappelées par ailleurs, de ses études sur la question de la *stabilité de l'équilibre économique* ainsi que sur celle de la *variabilité des coefficients de fabrication*, dont nous avons simplement signalé l'existence, et surtout de ses belles recherches sur les *propriétés de l'équilibre économique et ses rapports avec le maximum d'ophélimité* auxquelles se rattache la solution du problème de la détermination du maximum d'ophélimité de la production que nous avons précédemment esquissée. Mais, comme nous avons déjà eu l'occasion de le dire, nous n'avons jamais eu l'intention de rédiger un *abrégé* d'économie politique mathématique, nous avons seulement voulu tenter d'indiquer la mise en œuvre des procédés mathématiques en économie politique ; et d'ailleurs les théories dont nous venons de rappeler les titres sont tout à la fois si abstraites et si concises qu'on ne saurait songer à les résumer, car on ne peut guère exposer avec simplicité des choses complexes. Aussi ne pousserons-nous pas plus loin notre examen des travaux de M. Pareto et, par suite, des théories mathématico-économiques en général, nous bornant pour plus amples détails à renvoyer aux ouvrages du Maître et à ses articles dans le *Giornale degli economisti*.

CONCLUSION

—

Les traités de littérature, même les mieux « enrichis » de citations traduites plus ou moins fidèlement — *traduttore traditore* — ne font connaître que bien vaguement les œuvres classiques des littératures grecque et latine, et le seul moyen de les estimer à leur juste valeur consiste à se reporter à leurs textes originaux. Or, pour employer une comparaison du professeur Edgeworth, si les mathématiques sont pour les physicien. ce que le latin est pour les érudits, elles sont malheureusement du grec pour beaucoup d'économistes. Aussi, quoique l'on puisse dire ou écrire sur cette question, il est vraisemblable que ce sera le triste sort de l'emploi des mathématiques en économie politique, de voir se colporter à son sujet des idées inexactes ou même erronées tant que la majorité de ceux qui sont susceptibles de s'y intéresser en seront réduits à baser sans contrôle leurs appréciations sur les jugements, souvent téméraires et parfois tendancieux, de critiques auxquels il arrive de ne pas même connaître les titres des ouvrages dont ils parlent. Du reste, en présence de conceptions parfois assez étranges, il semble bien qu'une certaine éducation mathématique soit presque aussi indispensable pour être à même d'apprécier les arguments pouvant être invoqués en faveur de l'emploi des procédés mathématiques, que pour être capable d'examiner les applications qui ont été faites de ces procédés. Comment en effet pourrait-on espérer faire reconnaître l'opportunité de cet emploi par des auteurs qui se demandent, par exemple, si les équations destinées à traduire les conditions de l'équilibre économique représenteront bien les causes de cet équilibre ou si elles n'en seront pas plutôt les conséquences, la valeur et le prix étant des « phénomènes premiers et essentiels », ou qui, confondant peut-être équilibre et immobilité — comme s'il n'y avait pas des équilibres mobiles, tel que celui de la toupie en mouvement —, paraissent s'imaginer que l'équilibre économique est aux antipodes du progrès (1).

D'autre part, si dans l'état actuel des choses l'économie politique n'est guère préparée à se laisser pénétrer par les mathématiques, les voix les plus autorisées constatent par ailleurs que l'édifice des théories classiques est désormais trop délabré (2), tout en reconnaissant que les méthodes employées jusqu'ici n'ont pas donné de très brillants résultats (3). Or, il suffit d'examiner sans le moindre parti pris la structure actuelle de l'économie politique, pour s'apercevoir que si elle n'a pas atteint au degré de perfection auquel elle pourrait pré-

(1) En réalité le monde économique est assez semblable à la mer qui, sans cesse troublée par tant de causes diverses, n'en conserve pas moins un état d'équilibre qui se traduit à notre esprit par la permanence d'un niveau moyen dont nous avons parfaitement notion bien qu'il ne soit jamais observable (de telle sorte qu'il est à peu près aussi vain de vouloir démontrer l'inanité des théories mathématico-économiques en tirant argument, ainsi que certains ont tenté de le faire, des écarts qu'elles présentent par rapport à la réalité, qu'il le serait de faire de l'existence des vagues et des marées une objection à la théorie de la sphéricité de la terre).

(2) Ch. Gide et Ch. Rist, *Histoires des doctrines...* [p. 21], l. V, p. 589.

(3) E. Bouvier, *La Méthode...* [p. 4], p. 817.

tendre, c'est que, au lieu d'aborder l'étude des questions générales, les économistes se sont le plus souvent bornés à examiner les problèmes particuliers qui leur étaient présentés par la réalité des affaires, ce qui ne pouvait leur faire découvrir que des vérités fragmentaires tout en faisant dégénérer la science économique en un corps de doctrines destinées non pas à se compléter mais à se détruire mutuellement.

Les procédés mathématiques étant essentiellement appropriés à la recherche des vérités générales, et l'emploi de ces procédés en économie politique se présentant avec de sérieuses garanties de succès, tant à cause d'une sorte d'affinité naturelle dont semble témoigner la simultanéité des applications qui en ont été faites, indépendamment les unes des autres, en France, en Allemagne, en Angleterre et en Suisse, que du fait de l'importance des acquisitions que cet emploi compte déjà à son actif, il apparaît donc comme tout indiqué d'essayer de faciliter l'accès de ces procédés au domaine de l'économie politique par des moyens plus actifs que la simple proclamation de leur efficacité.

Aussi, divers auteurs ont-ils tenté d'établir le contact entre les ἀγεωμετρητοί et les théories mathématico-économiques. Les uns, comme H. Laurent (1), ont prétendu composer des ouvrages d'économie mathématique *ad usum populi*, et d'autres, MM. I. Fisher (2), L. Leseine et L. Suret (3), F. Virgilii et C. Garibaldi (4) principalement, se sont efforcés d'exposer en quelques pages les connaissances mathématiques indispensables pour

(1) *Economie politique mathématique*, Paris, 1902.
(2) Voir II, III, 4, *in fine*.
(3) *Introduction mathématique à l'étude de l'économie politique*, Paris, 1911.
(4) *Introduzione alla economia matematica*, Milan, 1899.

suivre les raisonnements mathématico-économiques.
Mais, malheureusement, pour louables qu'elles soient,
de telles tentatives ne semblent pas susceptibles d'être
couronnées de succès. Il n'est pas possible en effet de
présenter sous une forme simple des théories compliquées, et, d'un autre côté, on ne peut guère espérer
enseigner en quelques pages une science dont l'étude
demande en général de longs mois (1) ; sans compter
que s'il n'y a aucun intérêt (peut-être pourrait-on dire
au contraire) à aborder de bonne heure l'étude de l'économie politique, il n'en est pas de même pour les mathématiques, ce qui explique sans doute que la plupart
des économistes mathématiciens furent des hommes,
des ingénieurs le plus souvent, qui avaient fait des
mathématiques avant de se préoccuper des questions
économiques.

D'ailleurs, quand bien même des ouvrages appropriés seraient capables d'apprendre rapidement à leurs
lecteurs à déchiffrer les mathématiques, « comme un
voyageur apprend à comprendre une langue étrangère
sans prétendre l'écrire » (2), le secours de tels ouvrages
n'assurerait pas encore le succès de l'emploi des mathématiques en économie politique. Pour tirer de cet
emploi tout le rendement que l'on peut se croire, à
tort ou à raison, en droit d'en attendre, il ne s'agit pas

---

(1) En fait, l'*Economie politique mathématique* de Laurent ne présente qu'une parenté extrêmement lointaine avec les œuvres d'économie mathématique dignes de ce nom, et si un livre, comme l'*Introduction* de MM. Leseine et Suret, est à même d'offrir des exemple
d'applications des mathématiques à l'économie politique du plus haut
intérêt... pour ceux qui sont déjà familiarisés avec les procédés de l'analyse, nous craignons fort qu'un tel ouvrage ne puisse suffire à éclairer
ceux auxquels ces procédés sont étrangers, d'autant plus que ses enseignements ne sauraient atteindre aux connaissances nécessaires
à l'intelligence des récents travaux d'économie mathématique.

(2) Ch. Gide, *Revue d'économie politique*, numéro de novembre-
décembre 1911.

seulement en effet de lire et de s'assimiler ce qui constitue quant à présent le patrimoine de l'économie mathématique, il faut encore développer le plus possible
ce patrimoine en s'efforçant d'ajouter, à l'aide des procédés mathématiques, la connaissance des fonctions
perturbatrices à celle des lois générales obtenues, grâce
à ces procédés, dans une première approximation. Or,
ce n'est pas là un résultat auquel il soit possible d'atteindre avec une éducation mathématique réduite à sa
plus simple expression. Aussi, se faisant l'écho des do-
léances formulées dès la naissance de l'économie mathématique par Gossen (1) et reprises plus tard par Walras (2) relativement à l'existence d'une cloison étanche
entre les études mathématiques et les études économiques, certains professeurs, citons MM. Bouvier et Zo-
retti, se sont demandé s'il n'y aurait pas lieu soit de
créer dans les Facultés des sciences des cours de mathématiques préparatoires qui seraient pour les futurs économistes ce qu'est le P.C.N. pour les futurs médecins,
soit même de rattacher à ces Facultés l'enseignement de
l'économie politique ou tout au moins de l'économie
pure. Mais ce sont là des questions que nous n'examinerons pas ici, parce que nous ne saurions prétendre
les traiter avec l'autorité que comporte un tel sujet (3).

(1) *Entwickelung...* [p. 85], préf. p. vi.
(2) *Eléments...* [p. 106], préf. p. xx.
(3) Nous ferons cependant remarquer que s'il peut paraître aujourd'hui quelque peu surprenant de songer à transporter dans les
Facultés des sciences, l'enseignement de l'économie politique, c'est
que depuis que cette science figure aux programmes des Facultés de
droit, de nombreux cours d'économie politique se sont graduellement
transformés, au contact des disciplines juridiques, en des cours de
législation et de politique économiques. Mais pour s'être hypertro-
phiée au point de paraître constituer à elle seule toute l'économie
politique, l'économie appliquée n'en est pas moins qu'une partie de
la science économique, dont l'autre partie, l'économie pure, a elle

Sans rechercher si ce doit être là le résultat d'une éducation systématique ou simplement celui du libre jeu de l'activité de chacun (1), nous nous bornerons donc, comme conclusion, à souhaiter que dans l'avenir nombreux soient en France ceux qui joindront à leurs connaissances économiques certaines connaissances mathématiques, puisque ce n'est qu'à cette condition, d'après ce que nous venons de voir, que justice pourra être rendue à l'économie mathématique et que le succès de cette science sera susceptible de s'affirmer. Mais pour qu'il soit possible qu'un tel souhait se réalise, et qu'ainsi l'ignorance des mathématiques, à laquelle s'est trop souvent heurtée l'économie pure, n'apparaisse plus que comme un accident dû à la nouveauté de cette science auquel le temps saura remédier, il faudrait tout d'abord voir disparaître la prévention contre l'emploi des mathématiques en économie politique, dont tous les pionniers de cet emploi ont fait l'amère constatation, en France plus qu'ailleurs (2). Or, la disparition de cette prévention ne pourra évidemment devenir un fait accompli que lorsque ceux qui s'intéressent à l'éco-

aussi son importance, que mettent en évidence les deux faits suivants : en 1874, lorsque l'on résolut de porter aux programmes de nos Facultés l'économie politique, qui jusqu'alors faisait du reste partie de l'enseignement scientifique, ce ne fut pas sans discussions qu'elle fût attribuée aux Facultés de droit, et tout récemment, en 1907, les fondateurs de la *Società italiana per il progresso delle scienze* n'hésitèrent pas à rappeler à eux cette science, pour la faire figurer aux côtés des mathématiques, de la mécanique, de l'histoire naturelle, de l'anatomie et de la physiologie.

(1) Voir dans ce sens : F.-Y. EDGEWORTH, *An introductory lecture on pol. econ. delivered before the University of Oxford*, oct. 23nd 1891, dans l'*Economic journal*, vol. I, n° 4, p. 629.

(2) Voir notamment A.-A. COURNOT, *Principes...* [p. 78], préf. ; J. DUPUIT, *De la mesure...* [p. 80], p. 375 n. ; W. ST. JEVONS, *Théorie...* [p. 91], ch. I, p. 55 ; W. LAUNHARDT, *Mathematische Begründung...* [p. 115], préf. p. I.

nomie politique reconnaîtront que, si après une enfance relativement choyée (1), la science d'Isnard, de Dupuit, de Cournot et de Walras abandonnée (2) dut aller rechercher à l'étranger l'accès des Universités et l'appui des périodiques, cette science n'en est pas moins parvenue aujourd'hui à une robuste adolescence sur laquelle on est en droit de fonder de belles espérances, ou que du moins ils seront convaincus que la pénétration de l'économie politique par les mathématiques n'est pas totalement dénuée d'intérêt. Aussi nous déclarerions-nous satisfait si nous avions pu, par ce travail, contribuer à faire ressortir l'importance de l'emploi des mathématiques en économie politique, apportant ainsi une modeste collaboration à la renaissance de l'économie pure, dont le courageux protecteur (malheureusement trop occupé par ailleurs) des théories de Walras, M. Gide, s'est plu maintes fois à constater les symptômes au cours de ces dernières années. Et il ne nous resterait plus alors qu'à nous excuser des libertés

---

(1) Il fut un temps, en effet, où l'économie mathématique fut assez largement représentée tant dans le *Journal des actuaires français*, que dans le *Journal des économistes*.

(2) Cet abandon fut si complet qu'en quarante ans on ne trouve guère qu'un seul ouvrage d'économie mathématique publié en France : *L'essai...* [p. 112], de M. AUPETIT, auquel il conviendrait peut-être d'ajouter cependant le grand *Cours d'économie politique*, professé par M. COLSON à l'École des Ponts et Chaussées, dans lequel, il est vrai, il n'est fait appel aux mathématiques que d'une manière si restreinte qu'on a parfois pensé y voir, étant donnés les auditeurs auxquels il est destiné, la condamnation de l'économie mathématique, mais qui n'en constitue pas moins une manifestation de l'apparition de l'emploi des mathématiques dans l'enseignement officiel de l'économie politique en France, car si M. Colson n'est partisan que d'un usage très modéré des mathématiques, il en est toutefois un partisan convaincu (Cf. C. COLSON, *Organisme économique et désordre social*, Paris, 1912, pp. 11 et s.).

auxquelles nous avons pu nous laisser aller, tant dans nos propres critiques que dans nos tentatives de réfutation de celles d'autrui.

TABLE DES AUTEURS CITÉS

ERRATA

—

Page	ligne (¹)	au lieu de	lire
40	2 r	[p. 61]	[p. 91]
53	11 r	bonheur	utilité
55	8 r	[p. 61]	[p. 91]
94	10 d	« qui est »	» qui est «
98	7 d	avant la valeur...	ouvrir les guillemets
122	2 et 3 r	Arbeit-splage	Arbeits-plage
127	17 d	sa	ses
176	8 d	avant De même...	supprimer les guille-mets
185	8 d	équation (III)	équation (II)
265	1ʳᵉ col. 9 et 10 d (Auspitz)	129 à 135, 136, 140	129 à 136, 141
»	2ᵉ col. 4 et 5 r (Fisher)		ajouter 221
»	» 6 r »	147	148
»	» 14 r (Edgeworth)	140	141
266	1ʳᵉ col. 15 et 16 d (Ingram)	supprimer 128	
»	2ᵉ col. 2 et 3 d (Lieben)	129 à 135, 136, 140	129 à 136, 141
»	» 12 d (Marshall)	129	130
»	» 13 r (Pareto)	135, 142 à	135, 136, 143 à
»	» 16 r (Pantaleoni)	139	140
267	1ʳᵉ col. 3 d (Ricardo)	146	147
»	2ᵉ col. 11 d (Walras)	138, 140, 143, 145, 146, 147	137, 139, 140, 143, 145, 147

(¹) Nota. — r = en remontant, d = en descendant.

TABLE DES MATIÈRES

DEUXIÈME PARTIE

Historique de l'emploi des mathématiques en économie politique

CHAPITRE PREMIER

Les précurseurs de l'emploi des mathématiques en économie politique

CHAPITRE II

Les fondateurs de l'économie pure

CHAPITRE III

Les principaux économistes mathématiciens

CHAPITRE IV

TROISIÈME PARTIE

Consistance de l'emploi des mathématiques en économie politique

CHAPITRE PREMIER

Équilibre de l'échange de deux marchandises entre elles

CHAPITRE II

Théorie générale, d'après Walras, de l'équilibre économique

CHAPITRE III

Appareil imaginé par le professeur Irving Fisher . . . 195

CHAPITRE IV

Étude de l'équilibre économique en tenant compte de la mutuelle dépendance des biens

CHAPITRE V

Les derniers travaux de M. Vilfredo Pareto

ADDITION

Depuis l'achèvement de cette étude, que les événements nous ont empêché de faire paraître plus tôt, ont été publiés les travaux suivants, que nous croyons devoir signaler :

1° Une traduction des *Untersuchungen über die Theorie des Preises* de R. Auspitz et R. Lieben (Cf. sup. II, III), par Louis Suret (Paris, 1914).

2° Un ouvrage sur *Les mathématiques appliquées à l'économie politique,* par Wl. Zawadski (Paris, 1914).

3° Des *Principes d'économie pure,* par Étienne Antonelli (Paris, 1914).

4° Un article sur les *Recent contributions to mathematicale conomics,* dû au Prof. F.-Y. Edgeworth (*Economic Journal,* numéro de mars 1915).

<hr>

Imprimerie Bussière. — Saint-Amand (Cher).

EXTRAIT
DU CATALOGUE GÉNÉRAL DES OUVRAGES DU FONDS

BIBLIOTHÈQUES
COLLECTIONS ET REVUES

ÉDITÉES PAR

M. GIARD & É. BRIÈRE

LIBRAIRES-ÉDITEURS

16, RUE SOUFFLOT ET 12, RUE TOULLIER

PARIS (Vᵉ)

1914-1915

Envoi franco aux prix marqués sur ce Catalogue

BIBLIOTHÈQUE INTERNATIONALE DE DROIT PUBLIC

PUBLIÉE SOUS LA DIRECTION DE Gaston Jèze

Honorée de souscriptions du Ministère de l'Instruction publique

☞ Les volumes de cette Bibliothèque se vendent aussi reliés avec une augmentation de 1 fr. pour la série in-8 et o fr. 50 pour la série in-18

BRYCE (J.). — La république américaine. Préface de E. Chavegrin. 2ᵉ *édition revue et augmentée*, 5 vol. in-8 : Tome I : Le Gouvernement national; Tome II : Le Gouvernement des États; Tome III : Le système des partis : l'Opinion publique; Tome IV et V : Les institutions sociales. 1912-1913. 5 vol. in-8, brochés . .   60 fr.

LABAND (P.). — Le droit public de l'empire allemand. Édition française. Préface de F. Larnaude. Trad. de Gandilhon, Lacuire, Vulliod, Jadot et Bouyssy. 1900-1904. 6 vol. in-8, br.   60 fr.

DICEY (A.-V.). — Introduction à l'étude du droit constitutionnel. Préface de A. Ribot. Trad. A. Batut et G. Jèze. 1902. 1 vol. in-8, broché. ....   10 fr.

WILSON (W.). — L'État, avec une préface de L. Duguit. Trad. de J. Wilhelm. 1902. 2 vol. in-8, brochés................   20 fr.

1

HAMILTON (A.), **J. JAY**, et **J. MADISON**. — Le fédéraliste, nouvelle édition française, par G. Jèze, avec une préface de A. Esmein. 1902. 1 vol. in-8, broché .... 14 fr.   »

KORKOUNOV (N.-M.). — Cours de théorie générale du droit. Trad. française de J. Tchernoff. 2ᵉ édition contenant la réforme constitutionnelle de la Russie. 1914. 1 vol. in-8 broché ..... 10 fr.   »

KOVALEWSKY (M.). — Les institutions politiques de la Russie. Trad. française, par M. Derocquigny. 1903. 1 vol. in-8. broché.   7 fr. 50

ANSON (Sir R.). — Loi et pratique constitutionnelle de l'Angleterre, Trad. Gandilhon. 1903-1095. 2 vol. in-8 :
Tome I : *Le Parlement.* 1903. 1 vol. in-8. broché.....   10 fr.   »
Tome II : *La Couronne.* 1905. 1 vol. in-8. broché.....   10 fr.   »

MAYER (Otto). — Le droit administratif allemand, édition française par l'auteur. 1903-1906. 4 vol. in-8.....................   32 fr.   »

NITTI (F.-S.). — Principes de science des finances, avec une préface de A. Wahl. Trad. de J. Chamard. 1904. 1 vol. in-8, broché.   12 fr.   »

OURTI (Th.). — Le referendum, histoire de la législation populaire en Suisse. Trad. J. Ronjat, 1905. 1 vol. in-8, broché.......   10 fr.   »

DICEY (A.-V.). — Leçons sur les rapports entre le droit et l'opinion publique en Angleterre au cours du XIXᵉ siècle. Préface de A. Ribot. Trad. de A. Batut et G. Jèze. 1906. 1 vol. in-8, broché..   12 fr.   »

MOREAU (F.) et **DELPECH** (J.). — Les règlements des Assemblées législatives. Préface de Ch. Benoist. 1906-1907. 2 vol. in-8, brochés ....   30 fr.   »

GOODNOW (F.-G.). — Les principes du droit administratif des États-Unis. Trad. A. et G. Jèze. 1907. 1 vol. in-8, broché .....   12 fr.   »

STUBBS (W.). — Histoire constitutionnelle de l'Angleterre, avec introduction, notes et études de Ch. Petit-Dutaillis. 2 vol. in-8. Trad. par G. Lefebvre.
Tome I. 1907. 1 vol. in-8 broché.....................   16 fr.   »
Tome II. 1913. 1 vol. in-8, broché.....................   16 fr.   »

ERRERA (P.). — Traité de droit public belge, 2ᵉ édition, refondue et mise à jour. 1914. 1 fort volume in-8, broché..........   12 fr. 50

NERINCX (Alf.). — L'organisation judiciaire aux États-Unis. 1909. 1 vol. in-8, broché................................   10 fr.   »

MAY (Erskine). — Traité des lois, privilèges, procédures, et usages du Parlement. 1909. 2 vol. in-8, brochés.............   25 fr.   »

LOWELL (A.-L.). — Le gouvernement de l'Angleterre. Trad. de A. Nerincx, 2 vol. in-8 :
Tome I. 1910. 1 vol. in-8, broché.................... 15 fr.   »
Tome II. 1910. 1 vol. in-8, broché.................... 15 fr.   »

REDLICH (J.). — Le gouvernement local en Angleterre. Trad. Oualid, 1911. 2 vol in-8 :
Tome I : 1911. 1 vol. in-8, broché.................... 12 fr.   »
Tome II : 1911. 1 vol. in-8, broché.................... 12 fr.   »

JELLINEK (G.). — L'Etat moderne et son droit. Trad. Fardis, 1911-1913. 2 vol. in-8 :
Tome I : Doctrine générale. 1911. 1 vol. in-8, broché.   12 fr.   »
Tome II : Théorie juridique. 1913. 1 vol. in-8, broché.   12 fr.   »

SÉRIE IN-18 :

TODD (A.). — Le gouvernement parlementaire en Angleterre. Traduit sur l'édition anglaise de Spencer Walpole, avec une préface de Casimir-Périer. 1900. 2 vol. in-18, brochés.............. 12 fr.   »

WILSON (W.). — Le gouvernement congressionnel, avec une préface de Henri Wallon. 1900. 1 vol. in-18, broché ....   5 fr.   »

JENKS (Edward). — Esquisse du gouvernement local en Angleterre. Trad. J. Wilhelm. Préface de H. Berthélemy. 1902. 1 vol. in-18, broché. ....   5 fr.   »

DICKINSON (G.-L.). — Le développement du Parlement pendant le XIXᵉ siècle. Trad. et préface de M. Deslandres. 1906. 1 vol. in-18 broché.....................................   5 fr.   »

OPPENHEIMER. (F.) — L'Etat, ses origines, son évolution et son avenir. Trad. de l'allemand par M. W. Horn. 1913. 1 vol. in-18 broché ....   4 fr.   »

EN PRÉPARATION

LOWELL (A.-L.). — Opinion publique et Gouvernement populaire.

BIBLIOTHÈQUE INTERNATIONALE D'ÉCONOMIE POLITIQUE
PUBLIÉE SOUS LA DIRECTION DE Alfred Bonnet
Honorée de souscriptions du Ministère de l'Instruction publique

Les volumes de cette Bibliothèque se vendent aussi reliés avec une augmentation de 1 fr. pour la série in-8 et 0 fr. 50 pour la série in-18

SÉRIE IN-8° :

COSSA (Luigi). — Histoire des doctrines économiques. Trad. Alfred Bonnet. Préface de A. Deschamps. 1899. 1 vol. broch. (I)   (*Epuisé*)

ASHLEY (W.-J.). — Histoire et doctrines économiques de l'Angleterre. Trad. Bondois et Bouyssy. 1900. 2. vol. brochés (II-III).   15 fr. »

SÉE (H.). — Les classes rurales et le régime domanial au moyen-âge en France. 1901. 1 vol. broché (IV)................   12 fr. »

WRIGHT (C.-D.). — L'évolution industrielle des Etats-Unis. Trad. F. Lepelletier. Préf. de E. Levasseur. 1901. 1 vol. br. (V)   7 fr. »

CAIRNES (J.-E.). — Le caractère et la méthode logique de l'économie politique. Trad. G. Valran. 1902. 1 vol. broch (VI) ...   5 fr. »

SMART (W.). — La répartition du revenu national. Trad. G. Guéroult. Préface de P. Leroy-Beaulieu. 1902. 1 vol. broché (VII).   7 fr. »

SCHLOSS (David). — Les modes de rémunération du travail. Trad. Charles Rist. 1902. 1 vol. broché (VIII)............   7 fr. 50

SCHMOLLER (G.). — Questions fondamentales d'économie politique et de politique sociale. 1902. 1 vol. broché (IX)......   7 fr. 50

BOHM-BAWERK (E.). — Histoire critique des théories de l'intérêt du capital. Trad. Bernard. 1902. 2. vol. brochés (X-XI) ...   14 fr. »

PARETO (Vilfredo). — Les systèmes socialistes. 1902. 2 volumes brochés (XIII-XII)...............................   *Epuisé*

LASSALLE (F.). — Théorie systématique des droits acquis. Avec préface de Ch. Andler. 1904. 2 vol. brochés (XIV-XV)......   20 fr. »

RODBERTUS-JAGETZOW (C.). — Le capital. Trad. Chatelain. 1904. 1 vol. broché (XVI). ....   6 fr. »

LANDRY (A.). — L'intérêt du capital. 1904. 1. vol. br. (XVII)   7 fr.

PHILIPPOVICH (E.). — La politique agraire. Traduit par S. Bouyssy, avec préface de A. Souchon. 1904. 1 vol. broché (XVIII)................................   6 fr. »

DENIS (Hector). — Histoire des systèmes économiques et socialistes :
    Tome I : *Les Fondateurs.* 1904. 1 vol. broché (xix)....   7 fr.   »
    Tome II : *Les Fondateurs* (fin). 1907. 1 vol. broché (xx)   10 fr.   »

WAGNER (Ad.). — Les fondements de l'économie politique :
    Tome   I. Trad. Polack, 1904. 1 vol. broché (xxii)....   10 fr.   »
    Tome II. Trad. K. L. 1909. 1 vol. broché (xxiii).....   12 fr.   »
    Tome III. Trad. K. L. 1913. 1 vol. broché (xxiv)......   10 fr.   »
    Tome IV. Trad K. L. 1913. 1 vol. broché (xxv). . .   10 fr.   »
    Tome V. Trad. Polack, 1913. 1 vol. broché (xxv bis). .   10 fr.   »
    L'ouvrage complet : 5 vol. in-8 . . . .   52 fr.   »

SCHMOLLER (G.). — Principes d'économie politique. Traduit par
    G. Platon et L. Polack. 5 vol. 1905-08 (xxvi à xxx)....   50 fr.   »

PETTY (Sir W.). — Œuvres économiques. Trad. Dussauze et
    Pasquier. 1905. 2 vol. brochés (xxxi-ii)...........   15 fr.   »

SALVIOLI. — Le capitalisme dans le monde antique. Trad. A. Bon-
    net. 1906. 1 vol. br. (xxxiii).....................   7 fr.   »

EFFERTZ (O.). — Les antagonismes économiques. Introduction de
    Ch. Andler. 1906. 1 vol. broché (xxxiv).............   12 fr.   »

MARSHALL (A.). — Principes d'économie politique. 2 vol. in-8 :
    Tome I. Trad. par Sauvaire-Jourdan. 1907. 1 vol. broché
    (xxxv)..   10 fr.   »
    Tome II. Trad. par Sauvaire-Jourdan et Bouyssy. 1909. 1 vol.
    broché (xxxvi)..................................   12 fr.   »

FONTANA-RUSSO (L.). — Traité de politique commerciale. Trad.
    F. Poli. 1908. 1 vol. in-8 broché (xxxvii) ....   14 fr.   »

CORNELISSEN (C.). — Théorie du salaire et du travail salarié. 1909.
    1 fort vol. in-8, broché (xxxviii)...................   14 fr.   »

JEVONS (W. Stanley). — La théorie de l'économie politique. Trad.
    H.-E. Barrault et M. Alfassa. 1909. 1 vol. in-8 br. (xxxix),   8 fr.   »

PARETO (Vilfredo). — Manuel d'économie politique. Trad. de
    A. Bonnet. 1909. 1 vol. broché (xl)..................   12 fr. 50

CANNAN (Edwin). — Histoire des théories de la production et de la
    distribution dans l'économie politique anglaise de 1776 à 1848.
    Trad. par E. Barrault et M. Alfassa. 1910. 1 vol. in-8 broché
    (LXI)...   12 fr.   »

CLARCK (J.-B.). — Principes d'économique dans leur application aux
    problèmes modernes de l'industrie et de la politique économique.
    Traduction. W. Oualid et O. Leroy. 1911. 1 vol. in-8 broché
    (LXII) ....   10 fr.   »

FISHER (I.). — **De la nature du capital et du revenu.** Trad. S. Bouyssy, 1911. 1 vol. in-8 broché (XLII)..................... 12 fr. »

LORIA (A.). — **La synthèse économique.** Etude sur les lois du revenu. Trad. C. Monnet. 1911. 1 vol. in-8 broché (XLIII) .... 12 fr. »

CARVER (Th. N.). — **La répartition des richesses.** Trad. R. Picard. 1913. 1 vol. in-8 broché (XLIV) .... 5 fr. »

WEBB (S. et B.). — **La lutte préventive contre la misère.** Trad. H. La Coudraie. 1913. 1 vol. in-8 (XLV), broché............... 8 fr. »

HERSCH (L.) — **Le Juif errant d'aujourd'hui.** (40 tableaux statistiques et 9 diagrammes). 1913. 1 vol. broché (XLVI).... 6 fr. »

CORNELISSEN (Ch.). — **Théorie de la valeur.** 2ᵉ édition entièrement refondue. 1913. 1 vol. broché (XLVII) .... 10 fr. »

LEROY (M.). — **La coutume ouvrière.** Doctrines et institutions. 1913. 2 vol. brochés (XLVIII-IXL) .... 18 fr. »

KOBATSCH (R.). — **La politique économique internationale.** Trad. G. Pilati et A. Bellaco. 1913. 1 vol. in-8. broché (L) .. 12 fr. »

TOUGAN-BARANOWSKY (M.). — **Les crises industrielles en Angleterre.** Trad. par Schapiro. 1913. 1 vol. broché (LI)..... 12 fr. »

KAUFMAN (Dʳ-E.). — **La Banque en France considérée principalement au point de vue des trois grandes banques de dépôts.** Trad. et mis à jour par A. S. Sacker. 1 vol. broché (LII). ..... 14 fr. »

LIEFMANN (Dʳ Robert). — **Cartells et Trusts.** Evolution de l'organisation économique. Trad. par Savinien Bouyssy. 1914. 1 vol. in-8º (LIII).. 5 fr. »

OPPENHEIMER (F.). — **L'Economie pure et l'Economie politique.** 1914. 2 vol. in-8º .... 20 fr. »

AUSPITZ et LIEBEN. — **Recherches sur la théorie du prix.** 1914. 2 vol. in-8 (1 vol. texte et 1 vol. album). .... 15 »

SÉRIE IN-18 :

MENGER (Anton). — **Le droit au produit intégral du travail.** Trad. A. Bonnet. Préface de Ch. Andler. 1900. 1 vol. broché (I)   3 fr. 50

PATTEN (S.-N.). — **Les fondements économiques de la protection.** Trad. F. Lepelletier. Préface de P. Cauwès. 1889. 1 vol. broché (II).. 2 fr. 50

BASTABLE (C.-F.). — **La théorie du commerce international.** Trad. avec introd. par Sauvaire-Jourdan. 1900. 1 vol. br. (III)   3 fr. »

WILLOUGHBY (W.-F.). — **Essais sur la législation ouvrière aux Etats-Unis.** Trad. Chaboseau. 1903. 1 vol. broché (IV).. 3 fr. 50

DUFOURMANTELLE (M.). — **Les prêts sur l'honneur.** 1913. 1 vol. broché (V) .... 4 fr. »

SOUS PRESSE :

MASLOW. — Les systèmes économiques............

BOHM-BAWERK. — La théorie positive du capital.....

FISHER. — Le pouvoir d'achat de la monnaie..........

WALSH. — Le problème fondamental de la monnaie...

ROSCHER (W.). — Politique industrielle. Mise à jour par Stieda, 2 vol. in-8.

ROSCHER (W.). — Politique commerciale. Mise à jour par Stieda, 2 vol. in-8.

BOWLEY. — Éléments de statistique.

CRÜGER. — Coopératives de consommation.

HILFERDING. — La finance moderne.

LIEFMANN (M. Robert). — Formes d'entreprises.

PIERSON. — Traité d'économie politique, 2 vol.

SELIGMAN (Edw. A.-R). — Economie politique.

SUBERCAZEAUX. — Papier monnaie.

BIBLIOTHÈQUE INTERNATIONALE DE DROIT PRIVÉ ET DE DROIT CRIMINEL

PUBLIÉE SOUS LA DIRECTION DE **P. Lerebours-Pigeonnière**

Honorée de souscriptions du Ministère de l'Instruction publique

Les volumes de cette Bibliothèque se vendent aussi reliés avec un augmentation de 1 franc

COSACK (C.), *professeur à l'université de Bonn.* — **Traité de droit commercial.** Avec préface de Ed. Thaller, traduction de Léon Mis. 1905-7. 3 vol. in-8 :

    Tome   I : Théorie générale. 1905. 1 vol. in-8, broché.   8 fr. •

    Tome II : Opérations. 1905. 1 vol. in-8, broché .... 8 fr. •

    Tome III : Sociétés, assurances terrestres et maritimes. 1907. 1 vol. in-8, broché............................. 10 fr. •

    L'ouvrage complet : 3 vol. in-8................ 26 fr. •

STEVENS (E.-M.) D. C. L. de Christ Church (Oxford). — **Éléments de droit commercial anglais,** revus et corrigés par Herbert Jacobs, traduit par L. Escarti, avec introduction, par P. Lerebours-Pigeonnière. 1909. 1 vol. in-8, broché..................... 10 fr. •

LISTZ (Dr F. von), *professeur ordinaire de droit à Berlin.* — **Traité de droit pénal allemand.** Traduit sur la 17e édition allemande (1908) par R. Lobstein. 1910-1913. 2 vol. in-8 :

    Tome   I : Partie générale. 1910. 1 vol. in-8 ...... 10 fr. •

    Tome II : Partie spéciale. 1913. 1 vol. in-8 .... 12 fr. •

    L'ouvrage complet : 2 vol. in-8............. 22 fr. •

VIVANTE (C.), *professeur ordinaire de droit commercial à l'université de Rome.* — **Traité de droit commercial**, avec préface de M. Albert Wahl. 1910-1912. Traduction par Jean Escarra. 4 vol. in-8° :

    Tome   I : **Les commerçants ;**
    Tome II : **Les sociétés commerciales ;**
    Tome III : **Les Titres de crédit.**
    Tome IV : **Les obligations.**

    L'ouvrage complet : 4 vol. in-8°.................... 112 fr. •

WIELAND (D. C.). — **Les droits réels dans le Code civil suisse.** Trad. et mis au courant par H. Boy... 1913-1914. 2 vol. in-8. brochés .... 25 fr. •

SOUS PRESSE

KENNY (G.-L.), **Esquisse de droit criminel.**
STOLFI. — **Les droits d'auteur.**

EN PRÉPARATION

WIELAND : Droit des personnes, 2 vol. — **Droit des successions,** 2 vol. — **Droit de famille,** 2 vol.

BIBLIOTHÈQUE SOCIOLOGIQUE INTERNATIONALE

PUBLIÉE SOUS LA DIRECTION DE **René Worms**

Honorée de souscriptions du Ministère de l'Instruction publique

☞ Les volumes I à XXX de la Collection peuvent aussi être achetés reliés avec une augmentation de 2 fr. et XXXI et suite avec une augmentation de 1 fr. seulement.

SÉRIE IN-8

WORMS (René). — **Organisme et société.** 1896. 1 vol. in-8 (I)   6 fr. •

LILIENFELD (Paul de). — **La pathologie sociale.** 1896. 1 vol. in-8 (II)... 6 fr. •

NITTI (Francesco S.). — **La population et le système social.** 1897. 1 vol. in-8 (III) .... 5 fr. •

POSADA (A.). — **Théories modernes sur les origines de la famille, de la société et de l'état.** 1896. 1 vol. in-8 (IV)........... 4 fr. •

BALICKI (S.). — **L'État comme organisation coercitive de la société politique.** 1896. 1 vol. in-8 (V) .... (*Épuisé*) •

NOVICOW (J.). — **Conscience et volonté sociales.** 1897. 1 vol. in-8 (VI) .... 6 fr. •

GIDDINGS (Franklin H.). — **Principes de sociologie.** 1897. 1 vol. in-8 (VII).. 6 fr. •

LORIA (A.). — **Problèmes sociaux contemporains.** 1897. 1 vol. in-8 (VIII) .... 4 fr. •

VIGNES (M.). — La science sociale d'après les principes de Le Play et de ses continuateurs. 1897. 2 vol. in-8 (IX-X)........... 16 fr.   •

VACCARO (M.-A.). — Les bases sociologiques du droit et de l'Etat. 1898. 1 vol. in-8 (XI)........................ 8 fr.   •

GUMPLOWICZ (L.). — Sociologie et politique. 1898. 1 volume in-8 (XII)............................... 6 fr.   •

SIGHELE (Scipio). — Psychologie des sectes. 1898. 1 volume in-8 (XIII) .... 5 fr.   •

TARDE (G.). — Etudes de psychologie sociale. 1898. Un volume in-8 (XIV). .... 7 fr.   •

KOVALEWSKY (M.). — Le régime économique de la Russie. 1898. 1 vol. in-8 (XV) .... 7 fr.   •

STARCKE (C.). — La famille dans les diverses sociétés. 1899. 1 vol. in-8 (XVI) .... 5 fr.   •

LA GRASSERIE (Raoul de). — Des religions comparées au point de vue sociologique. 1899. 1 vol. in-8 (XVII).............. 7 fr.   •

BALDWIN (J.-M.). — Interprétation sociale et morale des principes du développement mental. 1899. 1 vol. in-8 (XVIII) .... 10 fr.   •

DUPRAT (G.-L.). — Science sociale et démocratie. 1900. 1 vol. in-8 (XIX) .... 6 fr.   •

LAPLAIGNE (H.). — La morale d'un égoïste ; essai de morale sociale. 1 vol. in-8 (XX) .... 5 fr.   •

LOURBET (Jacques). — Le problème des sexes. 1900. 1 volume in-8 (XXI) .... 5 fr.   •

BOMBARD (E.). — La marche de l'humanité et les grands hommes d'après la doctrine positive. 1900. 1 vol. in-8 (XXII) .... 6 fr.   •

LA GRASSERIE (Raoul de). — Les principes sociologiques de la criminologie. 1901. 1 vol. in-8 (XXIII) .... 8 fr.   •

POUZOL (Abel). — La recherche de la paternité. 1902. 1 volume in-8 (XXIV) .... 10 fr.   •

BAUER (A.). — Les classes sociales. 1902. 1 vol. in-8 (XXV)   7 fr.   •

LETOURNEAU (Ch.). — La condition de la femme dans les diverses races et civilisations. 1903. 1 vol. in-8 (XXVI)........... 9 fr.   •

WORMS (René). — Philosophie des sciences sociales. 3 vol. in-8 :
Tome I. *Objet des sciences sociales.* 2e édition. 1913. 1 vol. (XXVII)............................ 4 fr.   •
Tome II. *Méthode des sciences sociales* 1903. 1 volume (XXVIII)........................... 4 fr.   •
Tome III. *Conclusion des sciences sociales* 1907. 1 volume (XXIX) .... 4 fr.   •

RIGNANO (E.). — Un socialisme en harmonie avec la doctrine économique libérale. 1904. 1 vol. in-8 (xxx)..............   7 fr. »

NICEFORO (A.). — Les classes pauvres. Recherches anthropologiques et sociales. 1905. 1 vol. in-8 (xxxi) ....   8 fr. »

LESTER-WARD (F.). — Sociologie pure. 1906. 2 volumes in-8 (xxxii-iii)..........................   16 fr. »

LA GRASSERIE (R. de). — Les principes sociologiques du droit civil. 1906. 1 vol. in-8 (xxxiv) ....   10 fr. »

CAIRD (Edw.). — Philosophie sociale et religion d'Auguste Comte. 1907. 1 vol. in-8 (xxxv)..............   4 fr. »

BAUER (A.). — Essai sur les révolutions. 1908. 1 volume in-8 (xxxvi) ....   6 fr. »

SIGHELE (S.). — Littérature et criminalité. 1908. 1 volume in-8 (xxxvii) ....   4 fr. »

LACOMBE (P.). — Taine historien et sociologue. 1909. 1 volume in-8 (xxxviii)..........................   5 fr. »

KOVALEWSKY (M.). — La France économique et sociale à la veille de la Révolution. 1909-1911. 2 vol. :
    Tome I : *Les Campagnes.* 1909. 1 vol. in-8 (xxxix)..   8 fr. »
    Tome II : *Les Villes.* 1911. 1 vol. in-8 (xl)..........   7 fr. »

STEIN. — Le sens de l'existence. 1909. 1 vol. in-8 (xli)...   12 fr. »

MAUNIER (R.). — L'origine et la fonction économique des villes. 1910. 1 vol. in-8 (xlii)..........................   6 fr. »

BOCHARD (A.). — L'évolution de la fortune de l'Etat. 1910. 1 vol. in-8 (xliii)..........................   6 fr. »

SIGHELE (S.). — Le crime à deux. 1909. 1 vol. in-8 (xliv)   4 fr. »

CORNEJO. — Sociologie générale. 1911. 2 volumes in-8 (xlv-xlvi)..........................   20 fr. »

LA GRASSERIE (R. de). — Les principes sociologiques du droit public. 1911. 1 vol. in-8 (xlvii) ....   10 fr. »

COMTE (Aug.). — Système de politique positive, condensé par Cherfils. 1912. 1 vol. in-8 (xlviii)..............   12 fr. »

WORMS (René). — La sexualité dans les naissances françaises. 1912. 1 vol. in-8 (xlix) ....   5 fr. »

BAUER (A). — La Culture morale aux divers degrés de l'enseignement public. 1913. 1 vol. in-8° (l) ....   6 fr. »

SZERER (M). — La conception sociologique de la peine. 1914. 1 vol. in-8° (lii). ....   4 fr. »

MICHELS (R). — Amour et Chasteté. Essais sociologiques. 1914. 1 vol. in-8° (lii) ....   5 fr. »

ELLWOOD (Ch.-A.) — Principes de psycho-sociologie. Trad. par P. Combret de Lanux, 1914. 1 vol. in-8° (liii)......   6 fr. »

SÉRIE IN-18 (*volumes brochés*) :

WORMS (René). — Principes biologiques de l'évolution sociale. 1910. 1 vol. in-18 (A) .... 2 fr. »

BALDWIN (J.-Mark). — Psychologie et Sociologie. 1 volume in-18 (B)... 2 fr. »

OSTWALD (W.). — Les fondements énergétiques de la science et de la civilisation. 1910. 1 vol. in-18 (C)............... 2 fr. »

MAUNIER (R.). — L'économie politique et la sociologie. 1910. 1 vol. in-18 (D) .... 2 fr. 50

NOVICOW (J.). — Mécanisme et limites de l'association humaine. 1912. 1 vol. in-18 (E)................................ 2 fr. »

ARREAT (L.). — Génie individuel et contrainte sociale. 1912. 1 vol. in-18 (F) .... 2 fr. »

KOVALEWSKY (M.). — La Russie sociale. 1914. 1 vol. in-18... 2 fr. 50

SOUS PRESSE

DELLEPIANE (A). — Science et méthode reconstructives.
MAUNIER (R). — Etudes égyptiennes.

BIBLIOTHÈQUE INTERNATIONALE
DE SCIENCE ET DE LÉGISLATION FINANCIÈRES

PUBLIÉE SOUS LA DIRECTION DE Gaston Jèze

Honorée de souscriptions du Ministère de l'Instruction publique

☛ Les volumes de cette Bibliothèque se vendent aussi reliés avec une augmentation de 1 franc

SELIGMAN (Edw. R.-A.). — L'impôt progressif en théorie et en pratique. Edition française revue et augmentée par l'auteur. Traduction de A. Marcaggi. 1909. 1 vol. in-8 : broché .... 10 fr. »

WAGNER (Ad.), *professeur à l'université de Berlin*. — Traité de la science des finances. Traduction de M. Vouters. 3 vol. :

    Tome I : Théories générales : Le budget. Les besoins financiers. Les recettes d'économie privée. 1909. 1 volume in-8 : broché... 15 fr. »

    Tome II : Théorie de l'imposition. Théorie des taxes et Théorie générale des impôts. Traduction de Jules Ronjat. 1909. 1 vol. in-8 broché.. 15 fr. »

    Tome III : Le Crédit public. 1912. 1 vol. in-8, broché   8 fr. »

    Tomes IV et V : Histoire de l'impôt depuis l'antiquité jusqu'à nos jours, par Wagner et Deite. Traduction Bouché-Leclercq et Couzinet. 1913. 2 vol. in-8, brochés .... 24 fr. »

    L'ouvrage complet : 5 vol. in-8, brochés .... 60 fr. »

MYRBACH-RHEINFELD (Baron Fr. Von), *professeur à l'université d'Innsbruck.* — **Précis de droit financier.** Traduction française de Bouché-Leclercq. 1910. 1 fort vol. in-8 : broché.......... 15 fr.   »

PIERSON (N. G.). — **Les revenus de l'Etat.** Trad. par Louis Suret, 1913. 1 vol. in-8° broché.......................... 12 fr.   »

SELIGMAN (Edw. R.-A.). — **Théorie de la répercussion et de l'incidence de l'impôt.** Edition française d'après la 3° édition américaine, Traduction par Louis Suret. 1910. 1 vol. in-8 : br.   15 fr.   »

SELIGMAN (Edw. R.-A.) — **L'Impôt sur le Revenu.** Trad. par W. Oualid (contenant l'income tax de 1913). 1913. 1 fort vol. in-8° broché. .... 15 fr.   »

SELIGMAN (Edw. R.-A.). — **Essais sur l'impôt.** Trad. par Louis Suret, 1914. 2 vol. in-8° : br................. 30 fr.   »

ÉTUDES ÉCONOMIQUES ET SOCIALES

PUBLIÉES AVEC LE CONCOURS DU COLLÈGE LIBRE DES SCIENCES SOCIALES

Honorées de souscriptions du Ministère de l'Instruction publique

Les volumes de cette Collection se vendent aussi reliés avec une augmentation de 1 fr. pour la série in-8 et o fr. 50 pour la série in-18

FARJENEL (F.). — **La morale chinoise.** Fondement des sociétés d'Extrême-Orient. 1906. 1 vol. in-8 (I), broché.... 5 fr.   »

MARIE (Dr A.). — **Mysticisme et folie.** (Etude de psychologie normale et de pathologie comparées. 1907. 1 vol. in-8 (II), broché   6 fr.   »

LEROY (M.). — **La transformation de la puissance publique.** Les syndicats de fonctionnaires. 1907. 1 vol. in-8 (III), broché.   5 fr.   »

BOINET (H.). — **Paris qui souffre. La misère à Paris.** Les agents de l'assistance à domicile. Avec une préface de M. Ch. Benoist. 1908. 1 vol. in-8 (IV), broché.................. 5 fr.   »

SICARD DE PLAUZOLLES (Dr). — **La fonction sexuelle.** 1908. 1 vol. in-8 (V), broché.................... 6 fr.   »

LEROY (M.). — **La Loi.** Essai sur la théorie de l'autorité dans la démocratie. 1908. 1 volume in-8 (VI), broché..... 6 fr.   »

RECLUS (Elie). — **Les croyances populaires. La Survie des Ombres.** Avec avant-propos, par Maurice Vernes. 1908. 1 volume in-8° (VII), broché.............................. 5 fr.   »

RYAN (G.-A.). — **Salaire et droit à l'existence,** traduction de L. Collin. 1909. 1 vol. in-8 (VIII), broché............. 8 fr.   »

SERRIGNY. — **Conséquences économiques et sociales de la prochaine guerre,** avec préface de Frédéric Passy. 1909. 1 vol. in-8 (IX), broché .... 10 fr.   »

BRUN (Ch.). — Le Roman social en France au XIX⁰ siècle. 1910. 1 vol. in-8 (x), broché .... 6 fr. »

REGNAULT (Dʳ F.). — La genèse des miracles. 1910. 1 vol. in-8, (xi), broché .... 6 fr. »

VERNES (M.). — Histoire sociale des religions. I. Les religions occidentales. 1911. 1 volume in-8, (xi *bis*,) broché ... 10 fr. »

MÉTHODES JURIDIQUES (Les). — Leçons faites par MM. Berthélemy, Garçon, Larnaude, Pillet, Tissier, Thaller, Truchy et Gény. Préface de P. Deschanel. 1911. 1 vol. in-8, (xm), broché 5 fr. »

OLPHE-GALLIARD. — L'organisation des forces ouvrières. Avec préface de P. de Rousiers. 1991. 1 vol. in-8, (xiii), broché 8 fr. »

AMBROSIO (M. Andrea d'). — La passivité économique. Premiers principes d'une théorie sociologique de la population économiquement passive. 1912. 1 vol. in-8, (xiv) broché .... 8 fr. »

ŒUVRE SOCIALE DE LA TROISIÈME RÉPUBLIQUE (L'). — Leçons professées au Collège libre des Sciences sociales, par MM. Astier, *sénateur.* Godart, Groussier, Breton, F. Buisson, Borrel, Aubriot, Lemire, *députés.* Avec préface de Paul Deschanel. 1912. 1 vol. in-8, (xv), broché .... 5 fr. »

LEFAS (A.). — L'Etat et les fonctionnaires. 1913. 1 vol. in-8 (xvii) broché.......................... 10 fr. »

SÉRIE IN-18 :

ATGER (F.). — La crise viticole et la viticulture méridionale (1900-1907). 1907. 1 vol. in-18, broché.................... 2 fr. »

EN PRÉPARATION

BRIZON. — La féodalité terrienne.

OLPHE GALLIARD. — La force motrice au point de vue économique et social.

BIBLIOTHÈQUE SOCIALISTE INTERNATIONALE
PUBLIÉE SOUS LA DIRECTION DE Alfred Bonnet

SÉRIE IN-8 :

WEBB (Béatrix et Sidney). — Histoire du trade-unionisme. 1897. Trad. Albert Métin. 1 volume in-8 (i) .... 10 fr. »

KAUTSKY (Karl). — La question agraire. Etude sur les tendances de l'agriculture moderne. Trad. Edg. Milhaud et C. Polack. 1 volume in-8 (ii) .... 8 fr. »

MARX (Karl). — Le capital. Traduit à l'Institut des sciences sociales de Bruxelles par J. Borchardt et H. Vanderrydt :
Livre II. — Le procès de circulation du capital. 1900. 1 vol. in-8 (iii).......................... 10 fr.

Livre III. — Le processus d'ensemble de la production capitaliste. 1901-1902. 2 vol. in 8 (IV-V)............... 20 fr. »

KAUTSKY (K.) — La politique agraire du parti socialiste. Trad. C. Polack. 1903. 1 vol. in-8 (VI).................. 4 fr. »

AUGÉ-LARIBÉ (M.). — Le problème agraire du socialisme. La viticulture industrielle du midi de la France. 1907. 1 volume in-8 (VII).................................. 6 fr. »

ENGELS (F.). — Philosophie. Economie politique. Socialisme (Contre Eugen Duhring). Trad. E. Laskine. 1911. 1 vol. in-8 VIII)   10 fr· »

SÉRIE IN-18 :

DEVILLE (G.). — Principes socialistes. 1898. 2e édition. 1 volume in-18 (I)............................... 3 fr. 50

MARX (Karl). — Misère de la philosophie. Réponse à la philosophie de la misère de M. Proudhon. 1908. Nouvelle édit. 1 vol· in-18 (II)................................. 3 fr. 50

LABRIOLA (Antonio). — Essais sur la conception matérialiste de l'histoire. Trad. A. Bonnet 2e édit. 1902. 1 volume in-18 (III)   3 fr. 50

DESTRÉE (J.) et VANDERVELDE (E.). — Le socialisme en Belgique. 2e édition. 1903. 1 volume in-18 (IV).......   3 fr. 50

LABRIOLA (Antonio). —'Socialisme et philosophie. Trad. A. Bonnet. 1899. 1 vol. in-18 (v).......................... 2 fr. 50

MARX (Karl). — Révolution et contre-révolution en Allemagne. Trad. Laura Lafargue. 1900. 1 vol. in-18 (VI)........   2 fr. 50

GATTI (G.). — Le socialisme et l'agriculture. Préface de G. Sorel. 1901. 1 vol. in-18 (VII)........................... 3 fr. 50

LASSALLE (F.). — Discours et pamphlets. Trad. V. Dave et L. Remy. 1903. 1 volume in-18 (VIII)................. 3 fr. 50

LASSALLE (F.) — Capital et travail. 1904. Trad. V. Dave et L. Remy. 1 vol. in-18 (IX) .... 3 fr. 50

LAFARGUE (P.). — Le déterminisme économique de Karl Marx. 1909. 1 vol. in-18 (x) .... 4 fr. »

MARX (Karl). — Critique de l'économie politique, trad. Laura Lafargue. 1909. 1 vol. in-18 (XI)................... 3 fr. 50

TARBOURIECH (E.). — Essai sur la propriété. 1905. 1 volume in-18 (XII)................................ 3 fr. 50.

BERTHOD (A.). — P.-J. Proudhon et la propriété. 1910. 1 vol. in-18 (XIII)................................ 3 fr. »

EN PRÉPARATION

MONDOLFO. — Matérialisme historique.

MICHELS — Le prolétariat et la bourgeoisie en Italie.

SOMBART. — Le Bourgeois.

SOMBART. — Luxe et Capital.

COLLECTION DES DOCTRINES POLITIQUES

PUBLIÉE SOUS LA DIRECTION DE **A. Mater**

☞ *Les volumes de cette Collection se vendent aussi reliés avec une augmentation de o fr. 5o*

CHEVALIER, LEGENDRE et LABERTHONNIÈRE. — Le catholicisme et la société. 1907. 1 volume in-18 (ii), broché .   3 fr. 50

SABATIER (C.). — Le morcellisme. Avec introduction, par M. Faure. 1907. 1 vol. in-18 (iii), broché ....,   2 fr. »

BOUGLÉ (C.). — . Le solidarisme. 1907. 1 volume in-18 (iv), broché..   3 fr. 50

BUISSON (F.). — La politique radicale. 1908. 1 vol. in-18 (v), broché..   4 fr. 50

AVRIL DE SAINTE-CROIX (Mme). — Le féminisme. Préface de V. Marguerite. 1907. 1 volume in-18 (vi), broché..   2 fr. 50

GUYOT (Yves). — La démocratie individualiste. 1907. 1 volume in-18 (vii), broché...............................   3 fr. »

LORULOT (A.). — Les théories anarchistes. 1913. 1 vol. in-18. broché (viii) . ...   3 fr. 50

LAGARDELLE (H.). — Le socialisme ouvrier. 1911. 1 vol. in-18 (ix), broché...................................   4 fr. 50

VANDERVELDE (E.). — Le socialisme agraire. 1908. 1 vol. in-18 (x), broché ....   5 fr. »

HERVÉ (G.). — L'internationalisme. 1910. 1 volume in-18 (xi), broché..   2 fr. 50

MATER (André). — Le socialisme conservateur ou municipal. 1909. 1 vol. in-18 (xiv), broché........................   6 fr. »

FOURNIÈRE (Eug.). — La sociocratie. (Essai de politique positive). 1910. 1 vol. in-18 (xvi), broché...................   2 fr. 50

MAYBON (A.). — La politique chinoise. Etude sur les doctrines des partis en Chine. 1907. 1 vol. in-18 (xvii), broché..   4 fr. »

CAGNIARD (G.) — La politique nationale. 1914. 1 vol. in-18 (xix) broché...   3 fr. 50

SOUS PRESSE

A. LEBEY. — Le Maçonnisme. 1 vol. in-18.

ENCYCLOPÉDIE INTERNATIONALE D'ASSISTANCE, DE PRÉVOYANCE, D'HYGIÈNE SOCIALE ET DE DÉMOGRAPHIE

PUBLIÉE SOUS LA DIRECTION DU Dr A. Marie

Honorée de souscriptions du Ministère de l'Instruction publique

ASSISTANCE :

MARIE (Dr) et (R.) MEUNIER. — Les Vagabonds, avec un avant-propos, par Henry Maret. 1908, 1 vol. in-18 relié toile (i).   4 fr. »

MARIE (Dr) et DECANTE (R.). — Les accidents du travail. Etude critique des améliorations à apporter au régime du risque professionnel en France. 1 vol. in-18 relié toile. (ii) ....   4 fr. »

BEAUFRETON (M.). — Assistance publique et Bienfaisance privée. 1911. 1 vol. in-18 relié toile. (iii) ....   4 fr. »

RODIET (Dr A.). — Les auxiliaires des médecins d'asile (ouvrage couronné par l'Académie de médecine). 1910. 1 vol. in-18 relié toile (iv) ....   3 fr. 50

LASVIGNES. — Essai d'assistance comparée. 1911. 1 vol. in-18 relié toile. (v).................................   4 fr. »

PRÉVOYANCE :

SICARD DE PLAUZOLES (Dr). — La maternité et la défense nationale contre la dépopulation. 1909. 1 vol. in-18 relié toile. (i). ....   4 fr. »

DECANTE (R.). — La lutte contre la prostitution. Avec préface par Henri Turot. 1909. 1 vol. in-18 relié toile (ii) ....   4 fr. »

DUBIEF (Dr). — L'apprentissage et l'enseignement technique. 1 vol. relié toile (iii) ....   6 fr. »

VIVIANI (R.), *ministre du Travail.* — Les retraites ouvrières et paysannes, avec préface. 1910. 1 vol. in-18 relié toile. (iv).   6 fr. »

OLPHE-GALLIARD (G). — Les caisses de prêts sur l'honneur. 1913. 1. vol. in-18, relié toile (v)...................   4 fr »

HYGIÈNE :

MARTIAL (Dr R.). — Hygiène individuelle du travailleur. Avec préface de] M. le sénateur Strauss. 1907. 1 volume in-18 relié toile (i)..   4 fr. »

MARIE (Dr A.). — La pellagre. Avec une préface de M. le professeur Lombroso 1908. 1 vol. in-18 relié toile. (ii) ....   4 fr. »

BERNARD (M.). — Pour protéger la santé publique. Avec une préface du D' Fernand Dublef, *ancien ministre de l'Intérieur*. 1909. 1 volume in-18 relié toile. (III) ....   4 fr. »

BERNARD (M.). — L'hygiène publique obligatoire en France. La lutte administrative contre le choléra et les autres maladies transmissibles, avec préface du D' A. Marie. 1910. 1 vol. in-18 relié toile. (IV) ....   4 fr. »

BRETON (J.-L.). — Leplomb. 1910. 1 vol. in-18 relié toile. (V)   4 fr. »

MIRABEN (G.). — La fumée divine (opium), la lutte antitoxique. 1912. 1 vol. in-18 relié toile. (VI) ....   4 fr. »

HUBAULT (P.). — Les Coulisses de la fraude Comment on nous empoisonne 1913. 1 vol. in-18. rel. toile (VII) ....   r. »

DÉMOGRAPHIE :

BRON (D' G.). — Les origines sociales de la maladie. Avec préface du D' A. Marie. 1908. 1 vol. in-18 relié toile. (I) .....   3 fr. 50

WAHL (D'). — Le crime devant la science. 1910. 1 volume in-18 relié toile. (II) ....   4 fr. »

ROECKEL (P.). — L'éducation sociale des races noires. 1911. 1 vol. in-18 relié toile. (III) ....   3 fr. 50

EN PRÉPARATION

BOREL (A). — Le Tourisme.
SICARD DE PLAUZOLES (D'). — La tuberculose.

BIBLIOTHÈQUE PACIFISTE INTERNATIONALE

PUBLIÉE SOUS LA DIRECTION DE **Stéfane-Pol**

Honorée de la souscription des Ministères de l'Instruction publique et du Commerce

Ont paru :

BEAUQUIER (Ch.). Ed. GIRETTI et STEFANE-POL. — France et Italie, avec préface de M. Berthelot de l'*Institut*. 1904. 1 volume in-18 ....   1 fr. »

DUMAS (J.). — La colonisation (Essai de doctrine pacifiste), avec préface de Ch. Gide. 1904. 1 vol. in-18 ....   1 fr. 25

ESTOURNELLES DE CONSTANT (D'). — France et Angleterre. 1904. 1 vol. in-18 ....   1 fr. »

FINOT (J.). — Français et Anglais devant l'anarchie européenne. 1904. 1 vol. in-18 ....   1 fr. »

FOLLIN (H.). — La marche vers la paix. 1903. 1 vol. in-18.   0 fr. 75

FONTANES (E.). — La guerre, avec préface de F. Passy. 1904. 1 vol. in-18 ....   0 fr. 50

JACOBSON (J.-A.). — Le premier grand procès international de la Haye (notes d'un témoin). 1904. 1 vol. in-18...........   0 fr. 50

LAFARGUE (A.). — L'orientation humaine. 1904, 1 volume in-18 ....   1 fr. »

LA GRASSERIE (R. de). — De l'ensemble des moyens de la solution pacifiste. 1905. 1 vol. in-18 ....   1 fr. »

MESSIMY. — La paix armée. (La France peut en alléger le po de). 1903. 1 vol. in-18 ....   0 fr. 75

MOCH (G.). — Vers la fédération d'Occident, Désarmons les Alpes. 1905. 1 vol. in-18, avec 6 graphiques...............   0 fr. 50

NATTAN-LARRIER, — Les menaces des guerres futures. 1904. 1 vol. in-18 ....   1 fr. »

NOVICOW (J.). — La possibilité du bonheur. 1904. 1 volume in-18 ....   2 fr. »

PASSY (Fr.). — Historique du mouvement de la paix. 1904. 1 volume in-18 ....   0 fr. 75

PRUDHOMMEAUX (J.). — Coopération et pacification. 1904. 1 vol. in-18 ....   1 fr. »

RICHET (Ch.). — Fables et récits pacifiques, avec une préface de Sully-Prudhomme. 1904. 1 vol. in-18..............   1 fr. »

RUYSSEN (Th.). — La philosophie de la paix. 1904. 1 volume in-18 ....   0 fr. 75

SEVERINE. — A Sainte-Hélène, pièce en 2 actes. 1904.. 1 volume in-18 ....   1 fr. »

SPALIKOWSKI (Ed.). — Mortalité et paix armée, avec une préface de C. Flammarion. 1904. 1 vol. in-18 ....   0 fr. 50

STÉFANE-POL. — L'esprit militaire. (Histoire sentimentale). 1904. 1 vol. in-18.....................................   2 fr. »

STÉFANE-POL. — Les deux évangiles. Considérations sur la peine de mort, le duel, la guerre, etc. 1903. 1 vol. in-18........   0 fr. 50

SUTTNER (B« de). — Souvenirs de guerre. 1904. 1 volume in-18 ....   0 fr. 50

PETITE ENCYCLOPÉDIE
SOCIALE ÉCONOMIQUE ET FINANCIÈRE

Leçons d'économie politique, par André LIESSE, avec une préface de Courcelle-Seneuil, de l'Institut. 1 vol. in-18 (I), 1892   3 fr. »

La réforme des frais de justice, par E. MANUEL et R. LOUIS, docteurs en droit, 2ᵉ édition, 1 vol. in-18 (II), 1892..   3 fr. »

Code manuel de droit industriel, par M. DUFOURMANTELLE. 3 vol. in-18 (III-V) :

    — **Législation ouvrière en France et à l'Etranger.** 2ᵉ édition. 1 vol. in-18 (III). 1893.......................   3 fr. »

    — **Brevets d'invention. Contrefaçon,** etc. 1 vol. in-18 (IV) 1893 ....   3 fr. »

    — **Dessins et marques de fabrique, nom commercial, concurrence déloyale,** etc. 1 volume in-18 (V). 1894........   3 fr. »

Code manuel des électeurs et des éligibles avec formules, par A. MAUGRAS, avocat-publiciste, 2ᵉ édition. 1 vol. in-18 (VI). 1893   3 fr. »

Législation générale des cultes protestants en France, en Algérie et dans les colonies, par PENEL-BEAUFIN. 1 vol. in-18 (VII). 1894..   3 fr. »

Commentaire de la loi du 27 décembre 1892 sur la conciliation et l'arbitrage facultatifs, par A. LELONG. 1 volume in-12 (VIII). 1894..   1 fr. 50

Législation générale du culte israélite en France, en Algérie et dans les colonies, par PENEL-BEAUFIN. 1 volume in-18 (IX). 1894..   3 fr. »

Code manuel du propriétaire-agriculteur, par Daniel ZOLLA, prof. à l'Ecole nationale d'agriculture de Grignon, 2ᵉ édition. 1 vol. in-18. (X) 1902................... ....   3 fr. 50

Les questions ouvrières, par Léon MILHAUD. 1 vol. in-18 (XI). 1894..   2 fr. 50

Cours de droit professé dans les lycées de jeunes filles de Paris, par Jeanne CHAUVIN, 2ᵉ édition. 1 volume in-18 (XII), relié toile. 1903..   3 fr. 50

Guide théorique et pratique, général et complet des clercs de notaire et des aspirants au notariat, par Jean MARTIN, notaire. 1 vol. in-18 (XIII). 1895...................................   3 fr. »

La question monétaire considérée dans ses rapports avec la condition sociale des divers pays et avec les crises économiques, par Léon POINSARD. 1 volume in-18 (XIV). 1895........   3 fr. »

Les budgets français. Etude analytique et pratique de législation financière, par MM. P. BIDOIRE et A. SIMONIN. 3 volumes :
  — Projet de budget 1895. 1 vol. in-18 (xv). 1895 ..   3 fr. »
  — Budget de 1895 et projet de budget de 1896. 1 volume in-18 (xvi). 1896..   3 fr. »
  — Budget de 1896 et projet de budget de 1897. 1 volume in-18 (xxii). 1897..   3 fr. »

La saisie-arrêt sur les salaires et petits traitements. 2ᵉ édition revue et augmentée par V. EMION. 1 vol. in-18 (xvii). 1896   3 fr. »

La question sanitaire, dans ses rapports avec les intérêts et les droits de l'individu et de la société, par le Dr J. PIOGER. 1 vol. in-18 (xviii). 1895..   3 fr. »

Les banques d'émission, par G. FRANÇOIS. 1 volume in-18 (xix) ....   3 fr. »

La Science et l'art en économie politique, par René WORMS. 1 vol. in-18 (xx. 1896 ....   2 fr. »

Code de l'abordage, par Robert FRÉMONT. 1 vol. in-18 (xxi). 1897. ....   3 fr. »

L'éducation nationale, par Maurice WOLF. 1 vol. in-18 (xxiii). 1897..   3 fr. »

Mélanges féministes, par L. BRIDEL. 1 volume in-18 (xxiv). 1897..   3 fr. »

La justice gratuite et rapide par l'arbitrage amiable, par A. CHARMOLU, 2ᵉ édit. 1 vol. in-18 (xxv). 1902....................   1 fr. »

Petit manuel pratique du juré d'assises, par J. PONCET. 1 vol. in-18 (xxvi). 1898..   2 fr. »

Finances communales, par R. ACOLLAS. 1 volume in-18 (xxvii). 1898..   3 fr. »

Esquisse d'un tableau raisonné des causes de la production, de la circulation de la distribution et de la consommation de la richesse, par M. TESSONNEAU. 1 vol. in-18 (xxviii). 1898 ......   2 fr. »

Code manuel du chasseur, par G. LECOUFFE, 3ᵉ édition. 1 vol. in-18 (xxix). 1909 ....   2 fr. »

Code manuel du pêcheur, par G. LECOUFFE. 2ᵉ édition. 1 vol. in-18 (xxx). 1900..   1 fr. »

Manuel pratique des sociétés de commerce et par actions. Participations coopératives. Syndicats professionnels. Sociétés de Secours mutuels. Associations et Congrégations, par A. LAMBERT. 1 volume in-18 (xxxi). 1902 ....   1 fr. 50

Manuel de la propriété industrielle et commerciale, par A. LAMBERT. 1 vol. in-18 (xxxii). 1903..............................   3 fr. »

Études d'économie et de législation rurales, par R. WORMS. 1 vol. in-18 (XXXIII). 1906.................................. 4 fr.

Code manuel du cycliste, par G. LECOUFFE. 1 vol. in-18 (XXXIV). 1909.. 2 fr.

Les Associations agricoles, par René WORMS. 1 vol. in-18 (XXXV) 1914.. 3 fr.

BIBLIOTHÈQUE DES DOCUMENTS DU PROGRÈS

PUBLIÉE SOUS LA DIRECTION DE R. Broda

BRODA (R.) et J. DEUTSCH. — **Le prolétariat international. Etude de psychologie sociale.** 1912. 1 vol. in-18 (I)........ 3 fr.

BRODA (R.). — **La fixation légale des salaires. Expériences de l'Angleterre, de l'Australie et du Canada.** 1912. 1. vol. in-8 (II).. 2 fr. 50

BRODA (R.). — **Le rôle de la violence dans les conflits de la vie moderne (enquête).** 1913 1 vol. in-8 (III)............... 1 fr. 50

ANNALES DE L'INSTITUT INTERNATIONAL DE SOCIOLOGIE

PUBLIÉES SOUS LA DIRECTION DE René Vorms

— Premier congrès tenu en 1894, 1 vol. in-8 (I)......... 7 fr.
— Deuxième congrès tenu en 1895. 1 vol, in-8° (II) .. 7 fr.
— Travaux de l'année 1896. 1 vol. in-8° (III)........ 7 fr.
— Troisième congrès tenu en 1897. 1 vol. in-8° (IV).... 10 fr.
— Travaux de l'année 1898. 1 vol. in-8° (V) .... 10 fr.
— Travaux de l'année 1899. 1 vol. in-8° (VI).......... 7 fr.
— Quatrième congrès tenu en 1900. 1 vol. in-8° (VII).. 7 fr.
— Travaux des années 1900 et 1901. 1 vol. in-8° (VIII) 7 fr.
— Travaux de l'année 1902. 1 vol. in-8° (IX).......... 7 fr.
— Cinquième congrès tenu en 1903 : Rapports de la sociologie et de la psychologie. 1 vol. in-8° (X)..................... 8 fr.
— Sixième congrès tenu en 1906 : Les luttes sociales. 1 vol. in-8° (XI). .... 10 fr.
— Septième congrès tenu en 1909 : (XII-XIII). La solidarité sociale dans le temps et dans l'espace, 1 vol. in-8° (XII).... 7 fr.